U0269785

高等学校水利学科教学指导委员会组织编审

普通高等教育"十一五"国家级规划教材

高等学校水利学科专业规范核心课程教材·水利水电工程

水利工程地质（第4版）

主编　天　津　大　学　　崔冠英　朱济祥

主审　河　海　大　学　　陆兆溙

　　　大连理工大学　　金春山

中国水利水电出版社
www.waterpub.com.cn

内 容 提 要

本教材是普通高等教育"十一五"国家级规划教材,也是高等学校水利学科专业规范核心课程教材,是根据最新的水利水电工程专业的课程设置和教学要求编写的。全书共分 8 章,系统地讲述了岩石及其工程地质性质、地质构造及区域构造稳定性、水流的地质作用与库坝区渗漏的工程地质条件分析、岩体的工程地质特性、坝基岩体稳定性的工程地质分析、岩质边坡稳定性的工程地质分析、地下洞室围岩稳定性的工程地质分析、水利水电工程地质勘察。

本教材内容丰富,图文并茂,体系独特,科学实用。

本教材适用于高等学校水利水电工程等专业,亦可供相关科技人员参考。

图书在版编目(CIP)数据

水利工程地质/崔冠英,朱济祥主编.—4 版.—北京:
中国水利水电出版社,2008(2017.1重印)
　普通高等教育"十一五"国家级规划教材.高等学校
水利学科专业规范核心课程教材.水利水电工程
　ISBN 978-7-5084-5804-5

Ⅰ.水… Ⅱ.①崔…②朱… Ⅲ.水利工程-工程地质-
高等学校-教材 Ⅳ.P642

中国版本图书馆 CIP 数据核字(2008)第 117527 号

书　　名	普通高等教育"十一五"国家级规划教材 高等学校水利学科专业规范核心课程教材·水利水电工程 **水利工程地质(第 4 版)**
作　　者	主编　天津大学　崔冠英　朱济祥 主审　河海大学　陆兆溱　大连理工大学　金春山
出版发行	中国水利水电出版社 (北京市海淀区玉渊潭南路 1 号 D 座　100038) 网址:www.waterpub.com.cn E-mail:sales@waterpub.com.cn 电话:(010)68367658(营销中心)
经　　售	北京科水图书销售中心(零售) 电话:(010)88383994、63202643、68545874 全国各地新华书店和相关出版物销售网点
排　　版	中国水利水电出版社微机排版中心
印　　刷	北京嘉恒彩色印刷有限责任公司
规　　格	175mm×245mm　16 开本　17.25 印张　404 千字　3 插页
版　　次	1979 年 4 月第 1 版　1985 年 11 月第 2 版　2000 年 3 月第 3 版 2008 年 11 月第 4 版　2017 年 1 月第 26 次印刷
印　　数	148551—151550 册
定　　价	**38.00 元**

高等学校水利学科专业规范核心课程教材
编审委员会

水利水电工程专业教材编审分委员会

主 任　余锡平（清华大学）

副主任　胡　明（河海大学）　　　姜　峰（大连理工大学）

委 员

张社荣（天津大学）　　　　　　胡志根（武汉大学）

李守义（西安理工大学）　　　　陈建康（四川大学）

孙明权（华北水利水电学院）　　田　斌（三峡大学）

李宗坤（郑州大学）　　　　　　唐新军（新疆农业大学）

周建中（华中科技大学）　　　　燕柳斌（广西大学）

罗启北（贵州大学）

总 前 言

　　随着我国水利事业与高等教育事业的快速发展以及教育教学改革的不断深入，水利高等教育也得到很大的发展与提高。与 1999 年相比，水利学科专业的办学点增加了将近一倍，每年的招生人数增加了将近两倍。通过专业目录调整与面向新世纪的教育教学改革，在水利学科专业的适应面有很大拓宽的同时，水利学科专业的建设也面临着新形势与新任务。

　　在教育部高教司的领导与组织下，从 2003 年到 2005 年，各学科教学指导委员会开展了本学科专业发展战略研究与制定专业规范的工作。在水利部人教司的支持下，水利学科教学指导委员会也组织课题组于 2005 年底完成了相关的研究工作，制定了水文与水资源工程，水利水电工程，港口、航道与海岸工程以及农业水利工程四个专业规范。这些专业规范较好地总结与体现了近些年来水利学科专业教育教学改革的成果，并能较好地适用不同地区、不同类型高校举办水利学科专业的共性需求与个性特色。为了便于各水利学科专业点参照专业规范组织教学，经水利学科教学指导委员会与中国水利水电出版社共同策划，决定组织编写出版"高等学校水利学科专业规范核心课程教材"。

　　核心课程是指该课程所包括的专业教育知识单元和知识点，是本专业的每个学生都必须学习、掌握的，或在一组课程中必须选择几门课程学习、掌握的，因而，核心课程教材质量对于保证水利学科各专业的教学质量具有重要的意义。为此，我们不仅提出了坚持"质量第一"的原则，还通过专业教学组讨论、提出，专家咨询组审议、遴选，相关院、系认定等步骤，对核心课程教材选题及其主编、主审和教材编写大纲进行了严格把关。为了把本套教材组织好、编著好、出版好、使用好，我们还成立了高等学校水利学科专业规范核心课程教材编审委员会以及各专业教材编审分委员会，对教材编纂与使用的全过程进行组织、把关和监督。充分依靠各学科专家发挥咨询、评审、决策等作用。

本套教材第一批共规划 52 种，其中水文与水资源工程专业 17 种，水利水电工程专业 17 种，农业水利工程专业 18 种，计划在 2009 年年底之前全部出齐。尽管已有许多人为本套教材作出了许多努力，付出了许多心血，但是，由于专业规范还在修订完善之中，参照专业规范组织教学还需要通过实践不断总结提高，加之，在新形势下如何组织好教材建设还缺乏经验，因此，这套教材一定会有各种不足与缺点，恳请使用这套教材的师生提出宝贵意见。本套教材还将出版配套的立体化教材，以利于教、便于学，更希望师生们对此提出建议。

高等学校水利学科教学指导委员会

中国水利水电出版社

2008 年 4 月

第 4 版

前　言

　　本教材是根据最新的水利水电工程专业的培养目标和教学要求进行编写和修订的。本教材自第 1 版出版以来，一直受到广大师生和各界读者的欢迎与好评。第 2 版于 1987 年获全国高校水利水电类专业优秀教材一等奖，第 3 版于 2002 年获全国普通高校优秀教材二等奖。这些成绩的取得，不仅是各版次的编审人员和出版社共同努力的结果，也与相关高校的任课教师及广大读者的关心和支持密不可分。

　　第 3 版出版以来，水利水电科技事业又取得了迅猛发展，新的科技成果不断出现，一些大型水利水电工程相继竣工或开工，许多有关工程勘察、设计和施工的规范、规程都进行了新一轮的修订，同时本教材在使用过程中也发现有局部欠缺之处，因此，进行了本次修订。本次修订的主旨是：继续密切结合专业的要求和特点，突出区域地质稳定、岩体稳定和渗漏问题等重点内容；夯实地质学基础知识；尽可能吸收新的先进理论和科技成果；进一步字斟句酌、仔细推敲，使文句更加精炼、通顺，图表更加优化、美观。例如，根据最新的规范修改了地质年代表、地震烈度表；丰富、充实了岩溶、水库工程地质问题、岩体结构面特征及软弱夹层、岩体分类和提高围岩稳定性的措施；增加了地下水的物理性质和化学特征、环境水对混凝土的腐蚀性以及地下洞室围岩分类；并全面改编了工程地质勘察方法等。

　　本次修订是在前 3 版的基础上进行的，因此，保留了其中的优秀部分。例如，继续保留了工程地质图阅读分析的内容，因为，它不仅仅是介绍读图的知识，更重要的是通过阅读分析、选择建坝的位置、评价坝址的工程地质条件等作业，能有效地培养学生独立分析问题、解决问题的能力，并能起到进行全面复习的作用。

参加本次修订的人员是：天津大学崔冠英（绪论、第2、第5、第6章）、朱济祥（第1、第3、第4、第8章）及薛玺成（第7章）。崔冠英和朱济祥担任主编。河海大学陆兆溱教授和大连理工大学金春山教授担任主审。

本教材1979年出版的第1版由天津大学崔冠英、潘品蒸，成都工学院刘耀东、陈历鸿，武汉水利电力学院阎春德，河北水利水电学院王雨良合编。由潘品蒸、崔冠英主编，由大连工学院彭阜南、金春山主审。

1985年出版的第2版由天津大学潘品蒸、崔冠英，华北水电学院王雨良，成都科技大学陈历鸿，武汉水利电力学院孙万和合编。由崔冠英、潘品蒸担任主编，由华东水利学院陆兆溱及大连工学院金春山负责审查。

2000年出版的第3版由天津大学崔冠英、朱济祥，四川大学陈历鸿，武汉水利电力大学孙万和合编。由崔冠英担任主编，由大连理工大学金春山和河海大学陆兆溱担任主审。

本次修订工作吸收了相关院校一些老师的宝贵建议，尤其是两位主审人员提出了很多建设性和具体的修改意见。天津大学和中国水利水电出版社为本书的出版提供了大力支持，在此一并表示衷心的感谢！

限于编者水平，错误和不妥之处在所难免，恳请读者批评指正。

编　者
2008年6月

目　录

参考文献 ································· 260

绪　论

0.1　工程地质学及其研究目的和主要内容

工程地质学是调查、研究、解决与各种建筑工程活动有关的地质问题的科学。它是地质学的一个分支。研究工程地质学的目的是为了查明各类工程建筑场区的地质条件；分析、预测在工程建筑物作用下，地质条件可能出现的变化；对工程建筑地区的各种地质问题进行综合评价，并提出解决不良地质问题的措施，以便保证对工程建筑物进行正确合理的选址、设计、施工和运营。水利工程地质则主要是研究水利水电工程建设中的工程地质问题。

所谓工程地质问题，即与工程活动有关的地质问题，包括以下两个方面：

一是自然环境地质因素对工程活动的制约和影响而产生的问题。这种环境地质因素通常称为工程地质条件，它们是自然历史发展演变的产物，主要有：地形地貌、地层岩性、地质构造、水文地质条件、物理地质现象（滑坡、崩塌、泥石流、风化、侵蚀、岩溶、地震等）及天然建筑材料等六个方面。

二是由工程活动而引起环境地质条件的变化，从而形成不利于工程建设的、新的地质作用，通常称为工程地质作用。主要有：建筑物荷载引起地基岩土体的沉陷变形和剪切滑动；人工开挖造成边坡或地下洞室岩土体的变形和失稳破坏；水库诱发地震、渗漏、坍岸和浸没；砂土振动液化；以及潜蚀、流砂等。

这些工程地质问题都可关系到建筑物的安全稳定和经济效益，所以都是工程地质学的主要研究内容。除此以外，工程地质勘察、试验及计算方法等，也都是工程地质学的主要研究内容。

随着工程地质学的研究深入和发展，目前已形成了一些独立的分支科学，主要有：

（1）工程岩土学。它专门研究土和岩石的工程地质性质及其形成和变化规律，并探讨改善其不良性质的途径。它是工程地质学的基础部分。

（2）工程动力地质学。或称工程地质分析学，主要研究各种工程地质问题产生的环境地质条件、力学机制和发展演化规律，并提出合理的防治措施。

（3）工程地质勘察。也称专门工程地质学，主要内容是研究查明建筑地区的工程地质条件的手段和方法，论证可能发生的工程地质问题，并正确作出合理的分析与评价，以便提供设计和施工所需的地质资料。

（4）区域工程地质学。主要研究区域性工程地质条件的形成、演化特征和规律，评价其对工程的影响，并进行工程地质分区，编制工程地质区划图等。

（5）环境工程地质学。主要研究人类工程经济活动与地质环境之间的相互作用和相互影响。即：既注意地质环境的优劣对建筑物安全、经济的影响，又注意工程建筑作用于地质环境，引起地质环境的变化，主要是恶化。其目的在于合理开发、利用地质环境和治理保护地质环境。传统的工程地质学是以工程为主体，而环境工程地质学则是以环境为主体。它是工程地质学的一个新的分支。

与工程地质学关系密切的学科主要有以下一些：

矿物学、岩石学、构造地质学、地史学、地貌学、水文地质学等一系列基础地质学科的知识，以及材料力学、测量学等，都是进行工程地质工作和研究工程地质问题所必须具备的基础知识。

岩石力学、土力学是专门研究岩、土的力学性质、计算理论和试验方法的学科，它们是对工程地质条件进行定量评价计算所不可缺少的基础理论知识。

岩土工程学是以岩石力学、土力学为理论基础，密切吸取工程地质学、基础工程学等相关的科学知识，将其直接应用于解决和处理各类土木工程建设中的岩土调查、利用、整治和改良工作。岩土工程属于土木工程的一个分支，重点在于工程，而工程地质属于地质学的一个分支，重点在于地质。两者紧密相邻，甚至部分搭接，都具有边缘学科交叉渗透的特点。

0.2　工程地质学的任务和在工程建设中的意义

水利水电工程建设是人类利用自然、改造自然为经济建设服务的活动，为此，必须首先了解自然。环境地质条件是与水利水电工程关系最密切、最重要的自然条件。任何工程都必须首先详细查明建筑地区的工程地质条件和可能出现的工程地质作用，然后结合其特征才能做出正确的规划、设计和施工，才能保证工程的安全可靠和经济合理。许多事例说明：凡是重视工程地质工作，事先了解和掌握了环境地质条件的规律性，则修建的工程将会是成功的；反之，忽视工程地质工作，则必然要出现这样或那样的问题，甚或导致整个工程发生灾难性的毁坏。例如，近代震惊世界的两起最大的水利工程事故，都是因地质问题造成的。一是法国马耳帕赛（Malpasst）坝，当时是世界上最高的薄拱坝之一，高 66.5m，底宽最大处 6.9m。1954 年建成。1959 年 12 月 2 日因左岸坝肩岩体向下滑移，导致拱圈开裂，突然崩溃。洪水冲毁下游村镇，死亡 300 多人。另一个是意大利的瓦依昂（Vaiont）水库，坝高 265m，当时是世界上最高的双曲拱坝。1963 年 10 月 9 日坝前左岸山体突然发生特大滑坡，约 2.4 亿 m^3 的岩体迅速滑入峡谷水库中，将库水壅高 200 多 m，漫过坝顶，泻向下游，使朗格伦镇夷为平地，共死亡2400 多人，水电站工作人员也全部遇难。此外，美国的圣·弗兰西斯（St. Francis）拱形重力坝，由于坝基砾岩为黏土质胶结并含有石膏夹层，被渗透水流浸湿、软化、溶解，导致坝体沉陷、开裂、滑移崩溃，伤亡 400 多人。再有，历时 32 年（1882～1914年）凿成的巴拿马运河，耗资 4 亿多美元，建成后第二年在分水岭地段发生了大规模岩崩，堵塞了运河。处理此事故又用了 5 年的时间，加挖了 5400 万 m³ 土石方，相当于此段开挖总量的 40％以上。仅停航 5 年，损失就达 10 亿美元。

类似上述的事例，在世界上是很多的。据国际工程地质协会 1979 年在前苏联举行的水工建设工程地质国际讨论会发表的论文，在世界上所有大坝的破坏事例中，30％起因于地基岩体，28％是由于侵蚀和管涌，34％是洪水漫坝。前两项都属于地质因素，可见地质条件对水工建筑物的重要性。

在我国大中型水利水电工程建设中，十分重视工程地质勘察工作，所以尚未发生过因地质问题而引起重大的溃坝事故。但也有多起因忽视地质工作或限于某种原因未查明不良地质条件而造成各种隐患和事故的情况，个别小型水库因忽视地质工作也有垮坝事故发生。例如，四川陈食水库，因坝基岩体受到渗透水流的潜蚀冲刷，形成空洞，造成 15.9m 高的砌石连拱坝坍塌毁坏。浙江黄坛口水电站在大坝施工开挖后，才发现左岸坝肩是个大滑坡体，岩石松碎，坝头不能与坚硬完整的岩石相接，不得不停工进行补充勘探，修改设计，才保证了大坝的安全。安徽佛子岭水库大坝，为一混凝土连拱坝，坝高 75.9m，长 510m，1954 年建成，是治理淮河水患的第一座大型工程。由于清基不彻底，坝基下有缓倾角软弱岩层，断层节理及风化严重的岩石（全、强风化）未被清除，致使坝基发生不均匀沉陷变形，坝体发生多条裂缝。后虽经两次大规模加固补强处理，但 1996 年仍被定为"病坝"，仍需彻底处理。梅山水库是治淮工程中的第二座大型水利工程，与佛子岭工程相似，也是由于对右岸坝肩风化严重的花岗岩清除得不彻底，防渗工作做得不严格，结果发生渗漏，右坝肩岩体发生轻微滑动，导致连拱坝拱垛发生位移，拱圈发生裂缝。广东新丰江水电站因发生 6.1 级水库诱发地震，致使大坝发生裂缝。此外，尚有江西上犹江、四川狮子滩及长江葛洲坝水电站坝基泥化夹层问题，湖南柘溪水电站及云南漫湾水电站坝址区滑坡问题等，都延误了工期，造成了较大的经济损失。

失败的教训虽然使我们遭受了重大的损失，但也取得了宝贵的经验，提高了对工程地质工作重要性的认识，同时也促进了工程地质学的发展。

忽视工程地质工作可能造成重大损失甚至灾难。但重视工程地质工作，则可能将不利的、复杂的地质条件妥善处理或避开，从而保证建筑物的安全稳定，甚至可巧妙地使其转化为有利因素以节约投资。例如，云南丘北六郎洞水电站，湖南辰溪县内湾水库等均成功地拦截地下暗河，利用溶洞建成水库并发电；三峡库区长江左岸新滩镇1985 年发生大滑坡，全镇房屋均被推入江中，但事前进行了长期监测工作，且预报较准，全镇 1371 人无一伤亡。四川雅砻江二滩水电站，拱坝坝高 245m，曾对坝基岩体进行了详细勘察和深入研究，提出了最优的建基面方案，与初步设计相比基坑开挖深度减少 7.56m，结果节约投资 6000 多万元，并缩短工期 11 个月。长江三峡工程也有类似情况，由于利用了一部分弱风化岩体作为坝基，结果建基面平均提高约 2m多，减少石方开挖 50 万 m³，节省混凝土约 43 万 m³。

综上所述，工程地质学在水利水电工程建设中的主要任务是：

（1）选择工程地质条件最优良的建筑地址。在规划设计阶段，大型工程的选址、选线，工程地质条件是一个重要因素，工程地质条件良好的地址，可以节省投资，缩短工期，并保证安全施工和运营。

（2）查明建筑地区的工程地质条件和可能发生的不良工程地质作用。工程建筑地址的选定不完全决定于地质条件，而首先考虑的是整体经济建设的发展和需要。即便是根据地质条件选择的地址，也不会是完美无缺的，总会有这样那样的工程地质问题。不良的工程地质条件并不可怕，怕的是没有查明或认识不足，不够重视。只要查明并给以足够的重视，绝大多数工程地质问题都是可以通过工程措施得到妥善解决的。

（3）据选定地址的工程地质条件，提出枢纽布置、建筑物结构类型、施工方法及运营使用中应注意的事项。

0.3　水利水电工程地质的成就与发展

工程地质学是在人类社会生产的发展和需要的推动下产生的，特别是一些大型工程的成败经验和教训是促使其诞生和发展的主要动力。在人类历史上许多古代宏伟的建筑都包含着深刻的工程地质知识，如公元前 250 年在四川岷江修建的都江堰工程、公元前 200 多年在广西兴安县修建的灵渠，还有万里长城、京杭大运河以及埃及的金字塔等。但直到 20 世纪 20～30 年代，工程地质学才作为一门应用性的分支学科出现。1929 年美国学者 K. 太沙基（Terzaghi），1939 年前苏联学者萨瓦连斯基（Ф. П. Саваренский）分别发表了工程地质专著，奠定了工程地质学的发展基础，在世界上产生了深远影响。

第二次世界大战后，各国工程建设事业迅速发展，水电工程规模日益扩大，20世纪 50 年代末、60 年代初，马尔帕塞坝的毁坏和瓦伊昂水库大滑坡等地质问题引起的重大事故，使人们进一步认识到工程地质的重要性，并促使人们对工程地质的理论、预测和处理手段等的探索研究。到 20 世纪 60～80 年代出现了国际范围内工程地质科学的蓬勃发展。1962 年在第 24 届国际地质大会上建立了国际工程地质协会（IAEG），对促进工程地质科学技术的研究和交流起了重要作用。我国 1956 年在中国科学院地质研究所组建了工程地质室，在地质部组建了水文地质工程地质研究所。1979 年在地质学会中成立了工程地质专业委员会。

我国地域辽阔，水能资源十分丰富，理论蕴藏总量达 6.76 亿 kW（不含台湾省），可开发的约 3.78 亿 kW，居世界首位。1949 年新中国成立后，大量修建水利水电工程，兴利除害。改革开放以来发展更快，据 2000 年初步统计，全国已建成大于15m 高的拦河水坝有 18000 座，已建和在建的大于 100m 高的有 32 座，装机容量达7297 万 kW，年发电量 2129 亿 kW·h，均居世界第二位。著名的三峡工程装机容量为 1820 万 kW，是世界上最大的水电站。在兴建这些水电工程和其他大型工程建筑中，工程地质知识和技术都起了重要作用，并取得了许多经验和科研成果，它们主要有：软弱夹层及破碎岩体的研究；活断层与地震危险性的分析评价；坝基与高陡边坡的岩体稳定分析与治理；大跨度地下厂房和深埋长隧道的围岩稳定与施工方法；岩溶地区水库渗漏的勘测与防治以及河床深覆盖层地段建坝问题，等等。在理论和实践方面都有重大的突破和成就。

　　工程地质的最新进展还表现在其研究内容的充实与提高，并形成了若干新的研究方向和领域。例如，工程地质力学以地质结构对工程地质条件和特征的控制作用为理论基础，指导对工程岩土体稳定性评价；应用非线性理论研究工程地质问题的非线性规律；系统工程学、信息工程学等则以新的思维方法为工程地质学的发展开拓了新的研究领域。

　　工程地质的发展在总体上经历了工程地质特性和条件评价、工程地质问题分析、工程地质力学分析，然后达到环境工程地质和地质工程阶段，即追求地质、环境与工程的协调是今后工程地质学继续发展的主攻方向。

0.4　本课程的特点和学习要求

　　综上所述可以看出，作为一名水利水电、港口等工程建筑的工程师，在工作中必须具备一定的工程地质知识，既要能阅读和利用工程地质勘测成果资料，又要能认识、分析和处理有关的地质问题，只有这样才能作出正确的设计和施工方案。正如我国著名的水利水电工程专家、中国科学院和工程院两院院士潘家铮所说："不懂设计的地质师不可能成为一位优秀的工程地质师，正如不懂工程地质的设计师不可能成为一位优秀的设计师一样。"这是从大量生产实践经验和工程事故中总结出来的重要认识。如果缺少必要的工程地质知识，则必然会对某些工程的地质问题有疏漏，甚至作出错误的设计或施工方案。

　　由于水利水电工程和港口工程等专业的学生没有学过地质学的技术基础课（如矿物学、岩石学、构造地质学等），所以本课程需要结合必要的地质基础知识讲授。掌握一些必要的地质学的基本理论、原理和知识，是学好工程地质的重要保证。

　　本课程是一门实践性很强的课程，所以除课堂教学（含多媒体教学）外，室内试验和野外教学实习也是本课程的重要教学环节。尤其是野外教学实习，在本课程中占有特殊重要的地位，与其说是野外教学实习，不如称其为"现场教学"更为恰当。因为它不只是印证、巩固、加深课堂教学内容的问题，而且还有相当多的内容是课堂无法讲授或学生在课堂上无法掌握的知识和内容，而这些知识又是必须由教师在野外现场讲解、引导、观察、分析和实际操作才能学到手的。野外教学实习是培养学生独立观察、思考、分析和实际操作能力的一个重要环节。如果缺少和削弱了这个重要的实践性教学环节，那么，水利工程地质教学是不完整的。所以在教与学的过程中，以及在制订教学计划、教学大纲时，对野外教学实习均应给予足够的重视。

复 习 思 考 题

　　0-1　什么是工程地质学？其研究目的和主要内容是什么？

　　0-2　为什么要学工程地质？

　　0-3　工程地质在水利水电工程建设中的主要任务是什么？

　　0-4　怎样学好工程地质？

第1章

岩石及其工程地质性质

地球是宇宙中沿一定轨道运转的由不同状态的不同物质的同心圈层组成的球体。地球赤道半径为 6378.140km，极半径为 6356.755km，平均半径为 6371km。地球的外层被大气、水和生物所包围。固体的表层是由岩石组成的硬壳——地壳，它是各种工程建筑的场所，是人类生存和活动的地方。因此，了解地壳的物质组成、结构及性质具有重要的意义。

根据地震波在地球内部传播的速度随深度的变化，可知地球内部存在两处最明显的分界面，分别是大陆部分在海平面以下平均 33km 深处的莫霍面和约 2900km 深处的古登堡面。它们将地球内部物质分成明显的同心圈层构造，如图 1-1 所示。

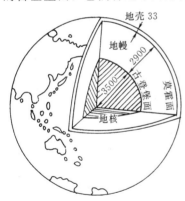

图 1-1　地球的内部构造
（厚度单位：km）

自古登堡面以下至地心部分称为地核。厚度约为 3470km，主要由平均密度为 $10\sim12g/cm^3$ 的铁、镍物质组成。推测温度达 $3500\sim4700℃$，地心压力达 $3.7\times10^{11}Pa$。根据地震纵波速度的变化情况，地核又可分为厚度为 2250km 的液态外核和厚度为 1220km 的固态内核。

地幔是莫霍面以下至古登堡面以上的部分。厚度约为 2900km。根据地震波速的变化，以约 1000km 深度为界，可分为上地幔和下地幔两个次级圈层。上地幔由含 Fe、Mg 多的硅酸盐矿物组成，与超基性岩相类似。平均密度为 $3.5g/cm^3$。温度达 $1200\sim2000℃$，压力为 $(2.5\sim22)\times10^9Pa$。在深度 $60\sim400km$ 处，特别是 $100\sim150km$ 深度范围，存在熔融状态物质，故也称为软流圈，一般认为是岩浆的发源地。下地幔化学成分与上地幔无甚区别。平均密度 $5.5g/cm^3$。温度达 $2000\sim2700℃$。由于这一区间压力达 $(22\sim150)\times10^9Pa$，可能形成晶体结构紧密的高密度硅酸盐矿物。

地壳是莫霍面以上地球的固体表层部分，厚度变化很大。平均厚度约 18km。大陆地壳是大陆及大陆架部分的地壳，它具有上部为硅铝层、下部为硅镁层的双层结构。陆壳的平均厚度超过 37km，但各地厚度相差很大，高山和高原地区地壳通常较厚，平原地区较薄，平均密度为 $2.7g/cm^3$。大洋地壳简称洋壳，其厚度较薄，平均仅约为 11km，一般缺硅铝层，平均密度为 $3.0g/cm^3$。

组成地壳的化学元素有百余种，但各元素的含量极不均匀，其中最主要的是下列 10 种，它们占地壳总质量的 99.96%，它们的质量百分率如下：氧（O）46.95%，硅（Si）27.88%，铝（Al）8.13%，铁（Fe）5.17%，钙（Ca）3.65%，钠（Na）2.78%，钾（K）2.58%，镁（Mg）2.06%，钛（Ti）0.62%，氢（H）0.14%；其余的是磷、锰、氮、硫、钡、氯等近百种元素。

地壳中的化学元素常随环境的改变而不断地变化。元素在一定地质条件下形成矿物，矿物的自然集合体则是岩石。组成地壳的岩石按成因可分为岩浆岩（火成岩）、沉积岩和变质岩三大类。它们在地壳中的分布并不均匀。从各类岩石在地壳表面的分布面积看，沉积岩约占陆地面积的 75%，变质岩和岩浆岩占 25%。从地表往下，沉积岩所占比例逐渐减小。若按质量百分比计算，沉积岩仅占地壳质量的 5%，变质岩占 6%，而岩浆岩占 89%。不同成因的岩石的形成条件、物质成分、结构和构造各不相同，故它们的物理力学性质也不一样。这些都关系到工程建设的规划、设计和施工。

1.1 造 岩 矿 物

矿物是在各种地质作用中所形成的具有相对固定化学成分和物理性质的均质物体，是组成岩石的基本单位。绝大多数矿物为固态，只有极少数呈液态（自然汞）和气态（如火山喷气中的 CO_2、SO_2 等）。已发现的矿物约有 3000 多种，但组成岩石的主要矿物仅为 20～30 种，这些组成岩石主要成分的矿物称为造岩矿物，如石英、方解石及正长石等。

1.1.1 矿物的形态

矿物的形态是指矿物单体及同种矿物集合体的形态而言的。矿物形态受晶体结构、化学成分和生成时的环境制约。

1.1.1.1 矿物单体形态

1. 晶质体和非晶质体矿物

造岩矿物绝大部分是晶质体，其基本特点是组成矿物的元素质点（离子、离子团或原子）在矿物内部按一定的规律重复排列，形成稳定的结晶格子构造（图 1-2）。晶质体在生长过程中，若无外界条件限制、干扰，则可生成被若干天然平面所包围的固定几何形态。这种有固定几何形态的晶质体称为晶体，如石盐呈立方体，水晶呈六方柱和六方锥等（图 1-3）。在结晶质矿物中，还可根据肉眼能否分辨而分为显晶质和隐晶质两类。

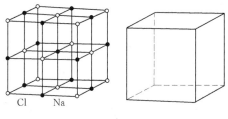

Cl　　Na

图 1-2　石盐的晶体构造

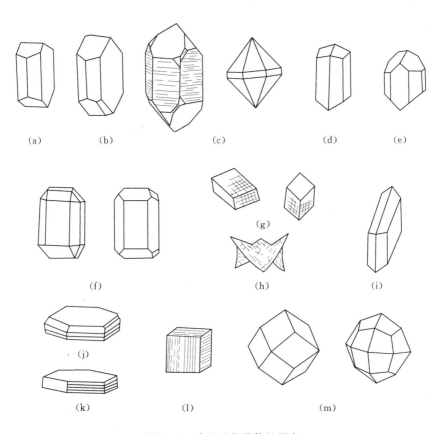

图 1-3　常见矿物晶体的形态

（a）正长石；（b）斜长石；（c）石英；（d）角闪石；（e）辉石；（f）橄榄石；（g）方解石；
（h）白云石；（i）石膏；（j）绿泥石；（k）云母；（l）黄铁矿；（m）石榴子石

　　晶体形态多种多样，但基本可分成单形和聚形两类。单形是由同形等大的晶面围成的晶体；聚形是由两种以上的单形组成的晶体。聚形的特点是在一个晶体上具有大小不同、形状各异的晶面。

　　非晶质体矿物内部质点排列没有一定的规律性，所以外表就不具有固定的几何形态，例如蛋白石（$SiO_2 \cdot nH_2O$）、天然沥青、火山玻璃等。

　　2. 矿物的结晶习性

　　尽管矿物的晶体多种多样，但归纳起来，根据晶体在三度空间的发育程度不同，可分为以下三类：

　　（1）一向延伸型：晶体沿一个方向延伸，成柱状、长条状、针状、纤维状等，如角闪石和辉石［图 1-3（d）、（e）］、石棉、纤维石膏、文石等。

　　（2）二向延伸型：晶体沿两个方向发育，成板状、片状、鳞片状等。如板状石膏［图 1-3（i）］、云母、绿泥石等。

　　（3）三向延伸型：晶体在三度空间发育，成等轴状、粒状等。如石盐（图 1-2）、黄铁矿和石榴子石［图 1-3（l）、（m）］等。

1.1.1.2　矿物集合体形态

同种矿物多个单体聚集在一起的整体就是矿物集合体。矿物集合体的形态取决于单体的形态和它们的集合方式。

显晶集合体形态有粒状、片状、鳞片状、纤维状、针状、放射状、晶簇状以及致密块状等。其中晶簇状（图1-4）是由一组具有共同基底的单晶成簇状集合而成。

隐晶和胶态集合体可以由溶液直接结晶或由胶体生成。主要形态有致密块状、土状、结核体、鲕状、豆状、分泌状（杏仁状、晶腺状）、钟乳状集合体等。

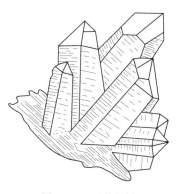

图1-4　石英晶簇

其中结核体是围绕某一中心自内向外逐渐生长而成；钟乳状集合体通常是由真溶液蒸发或胶体凝聚，逐层堆积而成，可成葡萄状、肾状、石钟乳状等。

1.1.2　矿物的物理性质

由于成分和结构的不同，每种矿物都有自己特有的物理性质。所以矿物物理性质是鉴别矿物的主要依据。

1. 颜色

颜色是矿物对不同波长可见光吸收程度不同的反映。它是矿物最明显、最直观的物理性质。据成色原因可分为自色和他色等。自色是矿物本身固有的成分、结构所决定的颜色，具有鉴定意义，例如黄铁矿的浅铜黄色。他色则是某些透明矿物混有不同杂质或其他原因引起的。

2. 条痕

条痕是矿物粉末的颜色，一般是指矿物在白色无釉瓷板（条痕板）上划擦时所留下的粉末的颜色。某些矿物的条痕与矿物的颜色是不同的，如黄铁矿的颜色为浅黄铜色，而条痕为绿黑色。条痕比矿物的颜色更为固定，但只适用于一些深色矿物，对浅色矿物无鉴定意义。

3. 透明度

透明度是指矿物允许光线透过的程度。肉眼鉴定矿物时，一般可分成透明、半透明、不透明三级。这种划分无严格界限，鉴定时以矿物的边缘较薄处为准。透明度常受矿物厚薄、颜色、包裹体、气泡、裂隙、解理以及单体和集合体形态的影响。

4. 光泽

光泽是矿物表面反射光线时表现的特点。根据矿物表面反光能力的强弱，用类比方法常分为四个等级：金属光泽、半金属光泽、金刚光泽及玻璃光泽。另外，由于矿物表面不平或集合体形态的不同等，可形成某种独特的光泽，如丝绢光泽、脂肪光泽、蜡状光泽、珍珠光泽、土状光泽等。矿物遭受风化后，光泽强度就会有不同程度的降低，如玻璃光泽变为脂肪光泽等。

5. 解理和断口

矿物在外力作用（敲打或挤压）下，沿着一定方向破裂并产生光滑平面的性质称为解理。这些平面叫解理面。根据解理产生的难易和肉眼所能观察的程度，可将矿物的解理分成五个等级：最完全解理、完全解理、中等解理、不完全解理、最不完全解理。不同种类的矿物，其解理发育程度不同，有些矿物无解理，有些矿物有一向或数向程度不同的解理。如云母有一向解理，长石有二向解理，方解石则有三向解理（图 1-5）。

如果矿物受外力作用，无固定方向破裂并呈各种凹凸不平的断面，则叫做断口，断口有时可呈一种特有的形状，如贝壳状（图 1-6）、锯齿状、参差状等。

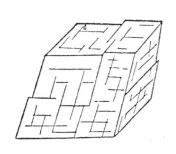

图 1-5　方解石的三向解理

图 1-6　贝壳状断口

6. 硬度

硬度指矿物抵抗外力的刻划、压入或研磨等机械作用的能力。在鉴定矿物时常用一些矿物互相刻划比较来测定其相对硬度，一般用 10 种矿物分为 10 个相对等级作为标准，称为摩氏硬度计，见表 1-1。实际工作中还可以用常见的物品来大致测定矿物的相对硬度，如指甲硬度为 2～2.5 度，玻璃约为 5.5～6 度，小钢刀为 5～5.5 度。

表 1-1　　　　　　　　　　　　　摩 氏 硬 度 计

硬度	1	2	3	4	5	6	7	8	9	10
矿物	滑石	石膏	方解石	萤石	磷灰石	正长石	石英	黄玉	刚玉	金刚石

7. 其他性质

相对密度、磁性、电性、发光性、弹性和挠性、脆性和延展性等性质对于鉴定某些矿物有时也是十分重要的。利用与稀盐酸反应的程度，对于鉴定方解石、白云石等矿物是有效的手段之一。

1.1.3　造岩矿物简易鉴定方法

正确地识别和鉴定矿物，对于岩石命名、鉴定和研究岩石的性质，是一项不可或缺且非常重要的工作。准确的鉴定方法需借助各种仪器或化学分析，最常用的为偏光显微镜、电子显微镜等。但对于一般常见矿物，用简易鉴定方法（或称肉眼鉴定方法）即可进行初步鉴定。所谓简易鉴定方法，即借助一些简单的工具，如小刀、放大镜、条痕板等，对矿物进行直接观察、测试。为了便于鉴定，表 1-2 列出了常见造岩矿物的鉴定特征。表 1-2 中除列有鉴定特征外，还有一些其他特征，可供学习和鉴定时应用。

表 1-2　主要造岩矿物鉴定特征表

序号	矿物名称·化学成分	形态	颜色	光泽	解理、断口	硬度	相对密度	其他特征
1	石英 SiO_2	粒状、致密块体(及晶体六棱柱状)、菱面体的聚形),集合体为粒簇状	纯者无色透明,乳白色,含杂质时颜色各异	玻璃光泽,断口为油脂光泽	无解理,贝壳状断口	7.0	2.50~2.80	化学性质稳定,抗风化能力强,含石英越多的岩石,岩性越坚硬,广泛分布于各种岩石和土层中。燧石(含水玉、玉髓(石髓)、玛瑙及蛋白石)为水分子为主的隐晶质变种,呈水多种颜色,蜡状光泽,其他特征同石英
2	正长石 $K[AlSi_3O_8]$	粒状、短柱状或厚板状,可有双晶条纹	肉红、褐黄、浅黄色,或带浅黄的灰白色	玻璃光泽	两向解理,正交,一向完全,一向中等或完全	6.0	2.57	较易风化,完全风化后形成高岭石、绢云母、方解石和铝土矿等次生矿物。广泛分布于酸性或中性岩浆岩中,也可产于某些变质岩、沉积岩中
3	斜长石 $Na[AlSi_3O_8]$~$Ca[Al_2Si_2O_8]$	晶体常呈粒状、板状或板状,常见双晶条纹	白色至灰白色	玻璃光泽	两向解理,交角86°,一向完全,一向中等或完全	6.0~6.5	2.60~2.76	主要性质同正长石。广泛分布于中性、基性岩浆岩和某些变质岩中。成分中以Na为主者称为酸性斜长石,以Ca为主者称为基性斜长石,二者之间称为中性斜长石
4	普通角闪石 $Ca_2Na(Mg,Fe)_4(Al,Fe)[(Si,Al)_4O_{11}]_2(OH)_2$	晶体常呈长柱状、针状,有时为刃片状、纤维状集合体	绿黑色至黑色	玻璃光泽	两向解理,中等或完全,平行柱面,交角56°或124°	5.0~6.0	3.10~3.40	较易风化,风化后可形成黏土矿物、碳酸盐及褐铁矿等。多产于中、酸性岩浆岩或超基性岩中
5	普通辉石 $Ca(Mg,Fe^{2+},Fe^{3+},Ti,Al)[(Si,Al)_2O_6]$	短柱状,常呈粒状	深黑、褐黑、紫黑、褐黑色等	玻璃光泽	两向解理,中等或完全,交角87°或93°	5.0~6.0	3.23~3.52	较易风化,风化产物同角闪石,多产于基性或超基性岩浆岩中
6	橄榄石 $(Mg,Fe)_2[SiO_4]$	常呈它形粒状,晶体为短柱体	橄榄绿、淡黄绿色或无色	玻璃光泽,断口呈油脂光泽	无解理,可见贝壳状断口	6.5~7.0	3.30~3.50	粉末溶于浓硫酸,析出 SiO_2 胶体,风化后呈暗褐色,易风化成蛇纹石。主要产于基性或超基性岩浆岩中

续表

序号	矿物名称、化学成分	形态	颜色	光泽	解理、断口	硬度	相对密度	其他特征
7	黑云母 $K\{(Mg,Fe)_3[AlSi_3O_{10}](OH)_2\}$	多呈片状或鳞片状集合体,晶体为短柱状或板状	黑色,深褐色	晶面为玻璃光泽,解理面珍珠光泽,薄片透明	一向最完全解理	2.5~3.0	3.02~3.13	薄片具有弹性,易风化。风化后可变为蛭石,薄片失去弹性。云母较多时,强度降低。广泛分布在岩浆岩和变质岩中
8	白云母 $K\{Al_2[AlSi_3O_{10}](OH)_2\}$	多呈片状或鳞片状集合体,晶体为板状或短柱状	浅灰、浅黄、浅绿色,薄片无色	晶面为玻璃光泽,解理面珍珠光泽,薄片透明	一向最完全解理	2.5~3.0	2.70~3.10	薄片具有弹性,较黑云母抗风化能力强。呈丝绢光泽者称为绢云母。主要分布在变质岩中
9	方解石 $CaCO_3$	常见单形为菱面体,晶体有粒状、块状、致密状、钟乳状、纤维状等	白色或无色透明,常因杂质染成浅黄、浅红、紫褐、黑等色	玻璃光泽	三向完全解理,斜交呈菱面体	3.0	2.60~2.90	与稀盐酸作用后剧烈起泡,是石灰岩、大理岩的主要矿物成分,无色透明者称冰洲石
10	白云石 $CaMg[CO_3]_2$	晶体常呈菱面体,集合体常呈粒状、块状	白、灰白或浅黄、粉红色	玻璃光泽	三向完全解理,斜交呈菱面体	3.5~4.0	2.80~2.90	晶面稍弯曲呈弧形,粉末遇稀盐酸缓起泡,是白云岩、大理岩的主要矿物成分,可溶于水
11	石膏 $CaSO_4 \cdot 2H_2O$	板状、片状,集合体呈致密块状、土状或纤维状	白色,有时无色透明,含杂质时呈灰、褐、黄等色	玻璃光泽,解理面珍珠光泽,纤维状集合体呈丝绢光泽	三向解理,一向完全,两向中等	1.5~2.0	2.30	多形成于盐湖或封闭的海湾中,呈层状或混于沉积岩层中。脱水后变为硬石膏($CaSO_4$),硬石膏吸水又可变为石膏,同时体积膨胀,可达30%。在水流作用下也可形成溶孔、溶隙

续表

序号	矿物名称、化学成分	形态	颜色	光泽	解理、断口	硬度	相对密度	其他特征
12	高岭石 $Al_4[Si_4O_{10}](OH)_8$	鳞片状、致密细粒状、土状块体	纯者白色，含杂质时颜色各异	土状光泽，致密块体呈蜡状光泽	一向完全解理、土状断口	2.0~3.5	2.60~2.63	与蒙脱石、水云母等同为黏土矿物，主要由富含铝硅酸盐（长石、云母等）的火成岩和变质岩经风化作用形成。具吸水性，可塑性，压缩性
13	蒙脱石 $Na_x(H_2O)_4\{Al_2[Al_xSi_{4-x}O_{10}](OH)_2\}$	常呈隐晶质土状块体，有时呈鳞片状块体	浅灰白、浅粉红色，有时微带绿色	土状光泽，致密块状者呈蜡状光泽	鳞片状者一向完全解理	2.0~2.5	2.00~2.70	亲水性比高岭石更强，吸水后具有很强的吸附积水可膨胀几倍，并具有很强的吸附力及阴离子交换能力。主要由基性火成岩在碱性环境中风化而成，为膨润土的主要成分
14	滑石 $Mg_3[Si_4O_{10}](OH)_2$	通常呈致密块状或片状、鳞片状集合体	白色、浅红或浅灰等色	脂肪光泽，解理面呈珍珠光泽	一向最完全解理（片状者），致密块体可见贝壳状断口	1.0	2.58~2.83	具滑腻感，性质软弱，为富镁质超基性、白云岩等变质形成的主要变质矿物
15	叶蜡石 $Al_2(Si_4O_{10})(OH)_2$	常呈叶片状、纤维状、放射状或隐晶质致密块体	白色、浅绿、浅黄或淡灰色	玻璃光泽，致密块状者呈脂肪光泽，解理面呈珍珠光泽	一向完全解理。隐晶质致密块状者贝壳状断口	1.0~1.5	2.65~2.90	具滑腻感，性软，薄片具挠性。主要存在于由中酸性喷出变质作用而成的结晶片岩中
16	绿泥石 $(Mg, Al, Fe)_6[(Si, Al)_4O_{10}](OH)_8$	常呈叶片状、鳞片状或粒状集合体	浅绿、深绿或黑绿色	珍珠光泽或脂肪光泽	一向最完全解理	1.0~2.5	2.60~2.85	薄片具挠性、不具弹性，是黑云母、辉石、角闪石的次生矿物，在变质岩中分布最多
17	蛇纹石 $Mg_6[Si_4O_{10}](OH)_8$	致密块状，有时为纤维状、片状集合体	浅黄绿色、深绿至黑色，或褐、蓝等色	块状者为脂肪光泽、蜡状光泽，纤维状者为丝绢光泽	无解理	2.5~3.5	2.50~2.65	常有似蛇皮状花纹，绿色花纹，可溶于盐酸。主要由富含镁的超基性岩等变质而成，常与石棉共生

续表

序号	矿物名称、化学成分	形态	颜色	光泽	解理、断口	硬度	相对密度	其他特征
18	石榴子石 $(Ca、Fe、Mg、Mn)_3(Al、Fe、Cr、Ti)_2(SiO_4)_3$	菱形十二面体、四角三八面体，集合体为粒状	深褐或紫红、黑等色	玻璃光泽，断口脂肪光泽	不平坦断口	6.5~7.5	3.5~4.2	较稳定，如风化则变为褐铁矿等。主要产于变质岩中
19	黄铁矿 FeS_2	立方体、五角十二面体或块状、粒状集合体	浅黄铜色，条痕绿黑或褐黑色	金属光泽	不规则断口	6.0~6.5	4.9~5.2	性脆，易风化，受风化后会生成硫酸及褐铁矿。常见于岩浆岩、六面体晶面上有条纹，或沉积变质岩和石灰岩中
20	褐铁矿 $FeO(OH)$，$FeO(OH)·nH_2O$，$HFeO_2·nH_2O$	块状、土状、多孔状、肾状、钟乳状	黄褐或黑褐色，条痕为黄褐色	半金属光泽，土状者为土状光泽	无解理	1.0~4.0	2.7~4.3	胶体状块体，在盐酸内缓慢溶解，易风化，土状者硬度低。褐铁矿矿实际是多矿物的混合物，为含铁矿物风化后的产物，也可由沉积而成
21	赤铁矿 Fe_2O_3	显晶质的呈板状、片状、鳞状，隐晶质的呈致密块状、肾状、豆状、鲕状等集合体	显晶质的为钢灰至铁黑色，隐晶质的为暗红色，条痕樱红色	金属光泽至半金属光泽	无解理	5.0~6.0	5.0~5.3	为重要的铁矿石，土状者硬度很低，可染手，可被还原矿为磁铁矿。在氧化条件下形成，包括热液型、化学沉积型、区域变质型和风化型等
22	铝土矿 $α-AlO(OH)、γ-AlO(OH)、Al(OH)_3$ 等	鲕状、土状、致密块状等胶体形态	灰白、灰、黄、褐、砖红	土状光泽	不平坦断口	3.0左右	2.5~3.5	实为若干铝的氢氧化物矿物组成的混合物，常有其他微细矿物颗粒混入，如高岭石、赤铁矿、蛋白石等。主要为外生成因，由铝硅酸盐矿物风化、沉积而成

1.2 岩 浆 岩

1.2.1 岩浆岩的成因与产状

岩浆岩又称火成岩,是由岩浆凝固后形成的岩石。岩浆是上地幔或地壳深处部分熔融的产物,绝大多数岩浆成分以硅酸盐为主,含有挥发组分,也可以含有少量固体物质,是高温黏稠的熔浆流体。根据岩浆中 SiO_2 的相对含量的多少,可以把岩浆分为酸性岩浆、中性岩浆、基性岩浆和超基性岩浆。基性岩浆的特点富含铁、镁氧化物,而钠、钾氧化物和硅酸含量较少,黏性小、温度高、流动性大。酸性岩浆的特点是富含钾、钠氧化物和硅酸,而铁、镁和钙的氧化物较少,黏性较大,温度低、流动性小。

岩浆主要通过地壳运动,沿地壳薄弱地带上升、冷却、凝结。其中侵入到周围岩层(简称围岩)中形成的岩浆岩称为侵入岩。根据形成深度,侵入岩又分为深成岩(形成深度约大于 5km)和浅成岩(形成深度约小于 5km)。而岩浆喷出地表形成的岩浆岩则称为喷出岩,包括火山碎屑岩和熔岩。其中,后者是岩浆沿火山通道喷溢地表冷凝固结而形成的。

岩浆岩的产状是指岩浆岩体的形态、规模、与围岩接触关系、形成时所处的地质构造环境及距离当时地表的深度等方面的特征。所谓岩体是指在天然产出条件下,含有诸如裂隙、节理、层理、断层等的原位岩石。岩浆岩的产状可分为两大类(图 1-7)。

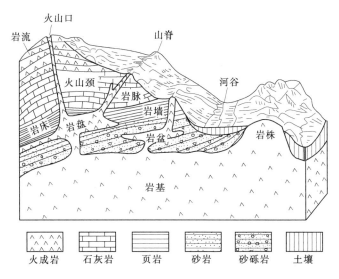

图 1-7 岩浆岩体的产状

1.2.1.1 侵入岩体产状

1. 岩基

岩基是规模庞大的岩浆岩体,其分布面积一般大于 $100km^2$,与围岩接触面不规则。构成岩基的岩石多是花岗岩或花岗闪长岩等,岩性均匀稳定,是良好的建筑地基,如三峡坝址区就是选定在面积约 200 多 km^2 的花岗岩—闪长岩岩基的南部。

2. 岩株

岩株是形体较岩基小的岩浆岩体，面积小于 $100km^2$，平面上成圆形或不规则状，岩株边缘常有一些不规则的树枝状岩体冲入围岩中，岩株有时是岩基的一部分，主要由中、酸性岩组成。也常是岩性均一的良好地基。

3. 岩盘

又称岩盖，是一种中心厚度较大，底部较平，顶部穹隆状的层间侵入体，由中、酸性岩构成。岩体边缘与围岩岩层是平行的，分布范围可达数平方公里。

4. 岩床

岩浆沿原有岩层层面侵入、延伸且分布厚度稳定的层状侵入体称为岩床。主要由基性岩构成。常见的厚度多为几十厘米至几米，延伸长度多为几百米至几千米。

5. 岩脉和岩墙

岩脉是沿岩体裂隙侵入形成的狭长形岩浆岩体，与围岩层理等斜交。岩墙是沿岩层裂隙或断层侵入形成的近于直立的板状岩浆岩体。岩墙与围岩之间通常没有成因上的联系。而近似岩墙的岩脉与围岩之间有成因上的密切关系。

1.2.1.2　喷出岩体产状

喷出岩的产状与火山喷发方式和喷出物的性质有关，主要有以下两种类型。

1. 中心式喷发

指岩浆沿着一定的圆管状管道喷出地表，它是近代火山活动最常见的喷发形式之一。随着中、酸性熔浆喷发常有强烈的爆炸现象。而基性熔浆则属宁静式喷发。常见形状是火山喷发物——熔岩和火山碎屑物围绕火山通道堆积形成的锥状体，叫做火山锥。火山锥全部由火山碎屑物质组成的叫做火山碎屑锥；全部由熔岩组成的叫做熔岩锥；有火山碎屑也有熔岩的叫做混合锥或层状火山锥。黏度较小的基性熔岩常自火山口沿某一方向流出，形成熔岩流。

2. 裂隙式喷发

岩浆沿一定方向的断裂活动溢出地表，若喷发的是黏度小的基性熔浆，则常常沿地面流动，形成面积广大的熔岩被。如云、贵、川交界处面积广泛的峨嵋玄武岩。黏度较大的熔浆可形成火山锥，或熔渣堤、熔岩脊。

岩浆冷凝会使体积收缩，从而在岩体中产生一些裂隙，这些裂隙称为原生节理，它们常有一定的规律性和一定的形态、排列、分布。如玄武岩中常有直立的六边形等柱状节理。

节理的存在，为地下水提供了贮存和运移的通道，破坏了岩体的完整性，加速了岩体的风化，从而导致岩体物理力学性质的降低。这对建筑物的稳定不利。此外，岩浆岩体与围岩的接触带也常是节理发育、岩性较差的地带。

1.2.2　岩浆岩的矿物成分

岩浆岩主要由 SiO_2、Al_2O_3、Fe_2O_3、FeO、MgO、CaO、Na_2O、K_2O 和 H_2O 等氧化物组成。其中 SiO_2 是最多且最重要的，它是反映岩浆性质和直接影响岩浆岩矿物成分变化的主要因素。常依 SiO_2 含量，将岩浆岩划分为超基性岩（$SiO_2 < 45\%$）、基性岩（$SiO_2 = 45\% \sim 52\%$）、中性岩（$SiO_2 = 52\% \sim 65\%$）和酸性岩

($SiO_2 > 65\%$)。

从超基性岩至酸性岩，随着 SiO_2 含量的增加，FeO、MgO 的含量逐渐减少；K_2O、Na_2O 的含量逐渐增加；CaO 和 Al_2O_3 的含量由超基性的纯橄榄岩至基性的辉长岩增加较多，随后向酸性的花岗岩则减少。

岩浆岩的矿物成分既反映岩石的化学成分和生成条件，是岩浆岩分类命名的主要依据之一，同时，矿物成分也直接影响岩石的工程地质性质。所以，在研究岩石时要重视矿物的组成和识别鉴定。组成岩浆岩的常见矿物大约有 20 多种，按其颜色及化学成分的特点可分为浅色矿物和深色矿物两类。浅色矿物富含硅、铝成分，如正长石、斜长石、石英、白云母等；深色矿物富含铁、镁物质，如黑云母、辉石、角闪石、橄榄石等。但对某一具体岩石来讲，并不是这些矿物都同时存在，而是通常仅由两到三种主要矿物组成。例如，辉长岩主要由斜长石和辉石组成；花岗岩则主要由正长石、石英和黑云母组成。

1.2.3 岩浆岩的结构

岩浆岩的结构是指岩石中矿物的结晶程度、晶粒大小、晶粒形状以及它们的相互组合关系。岩浆岩的结构特征，是岩浆成分和岩浆冷凝时的物理环境的综合反映。它是区分和鉴定岩浆岩的重要标志之一，同时也直接影响岩石的力学性质。岩浆岩的结构分类如下。

1. 按岩石中矿物结晶程度划分

（1）全晶质结构。岩石全部由结晶矿物所组成，如图 1-8 中的 a 所示，多见于深成岩中，如花岗岩。

（2）半晶质结构。由结晶质矿物和非晶的玻璃质所组成，如图 1-8 中的 b 所示，多见于喷出岩中，如流纹岩。

（3）玻璃质（非晶质）结构。岩石几乎全部由玻璃质所组成，如图 1-8 中的 c 所示，多见于喷出岩中，如黑曜岩、浮岩等，是岩浆迅速上升至地表时由于温度骤然下降，来不及结晶所致。

2. 按岩石中矿物颗粒的绝对大小划分

（1）显晶质结构。凭肉眼观察或借助于放大镜能分辨出岩石中的矿物晶体颗粒。按矿物颗粒的直径大小又可分为：

图 1-8 按结晶程度划分的三种结构
a—全晶质结构；b—半晶质结构；
c—玻璃质结构

粗粒结构——晶粒直径 >5.0mm；

中粒结构——晶粒直径 5.0~1.0mm；

细粒结构——晶粒直径 1.0~0.1mm。

（2）隐晶质结构。晶粒直径小于 0.1mm，肉眼和放大镜均不能分辨，在显微镜下才能看出矿物晶粒特征，岩石呈致密状。这是浅成侵入岩和熔岩中常有的一种结构。

3. 按岩石中矿物颗粒的相对大小划分

(1) 等粒结构。是岩石中同种主要矿物的颗粒粗细大致相等的结构。

(2) 不等粒结构。是岩石中同种主要矿物的颗粒大小不等，且粒度大小成连续变化系列的结构。

(3) 斑状结构及似斑状结构。岩石由两组直径相差甚大的矿物颗粒组成，其大晶粒散布在细小晶粒中，大的叫做斑晶，细小的和不结晶的玻璃质叫做基质。基质为隐晶质及玻璃质的，称为斑状结构；基质为显晶质的，则称为似斑状结构。斑状结构为浅成岩及部分喷出岩所特有的结构。其形成原因是斑晶先形成于地壳深处，而基质是后来含斑晶的岩浆上升至地壳较浅处或喷溢地表后才形成的。似斑状结构主要分布于某些深成侵入岩中。似斑状结构的斑晶和基质，同时形成于相同环境。

1.2.4　岩浆岩的构造

岩浆岩的构造是指岩石中的矿物集合体的形状、大小、排列和空间分布等所反映出来的岩石构成的特征。常见的岩浆岩构造有如下几种。

1. 块状构造

其特点是岩石在成分和结构上是均匀的，无定向排列，是岩浆岩中最常见的一种构造。

2. 流纹构造

流纹构造是由不同颜色的矿物、玻璃质和拉长的气孔等沿熔岩流动方向作定向排列所形成的一种流动构造。它是酸性熔岩中最常见的一种构造。

3. 气孔构造

岩浆喷出地表后，由于压力骤降导致挥发组分的大量出溶，出溶的气体上升、汇集、膨胀，可在熔岩中，尤其是熔岩流的上部形成大量的圆形、椭圆形或管状孔洞，称为气孔构造。

4. 杏仁状构造

熔岩流中的气孔被石英、方解石、绿泥石等次生矿物充填，形似杏仁，称为杏仁状构造。如北京三家店一带的辉绿岩就具有典型的杏仁状构造。

1.2.5　岩浆岩的分类及简易鉴定方法

1. 岩浆岩的分类

自然界中的岩浆岩种类繁多，它们之间存在着矿物成分、结构、构造、产状及成因等方面的差异，因而其工程地质性质也有明显的差别。因此，将岩浆岩进行分类，对鉴定、识别和了解岩浆岩的工程地质特性，具有重要的意义。

岩浆岩的分类依据，主要为岩石的化学成分、矿物组成、结构、构造、形成条件和产状等。首先，根据岩浆岩的化学成分（主要是 SiO_2 的含量）及由化学成分所决定的岩石中矿物的种类与含量关系，将岩浆岩分成酸性岩、中性岩、基性岩及超基性岩。其次，根据岩浆岩的形成条件将岩浆岩分为喷出岩、浅成岩和深成岩。在此基础上，再进一步考虑岩浆岩的结构、构造、产状等因素。据此划分的岩浆岩的主要类型见表 1 - 3。

表 1-3　　　　　　　　　　　　　　岩 浆 岩 分 类 表

岩石类型			酸　性	中　性		基　性	超基性
化学成分特点			富含 Si、Al			富含 Fe、Mg	
SiO₂ 含量（%）			>65	65～52		52～45	<45
颜　色			浅色（灰白、浅红、褐等）→深色（深灰、黑、暗绿等）				
成\构\因\造\矿物\结\成分\构		主要的	正长石石英	正长石	斜长石角闪石	斜长石辉石	橄榄石辉石
		次要的	黑云母角闪石	角闪石黑云母	黑云母辉石	角闪石橄榄石	角闪石
喷出岩	流纹状气孔状杏仁状块　状	玻璃质隐晶质火山碎屑斑　状	黑曜岩、浮岩、火山凝灰岩、火山角砾岩、火山集块岩				
			流纹岩	粗面岩	安山岩	玄武岩	苦橄岩
侵入岩	浅成岩	块　状	隐晶质似斑状细　粒	伟晶岩、细晶岩、煌斑岩等各种脉岩类			
				花岗斑岩	正长斑岩	闪长玢岩	辉绿岩	苦橄玢岩
	深成岩	块　状	全晶质等粒状	花岗岩	正长岩	闪长岩	辉长岩	橄榄岩辉石岩

2. 岩浆岩的简易鉴定方法

在野外进行鉴定时，首先观察岩体的产状等，判定是不是岩浆岩及属何种产状类型。然后观察岩石的颜色以初步判断岩石的类型。含深色矿物多、颜色较深的，一般为基性或超基性岩；含深色矿物少、颜色较浅的，一般为酸性或中性岩。相同成分的岩石，隐晶质的较显晶质的颜色要深一些。应注意岩石总体的颜色，并应在岩石的新鲜面上观察。接着观察岩石中矿物的成分、组合及特征，并估计每种矿物的含量，即可初步确定岩石属何大类。进一步观察岩石的结构、构造特征，区别是喷出岩还是浅成或深成岩。最后综合分析，据表 1-3 确定岩石的名称。

上述直接观察鉴定岩石的方法，可简便快速地大致鉴定出大多数岩石的类别和名称，但有些岩石，特别是结晶颗粒细小的岩石，用这种方法是难以鉴别的。这时，若要准确地定出岩石的名称，则必须借助于一些精密仪器，最常用的是偏光显微镜。

1.2.6　主要岩浆岩的特征

1.2.6.1　深成岩

深成岩常形成岩基等大型侵入体，岩性一般较均一，以中、粗粒结构为主，致密坚硬，孔隙率小，透水性弱，抗水性强，故深成岩体常被选为理想的水工建筑场地。但有些岩体风化层很厚（>100m），须采取处理措施。此外，深成岩经过多期地壳变动影响，其完整性和均一性受到破坏，且有些节理、裂隙被黏土矿物充填，可形成软弱夹层或泥化夹层。

1. 花岗岩

属酸性深成岩，多呈肉红色、浅灰色。其主要矿物成分为钾长石、酸性斜长石、石英，次要矿物为黑云母、角闪石等。全晶质等粒状结构，块状构造。产状多为岩基、岩株，可作为良好的建筑物地基及天然建筑石料。但在进行水工建设时，要注意查明风化层厚度及断裂破碎带发育情况。在我国约占所有侵入岩出露面积的 80%。我国的长江三峡、湖南东江、四川龚嘴等水电工程均建在花岗岩地基上。

2. 正长岩

常呈浅灰、浅肉红、浅灰红等色，其主要矿物成分为正长石，次要矿物有角闪石、斜长石、黑云母等。呈等粒状结构，块状构造。其物理力学性质与花岗岩类似，但不如花岗岩坚硬，且易风化，常呈酸性、基性岩边缘小岩株产出。

3. 闪长岩

属中性深成岩，浅灰至灰绿、肉红色，其主要矿物成分为斜长石、角闪石，其次为黑云母、辉石及石英等。呈等粒状结构，块状构造，分布广泛，多为小型侵入体产出。可作为各种建筑物的地基和建筑材料。

4. 辉长岩

属基性深成岩，呈黑色或黑灰色，矿物成分以斜长石和辉石为主，也含有少量的角闪石、橄榄石等。呈辉长结构或中、粗粒结构，块状构造。常呈小侵入体或岩盘、岩床、岩墙产出。

1. 2. 6. 2　浅成岩

浅成岩多以岩床、岩墙、岩脉等状态产出，有时相互穿插。颗粒细小的岩石强度高，不易风化。这些小型侵入体与围岩接触部位的岩性不均一，节理裂隙发育，岩石破碎，风化蚀变严重，透水性增大。选作大型水利工程地基时，应进行细致的勘探试验工作。

1. 花岗斑岩

属酸性浅成岩，成分与花岗岩相同。呈似斑状结构，斑晶和基质均主要由正长石、石英组成，若斑晶以石英为主，则称为石英斑岩。

2. 闪长玢岩

属中性浅成岩，其矿物成分与闪长岩相同。呈斑状或似斑状结构，斑晶以斜长石和角闪石为主。常为灰色，如有次生变化，则多为灰绿色，块状构造。常呈岩脉或在闪长岩体边部产出。

3. 辉绿岩

属基性浅成岩，呈暗绿或黑色，矿物成分与辉长岩相同。一般为辉绿结构——由斜长石晶体（长条状或针状）构成格架，辉石填入其中的特殊结构。呈块状构造。多呈岩床、岩脉产出，具良好的物理力学性质，但常因节理发育，较易风化。

4. 脉岩类

脉岩是呈脉状或岩墙状产出的浅成侵入岩。常位于深成侵入体内部或附近围岩中，充填在裂隙内。根据矿物成分和结构特征，可分为伟晶岩、细晶岩和煌斑岩等三类。

伟晶岩是巨粒浅色脉岩，颗粒大小一般在 1～2cm 以上，有的可达几米至几十米。按矿物成分可分为花岗伟晶岩、正长伟晶岩、辉长伟晶岩等，但仅花岗伟晶岩常见，故一般所指的伟晶岩，即为花岗伟晶岩。一般呈灰白色、肉红色等，常呈伟晶结构等。

细晶岩是细粒结构的浅色脉岩。不同的细晶岩成分相差很大，最常见的是花岗细晶岩，其他的还有辉长细晶岩、闪长细晶岩、斜长细晶岩等。以细粒石英和长石为主要成分的细晶岩，也称为长英岩。

煌斑岩是深色脉岩类岩石的总称。其特点是全晶质，常具明显的斑状结构。矿物成分以黑云母和角闪石为主，也有辉石、橄榄石以及斜长石等。最常见的是云母煌斑岩，其次是闪辉煌斑岩等。

1.2.6.3 喷出岩

喷出岩一般原生孔隙和节理发育，产状不规则，厚度变化大，岩性很不均一。因此，强度低，透水性强，抗风化能力差。但对于安山岩和流纹岩等，如果孔隙、节理不发育，颗粒细或呈致密玻璃质，则强度高，抗风化能力强，也属良好建筑物地基。需注意的是喷出岩覆盖在其他岩层之上的特点。

1. 流纹岩

流纹岩属酸性喷出岩，呈岩流状产出，大都为灰、灰白和灰红等较浅颜色。斑状结构，细小的斑晶为正长石和石英等矿物，基质为隐晶或玻璃质，常见流纹构造。因其岩性坚硬、强度较高，可作良好建筑材料。但要注意，下伏岩层和两次或多次喷出之间是否存在松散软弱的土层或风化层。

2. 粗面岩

粗面岩常呈浅灰、浅褐黄、浅紫褐等色。斑状结构，斑晶为正长石，基质为隐晶质。表面常有粗糙感。常为块状构造，也有气孔构造。断口粗糙不平。斑晶中若有石英，可称为石英粗面岩。

3. 安山岩

安山岩是分布较广的中性喷出岩，呈灰、红褐或浅褐色。斑状结构，斑晶为斜长石、角闪石和辉石等，基质为隐晶或玻璃质。常为块状或气孔状、杏仁状构造。有不规则的板状或柱状原生节理，常呈岩流产出。

4. 玄武岩

玄武岩是分布较广的基性喷出岩，呈黑、灰绿及暗褐等色。其主要矿物成分与辉长岩相同，多呈斑状结构、细粒结构或无斑隐晶质结构。气孔状构造及杏仁状构造较普遍，岩性致密坚硬，但多孔时强度较低，较易风化。玄武岩的柱状节理很普遍。

5. 火山碎屑岩类

火山碎屑岩是火山活动时形成的火山碎屑物质，如火山灰（粒径为 $0.05\sim2.00mm$）、火山砾（粒径 $2\sim64mm$）、火山渣、火山弹及火山岩块（粒径大于 $64mm$）等，在火山口附近就地堆积，或在空气或水中搬运、降落、沉积、固结形成的岩石，如凝灰岩、火山（砾）角砾岩、集块岩等。其中，凝灰岩最为常见。

凝灰岩一般由小于 $2mm$ 的火山灰和碎屑固结而成。碎屑物质有岩屑、矿物晶屑、玻璃碎屑等，胶结物为火山灰等物质。岩石外貌有粗糙感。具典型的凝灰结构，呈块状层理、粒序层理等构造。这种岩石孔隙率大，重度小，性质软弱，强度低，易风化。风化后常形成以蒙脱石为主的膨润土，因其具有很高的可塑性和膨胀性，所以常给工程建设带来困难和危害。

1.3 沉 积 岩

沉积岩是在地壳表层常温、常压条件下，由风化产物、有机物质和某些火山作用产生的物质，经搬运、沉积和成岩等一系列地质作用而形成的层状岩石。沉积岩广泛分布于地表，占陆地面积的 75%。因此，许多工程都选在沉积岩地区建设。沉积岩也是被应用得最广的一种建筑材料。

1.3.1 沉积岩的形成

沉积岩的形成是一个长期而复杂的地质作用过程，一般可分为 4 个阶段。

1. 先成岩石的破坏阶段

地表或接近地表的岩石受温度变化、水、大气和生物等因素作用，在原地发生机械崩解或化学分解，形成松散碎屑物质、新的矿物或溶解物质的作用，称为风化作用（详见本章 1.5 节）。风化产物是沉积岩的重要物质来源之一。风、流水、地下水、冰川、湖泊、海洋等各种外力在运动状态下对地面岩石及风化产物的破坏作用称为剥蚀作用。可分为机械剥蚀作用和化学剥蚀作用（溶蚀作用）两种方式。

2. 搬运阶段

搬运作用是指风化作用和剥蚀作用的产物，被水流、风、冰川、重力及生物等搬运到其他地方。搬运方式包括机械搬运和化学搬运两种。流水的搬运使得碎屑物质颗粒逐渐变细，并从棱角状变成浑圆形。化学搬运是将胶体和溶解物质带到湖海中去。

3. 沉积阶段

当搬运能力减弱或物理化学环境改变时，被搬运的物质脱离搬运介质而停止运移，这种作用称为沉积作用。沉积作用环境包括海洋沉积和大陆沉积，前者又分为滨海、浅海、半深海和深海沉积，后者又分为河流、湖泊、沼泽、冰川、风力等沉积。沉积作用一般可分为机械沉积、化学沉积和生物化学沉积。机械沉积作用是受重力支配的，碎屑物质通常按颗粒大小顺序沉积，即沿搬运方向依次沉积砾粒、砂粒、粉粒和黏粒，这种现象称为分选作用。例如在同一条河流上，上游沉积物质颗粒较粗，往中、下游逐渐变细。化学沉积包括胶体溶液和真溶液的沉积，如氧化物、硅酸盐、碳酸盐等的沉积。生物化学沉积主要是由生物遗体沉积及生物活动所引起的，如藻类进行光合作用，吸收 CO_2，促进碳酸盐的沉淀。

4. 成岩阶段

即松散沉积物转变成坚硬沉积岩的阶段。成岩作用主要有三种：

（1）压固作用：即上覆沉积物的重力作用，导致下伏沉积物孔隙减小，水分挤出，从而变得紧密坚硬。

（2）胶结作用：其他物质充填到碎屑沉积物粒间孔隙中，从而将分散的颗粒黏结在一起。

（3）重结晶作用：沉积物在压力和温度逐渐增大情况下，可以溶解或局部溶解，导致物质质点重新排列，使非晶物质变成结晶物质，这种作用称为重结晶作用。

1.3.2 沉积岩的矿物成分

组成沉积岩的常见矿物仅有 20 多种，按成因类型可分为以下几种。

1. 碎屑矿物

碎屑矿物也称原生矿物，是原岩风化破碎后残存下来的矿物，如石英、长石、白云母等一些耐磨损而抗风化性较强和较稳定的矿物。

2. 黏土矿物

黏土矿物是原岩经风化分解后生成的次生矿物，如高岭石、蒙脱石、伊利石等。

3. 化学沉积矿物

化学沉积矿物是从真溶液或胶体溶液中沉淀出来的或是由生物化学沉积作用形成的矿物，如方解石、白云石、石膏、石盐、铝、铁和锰的氧化物或氢氧化物等。

4. 有机质及生物残骸

有机质及生物残骸是由生物残骸或经有机化学变化而形成的矿物，如贝壳、硅藻土、泥炭、石油等。

在以上矿物中，石英、长石及白云母也是岩浆岩中常见的矿物，其他矿物则是在地表条件下形成的特有矿物。岩浆岩中的橄榄石、辉石、角闪石、黑云母等暗色矿物，由于易于化学风化，所以在沉积岩中极少见到。

1.3.3 沉积岩的结构

沉积岩的结构是指沉积岩组成物质的形状、大小和结晶程度等特征。主要有下列三种。

1. 碎屑结构

碎屑结构是碎屑物质被胶结物黏结起来而形成的一种结构，其特征有以下三点。

（1）颗粒大小。按碎屑粒径大小，可将碎屑结构分为下列几类：

砾状结构——碎屑粒径＞2mm。

砂质结构 { 粗砂结构——碎屑粒径为 2.0～0.5mm；
中砂结构——碎屑粒径为 0.50～0.25mm；
细砂结构——碎屑粒径为 0.25～0.05mm。

粉砂质结构——碎屑粒径为 0.05～0.005mm。

（2）颗粒圆度。据碎屑颗粒的磨圆程度，可分为棱角状、次棱角状、次圆状和圆状四种，见图 1-9。颗粒磨圆程度受颗粒硬度、相对密度的大小及搬运历程等因素的影响。

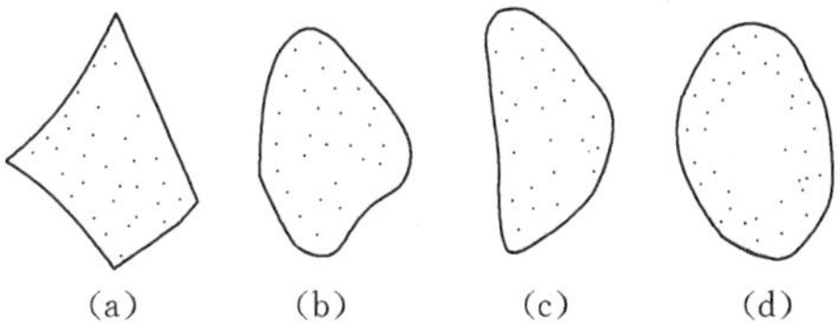

（3）胶结物及胶结方式。胶结物的性质及胶结类型对碎屑岩类的物理力学性质有显著的影响。常见的胶结物有以下几种。

硅质——玉髓、蛋白石、石英等。颜色浅，岩性坚固，强度高，抗水性及抗风化性强。

铁质——赤铁矿、褐铁矿等。常呈红

图 1-9 碎屑颗粒的形状
（a）棱角状；（b）次棱角状；
（c）次圆状；（d）圆状

色或棕色，岩石强度次于硅质胶结的。

　　钙质——方解石、白云石等。呈白灰、青灰等色。岩石较坚固，强度较大，但性脆，具可溶性，遇盐酸起泡。

　　泥质——黏土矿物。多呈黄褐色，性质松软、易破碎，遇水后易泡软、松散。

　　其他——石膏、海绿石等。

　　胶结类型指胶结物与碎屑颗粒之间的相对含量和颗粒之间的相互关系。常见的有三种胶结类型（图1-10）：

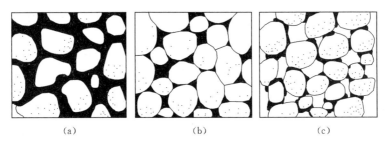

（a）　　　　　　　　　　（b）　　　　　　　　　　（c）

图1-10　沉积岩的胶结类型

（a）基底胶结；（b）孔隙胶结；（c）接触胶结

　　基底胶结——胶结物含量多，碎屑颗粒孤立地散布于胶结物中，彼此互不接触。这种胶结方式的坚固程度视胶结物性质而定。

　　孔隙胶结——碎屑颗粒紧密接触，胶结物充填于粒间孔隙中。这种胶结方式通常不很坚固。

　　接触胶结——胶结物含量极少，碎屑颗粒互相接触，胶结物仅存在于颗粒的接触处。这种胶结方式最不牢固。

　　2. 泥质结构

　　泥质结构是几乎全部由小于0.005mm的黏土颗粒组成，比较致密均一和质地较软的结构。这种结构是黏土岩的主要特征，主要由黏土矿物组成，此外还有石英等。

　　3. 化学结构

　　化学结构是由岩石中的颗粒在水溶液中结晶（如方解石、白云石等）或呈胶体形态凝结沉淀（如燧石等）而成的。可分为鲕状、结核状、纤维状、致密状和晶粒状结构等。

　　4. 生物结构

　　生物结构几乎全部是由生物遗体或生物碎片所组成的，如生物碎屑结构、贝壳结构等。

1.3.4　沉积岩的构造

　　沉积岩的构造是指沉积岩各种物质成分形成的特有的空间分布和排列方式。

1.3.4.1　层理构造

　　层理是沉积岩在形成过程中，由于沉积环境的改变所引起的沉积物质的成分、颗粒大小、形状或颜色在垂直方向发生变化而显示成层的现象。层理是沉积岩最重要的一种构造特征，是沉积岩区别于岩浆岩和变质岩的最主要标志。

层或岩层是在较大区域内生成条件基本一致的情况下沉积的一个单元，其成分、结构、内部构造和颜色基本均一。层与层之间的分界面，叫做层面。从顶面到底面的垂直距离为岩层的厚度。层的厚度是沉积岩的重要描述标志。根据单层厚度，层可分为巨厚层（＞1m）、厚层（1.0～0.5m）、中厚层（0.5～0.2m）、薄层（0.2～0.05m）、极薄层（＜0.05m）。

根据层理的形态，可将层理分为下列几种类型（图1-11）。

1. 水平层理

水平层理是由平直且与层面平行的一系列细层组成的［图1-11（a）］。主要见于细粒岩石（黏土岩、粉细砂岩、泥晶灰岩等）中。它是在比较稳定的水动力条件下（如河流的堤岸带、闭塞海湾、海和湖的深水带），从悬浮物或溶液中缓慢沉积而成的。

2. 单斜层理

单斜层理是由一系列与层面斜交的细层组成的，细层向同一方向倾斜并大致相互平行［图1-11（b）］。它与上下层面斜交，上下层面互相平行。它是由单向水流所造成的，多见于河床或滨海三角洲沉积物中。

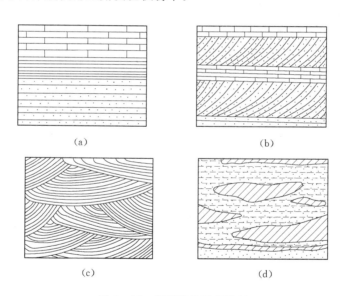

(a)   (b)

(c)   (d)

图1-11 沉积岩的层理类型
(a) 水平层理；(b) 单斜层理；(c) 交错层理；(d) 透镜体及尖灭层

3. 交错层理

交错层理是由多组不同方向的斜层理互相交错重叠而成的［图1-11（c）］，是由于水流的运动方向频繁变化所造成的，多见于湖滨、滨海、浅海地带或风成堆积层中。

此外，还有粒序层理（递变层理）和块状层理等。

有些岩层一端较厚，另一端逐渐变薄以至消失，这种现象称为尖灭层，若在不大的距离内两端都尖灭，而中间较厚，则称为透镜体［图1-11（d）］。

1.3.4.2　层面构造

层面构造指岩层层面上由于水流、风、生物活动等作用留下的痕迹，如波痕、泥裂、雨痕等。

波痕——由于风力、流水、波浪和潮汐的作用，在沉积层表面所形成的波状起伏现象。

泥裂——主要是由于沉积物在尚未固结时即露出水面，经暴晒后形成张开的裂缝。刚形成时泥裂是空的，以后常被砂、粉砂或其他物质填充。

1.3.4.3　结核

结核是成分、结构、构造及颜色等与围岩成分有明显区别的某些矿物质团块。结核形态很多，有球状、椭球状、不规则状等。如石灰岩中常见的燧石结核，主要是 SiO_2 在沉积物沉积的同时以胶体凝聚方式形成的。黄土中的钙质结核，是地下水从沉积物中溶解 $CaCO_3$ 后在适当地点再结晶凝聚形成的（图 1 - 12）。

图 1 - 12　钙质结核

1.3.4.4　生物成因构造

由于生物的生命活动和生态特征，而在沉积物中形成的构造称为生物成因构造。如生物礁体、叠层构造、虫迹、虫孔等。

在沉积过程中，若有各种生物遗体或遗迹（如动物的骨骼、甲壳、蛋卵、足迹及植物的根、茎、叶等）埋藏于沉积物中，后经石化保存于岩石中，则称为化石。根据化石种类可以确定岩石形成的环境和地质年代。

1.3.5　沉积岩的分类及主要沉积岩的特征

根据沉积岩的组成成分、结构、构造和形成条件，可分为碎屑岩、黏土岩、化学岩及生物化学岩类，见表 1 - 4。

表 1 - 4　　　　　　　　　　　　主 要 沉 积 岩 分 类 表

岩类	结构		主要矿物成分	主要岩石
碎屑岩	砾状结构 （颗粒粒径 $d>2.00mm$）		岩石碎屑或岩块	角砾岩
				砾岩
	砂质结构 （$d=0.05\sim2.00mm$）		石英、长石、云母、角闪石、辉石、磁铁矿等	石英砂岩、长石砂岩
	粉砂质结构 （$d=0.005\sim0.05mm$）		石英、长石、黏土矿物、碳酸盐矿物	粉砂岩
黏土岩	泥质结构（$d<0.005mm$）		黏土矿物为主，含少量石英、云母等	泥岩、页岩
化学岩及生物化学岩	化学结构及生物结构	致密状、粒状、鲕状	方解石为主，白云石、黏土矿物	泥灰岩、石灰岩
			白云石、方解石	白云质灰岩、白云岩
		结核状、鲕状、纤维状、致密状	石英、蛋白石、硅胶	燧石岩、硅藻岩
			钙、钾、钠、镁的硫酸盐及氯化物	石膏岩、石盐岩、钾盐岩
			碳、碳氢化合物、有机质	煤、油页岩

1.3.5.1 碎屑岩类

碎屑岩类具有碎屑结构，即岩石由粗粒的碎屑和细粒的胶结物两部分组成。鉴别碎屑岩时，先观察碎屑粒径的大小，区分是砾岩、砂岩还是粉砂岩；其次分析胶结物的性质和碎屑物质的主要矿物成分，判断所属的亚类，并确定岩石的名称。

1. 砾岩和角砾岩

砾岩和角砾岩是由占碎屑总量达 50% 以上的大于 2mm 的碎屑颗粒胶结而成的岩石。少见层理，呈厚层—巨厚层。由磨圆较好的砾石胶结而成的称为砾岩；由带棱角的角砾胶结而成的称为角砾岩。角砾岩是由带棱角的岩块搬运距离不远即沉积胶结而成的。砾岩可能是在海滨潮间带由海浪反复冲刷磨蚀堆积而成，分选和磨圆都较好，成分较单纯；也可能是由河流短距离搬运而成，分选和磨圆度都较差，砾石成分也较复杂。砾石成分可能是矿物碎屑，但主要是岩屑。胶结物的成分与胶结类型对砾岩的物理力学性质有很大的影响。如硅质基底胶结的石英砾岩非常坚硬、难以风化。而泥质胶结的砾岩则相反，美国圣·弗兰西斯坝则因此种砾岩泥化而失事。

2. 砂岩

砂岩是由占碎屑总量达 50% 以上的 2.00～0.05mm 粒级的颗粒胶结而成的岩石。交错层理发育。按粒度大小可细分为粗粒、中粒及细粒砂岩。根据其主要碎屑的矿物成分又可分为石英砂岩、长石砂岩和岩屑砂岩。石英砂岩中 90% 以上的碎屑物质是石英，磨圆度高，分选性好。一般为硅质胶结，呈白色等，质地坚硬。在长石砂岩的碎屑中，长石含量大于 25%，岩屑含量小于 10%，常为红色或棕黄色，一般为中、粗粒，分选性和磨圆度变化大，为钙质或铁质胶结。岩屑砂岩中的岩屑占碎屑总量的 25% 以上，长石含量小于 10%，碎屑的分选、磨圆不好，颜色较深，呈灰、灰绿、灰黑等色。

砂岩随胶结物成分和胶结类型的不同，力学性质也不同。由于多数砂岩岩性坚硬而质脆，在地质构造应力作用下张性裂隙发育，所以，常具有较强的透水性。

3. 粉砂岩

粉砂岩是 0.05～0.005mm 粒级的颗粒含量大于 50% 的岩石，质地致密，成分以石英为主，长石次之，碎屑的磨圆度差，分选时好时差，常见颜色为棕红色或暗褐色，常具有薄的水平层理。粉砂岩的性质介于砂岩与黏土岩之间。

1.3.5.2 黏土岩类

黏土岩是主要由粒径小于 0.005mm 的黏土矿物组成的岩石。常见的黏土矿物有高岭石、蒙脱石、水云母等。黏土岩中的其他成分有粉粒级的石英、长石、云母等陆源碎屑，还有褐铁矿等胶体或化学沉积物。黏土岩致密均一，不透水，性质软弱，强度低，易产生压缩变形，抗风化能力较低，尤其是含蒙脱石等矿物的黏土岩，遇水后具有膨胀、崩解等特性，不适合作为大型水工建筑物的地基。主要的黏土岩有以下两大类。

1. 泥岩

泥岩是由 95% 以上的泥质物组成的，其特点是：固结不紧密、不牢固；层理不发育，常呈厚层状、块状；强度较低，一般干试样的抗压强度约在 5～35MPa 之间，遇水易泥化，强度显著降低，饱水试样的抗压强度可降低 50% 左右；泥岩多形成于较新的地质时期。

2. 页岩

页岩是由黏土脱水胶结而成，大部分有明显的薄层理，能沿层理分成薄片，这种特征也称页理，页理主要是鳞片状黏土矿物层层累积、平行排列并压紧而成。页岩风化后多成碎片状或泥土状。根据混入物的成分或岩石的颜色可分为：钙质页岩、铁质页岩、硅质页岩、黑色页岩及炭质页岩等。除硅质页岩强度稍高外，其余的页岩易风化，性质软弱，浸水后强度显著降低。致密，不透水。在地形上常表现为低山、低谷。

1.3.5.3　化学岩及生物化学岩

最常见的是由碳酸盐矿物组成的岩石，以石灰岩和白云岩分布最为广泛。鉴别这类岩石时，要特别注意对盐酸试剂的反应。石灰岩在常温下遇稀盐酸剧烈起泡；泥灰岩遇稀盐酸起泡后留有白色泥点；白云岩在常温下遇稀盐酸不起泡，但加热或研成粉末后则起泡。多数岩石结构致密，性质坚硬，强度较高。但主要特征是具有可溶性，在水流的作用下形成溶蚀裂隙、洞穴、地下河等岩溶现象，影响水工建筑物安全的主要工程地质问题有塌陷、渗漏等。

1. 石灰岩

石灰岩简称灰岩，在深海或浅海等环境中形成，矿物成分以方解石为主，有时还可含有白云石、燧石等硅质矿物和黏土矿物等。常呈深灰、浅灰色，纯质灰岩呈白色，多呈致密状，具隐晶质结构，叫做结晶灰岩，另外在形成过程中，由于风浪振动，常形成一些特殊结构，如鲕状结构、生物结构和碎屑结构（如竹叶状灰岩）。

2. 白云岩

白云岩的矿物成分主要为白云石，其次含有少量的方解石等。形成环境同灰岩，常为浅灰色、灰白色，呈隐晶质或细晶粒状结构。硬度较灰岩略大。岩石风化面上常有刀砍状溶蚀沟纹。纯白云岩可作耐火材料。

石灰岩与白云岩之间的过渡类型有灰云岩、白云质灰岩等。

3. 泥灰岩

当石灰岩中黏土矿物含量达 $25\%\sim50\%$ 时，称为泥灰岩。岩石致密，呈微粒或泥质结构。颜色有灰色、黄色、褐色、红色等。强度低、易风化。泥灰岩可作水泥原料。

其他的化学岩包括铝土岩、铁质岩、锰质岩、燧石岩、磷块岩、石盐岩、钾盐岩及石膏岩等。此外，还有煤等可燃有机岩。

1.4　变　质　岩

地壳中原有的岩浆岩、沉积岩或变质岩，由于地壳运动和岩浆活动等造成物理化学环境的改变，受高温、高压及其他化学因素作用，使原来岩石的成分、结构和构造发生一系列变化，所形成的新的岩石称为变质岩（图 1-13）。这种改变岩石的作用，称为变质作用。

1.4.1　变质作用的因素及类型

引起变质作用的因素有温度、压力及具有化学活动性的流体。变质温度的基本来

源包括地壳深处的高温、岩浆及地壳岩石
断裂错动产生的高温等。温度可导致岩石
发生重结晶作用和产生新的矿物。引起岩
石变质的压力包括上覆岩石重量引起的静
压力、侵入于岩体空隙中的流体所形成的
压力，以及地壳运动或岩浆活动产生的定
向压力。化学活动性流体则是以岩浆、
H_2O、CO_2、HCl 为主，并含有其他一些易
挥发、易流动的物质。

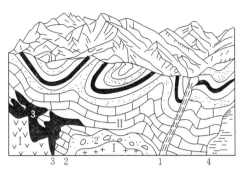

图 1-13 变质岩类型示意图

Ⅰ—岩浆岩；Ⅱ—沉积岩；
1—动力变质岩；2—热接触变质岩；
3—接触交代变质岩；4—区域变质岩

根据变质作用的地质成因和变质作用
因素，将变质作用分为下列几种类型。

1. 接触变质作用

接触变质作用是指发生在侵入岩与围
岩之间的接触带上，主要由温度、热液和挥发性物质所引起的变质作用。围岩距侵入
体越近，变质程度则越高；距离越远，变质程度则越低，并逐渐过渡到不变质的岩
石。其中热接触变质作用中引起变质的主要因素是温度。岩石受热后发生矿物的重结
晶、脱水、脱炭以及物质的重新组合，形成新矿物与变晶结构。在接触交代变质作用
中引起变质的因素除温度以外，主要还有从岩浆中分异出来的挥发性物质和热液所产
生的交代作用。故岩石的化学成分有显著变化，产生大量新矿物。形成的岩石有大理
岩、角岩、矽卡岩等。

接触变质带的岩石一般较破碎，裂隙发育，透水性大，强度较低。

2. 区域变质作用

区域变质作用泛指在广大范围内发生，并由温度、压力以及化学活动性流体等多
种因素引起的变质作用。包括区域中、高温（550～900℃）变质作用、区域动力热流
变质作用、埋深（又称静力、负荷、埋藏）变质作用等类型。例如，黏土质岩石可变
为板岩、千枚岩、片岩和片麻岩。

区域变质岩的岩性，在很大范围内是比较均匀一致的，其强度则决定于岩石本身
的结构和成分等。

3. 区域混合岩化作用

在区域变质作用的基础上，地壳内部热流继续升高，便产生深部热液和局部重熔
熔浆的渗透、交代、贯入于变质岩中，形成混合岩，这种作用叫做区域混合岩化作
用，简称为混合岩化作用。

4. 动力变质作用

在地壳构造变动时产生的强烈定向压力使岩石发生的变质作用称为动力变质作
用。其特征是常与较大的断层带伴生，原岩挤压破碎、变形并常伴随一定程度的重结
晶现象，可形成断层角砾岩、碎裂岩、糜棱岩等，并可有叶蜡石、蛇纹石、绢云母、
绿泥石、绿帘石等变质矿物产生。

1.4.2 变质岩的矿物成分

组成变质岩的矿物，一部分是与岩浆岩或沉积岩所共有的，如石英、长石、云

母、角闪石、辉石、方解石等；另一部分是变质作用后产生的特有的变质矿物，如红柱石、夕线石、蓝晶石、硅灰石、刚玉、绿泥石、绿帘石、绢云母、滑石、叶蜡石、蛇纹石、石榴子石、石墨等。这些矿物具有变质程度分带指示作用，如绿泥石、绢云母多出现在浅变质带，蓝晶石代表中变质带，而夕线石则存在于深变质带中。这类矿物可作为鉴别变质岩的标志矿物。

1.4.3 变质岩的结构

1. 变晶结构

岩石在固体状态下发生重结晶或变质结晶所形成的结构称为变晶结构。这是变质岩中最常见的结构。

（1）根据变质矿物的粒度分。按变晶矿物颗粒的相对大小可分为等粒变晶结构、不等粒变晶结构及斑状变晶结构；按变晶矿物颗粒的绝对大小可分为粗粒变晶结构（$\phi > 3\text{mm}$）、中粒变晶结构（$\phi = 3 \sim 1\text{mm}$）、细粒变晶结构（$\phi < 1\text{mm}$）。

（2）按变晶矿物颗粒的形状分。可分为粒状变晶结构、鳞片状变晶结构及纤维状变晶结构等。

2. 碎裂结构

岩石受定向压力作用，当压力超过其强度极限时发生破裂，形成碎块甚至粉末后又被胶结在一起的结构称为碎裂结构。常具条带和片理，是动力变质岩中常见的结构。根据破碎程度可分为碎裂结构、碎斑结构、糜棱结构等。

3. 变余结构（残余结构）

原岩在变质作用过程中，由于重结晶、变质结晶作用不完全，原岩的结构特征被部分保留下来，称为变余结构。如变余斑状结构、变余花岗结构、变余砾状结构、变余砂状结构、变余泥质结构等。

1.4.4 变质岩的构造

岩石经变质作用后常形成一些新的构造特征，它是区别于其他两类岩石的特有标志，是变质岩的最重要特征之一。

1. 片理构造

片理构造指岩石中矿物定向排列所显示的构造，是变质岩中最常见、最带有特征性的构造。

（1）板状构造。岩石具有由微小晶体定向排列所造成的平行、较密集而平坦的破裂面，沿此面岩石易于分裂成板状体。板理面常微有丝绢光泽。这种岩石常具变余泥质结构。它是岩石受较轻的定向压力作用而形成的。

（2）千枚状构造。岩石常呈薄板状，其中各组分基本已重结晶并呈定向排列，但结晶程度较低而使得肉眼尚不能分辨矿物，仅在岩石的自然破裂面上见有强烈的丝绢光泽，系由绢云母、绿泥石造成。有时具有挠曲和小褶皱。

（3）片状构造。在定向挤压应力的长期作用下，岩石中所含大量柱状或片状矿物（如云母、绿泥石、滑石等），都呈平行定向排列。岩石中各组分全部重结晶，而且肉眼可以看出矿物颗粒。有此种构造的岩石，各向异性显著，沿片理面易于裂开，其强度、透水性、抗风化能力等也随方向而改变。

（4）片麻状构造。以粒状变晶矿物为主，其间夹以鳞片状、柱状变晶矿物，并呈大致平行的断续带状分布。它们的结晶程度都比较高，是片麻岩中常见的构造。

2. 块状构造

岩石中的矿物均匀分布，结构均一，无定向排列，这是大理岩和石英岩常有的构造。

3. 变余构造

变余构造是因变质作用不彻底而保留下来的原岩构造。如变余层理构造、变余气孔构造等。

1.4.5 变质岩的分类及主要变质岩的特征

1.4.5.1 变质岩的分类

变质岩的分类与命名，首先是根据其构造特征，其次是结构和矿物成分。其分类见表1-5。

表 1-5　　　　　　　　　主 要 变 质 岩 分 类 表

变质作用	构造、结构		岩石名称	主要矿物成分	原　岩
区域变质	片麻状构造 变晶结构		片麻岩	石英、长石、云母、角闪石等	中、酸性岩浆岩，砂岩，粉砂岩，黏土岩
	片状构造 变晶结构		片 岩	云母、滑石、绿泥石、石英等	黏土岩、砂岩、泥灰岩、岩浆岩、凝灰岩
	千枚状构造 变晶结构		千枚岩	绢云母、石英、绿泥石等	黏土岩、粉砂岩、凝灰岩
	板状构造 变余结构		板 岩	黏土矿物、绢云母、绿泥石、石英等	黏土岩、黏土质粉砂岩
区域变质 接触变质	块状构造	变晶结构	石英岩	石英为主，有时含绢云母等	砂岩、硅质岩
			大理岩	方解石、白云石	石灰岩、白云岩
动力变质		碎裂结构	碎裂岩	原岩岩块	各类岩石
		糜棱结构	糜棱岩	原岩碎屑、粉末	各类岩石

鉴别变质岩时，可先从观察岩石的构造开始；根据构造，将变质岩区分为片理构造和块状构造两类。然后可进一步根据片理特征和结构以及主要矿物成分，分析所属的亚类，确定岩石的名称。

1.4.5.2 主要变质岩特征

1. 片麻岩

一般呈片麻状构造，中粗粒鳞片粒状变晶结构。可由黏土岩、粉砂岩、砂岩或酸性和中性岩浆岩、火山碎屑岩等，经深变质而成。主要矿物为长石、石英、云母、角闪石等，有时出现辉石、红柱石、石榴子石、夕线石、蓝晶石等。片麻岩可根据成分进一步分类和命名，如花岗片麻岩、角闪斜长片麻岩、黑云钾长片麻岩等。

片麻岩的物理力学性质，视矿物成分不同而异，一般较坚硬，强度较高，但若云母含量增多且富集在一起，则强度大为降低，并较易风化。

2. 片岩

其特征是有片状构造，一般为鳞片变晶结构、纤状变晶结构。常见矿物有云母、绿泥石、滑石、角闪石等，粒状矿物以石英为主，长石很少或没有。进一步分类和命名需根据特征变质矿物和主要片状矿物来确定，如云母片岩、绿泥石片岩、滑石片岩、石英片岩、角闪石片岩等。片岩强度较低，且易风化，由于片理发育，易于沿片理裂开。

3. 千枚岩

其特征是具千枚状构造。其原岩类型与板岩相同，重结晶程度比板岩高，基本已重结晶。矿物成分主要有细小绢云母、绿泥石、石英等，具有显微变晶结构，片理面具有明显的丝绢光泽。千枚岩性质较软弱，易风化破碎。

4. 板岩

其特征是具板状构造。主要由黏土岩、粉砂岩或中、酸性凝灰岩变质而成，变质程度较轻。常具变余泥质结构，重结晶不明显，外表呈致密隐晶质，肉眼难以鉴别。沿板理易裂开成薄板状，在板理面上略显丝绢光泽。能加工成各种尺寸的石板，用作建筑材料。板岩透水性弱，可作隔水层加以利用，但在水的长期作用下可能软化，形成软弱夹层。

5. 石英岩

石英岩由石英砂岩和硅质岩经变质而成。主要由石英组成（含量大于 85%），其次可含少量白云母、长石、磁铁矿等。一般为块状构造，呈粒状变晶结构。具有脂肪光泽。岩石坚硬，抗风化能力强。可作良好的水工建筑物地基。但因性脆，较易产生密集性裂隙。另外，石英岩中常夹有薄层板岩，风化后变为泥化夹层。

6. 大理岩

大理岩以我国云南大理市盛产优质的此种岩石而得名。由钙、镁碳酸盐类沉积岩变质形成。主要矿物成分为方解石、白云石。具粒状变晶结构，块状构造。洁白的细粒大理岩（汉白玉）和带有各种花纹的大理岩常被用作建筑材料和各种装饰石料等。

大理岩硬度较小，岩块或岩粉与盐酸反应起泡，具有可溶性。

7. 混合岩

混合岩是由混合岩化作用形成的岩石。其基本组成物质分为基体和脉体两部分。基体指的是混合岩形成过程中残留的原来的变质岩，是区域变质作用的产物，多含暗色矿物，如角闪岩、片麻岩等，颜色较深。脉体指的是混合岩形成过程中处于活动状态的新生成的流体物质结晶部分，通常是花岗质、长英质（细晶质）、伟晶质和石英脉等，颜色较浅。脉体和基体以不同的数量和方式相混合，可形成不同形态的各种混合岩。矿物成分变化大、成分复杂。呈粗粒、交代结构。具条带状、肠状、角砾状、眼球状、网状等构造。

8. 动力变质岩

动力变质岩包括构造角砾岩、碎裂岩、糜棱岩、千糜岩等。参见第 2 章 2.4 节。

1.5　岩石的物理力学性质指标及风化岩石

1.5.1　岩石的主要物理力学性质指标
1.5.1.1　岩石的主要物理性质指标

1. 岩石块体密度和重度

岩石块体密度 ρ（g/cm^3）是试样质量 m（g）与试样体积 V（cm^3）的比值。分为天然密度 ρ、干密度 ρ_d 和饱和密度 ρ_s 等。密度的表达式为

$$\rho = \frac{m}{V} \tag{1-1}$$

岩石的密度取决于其矿物成分、孔隙大小及含水量的多少。测定密度用量积法、蜡封法和水中称量法等。

岩石的重力密度简称重度 γ（kN/m^3），是单位体积岩石受到的重力，它与密度的关系为

$$\gamma = 9.80\rho \tag{1-2}$$

2. 岩石颗粒密度

岩石颗粒密度 ρ_p 是干试样质量 m_s（g）与岩石固体体积 V_s（cm^3）之比，即

$$\rho_p = \frac{m_s}{V_s} \tag{1-3}$$

岩石颗粒密度取决于组成岩石的矿物的密度，一般用比重瓶法测定岩石颗粒密度。

3. 孔隙率

孔隙率 n 为岩石试样中孔隙（包括裂隙）的体积 V_v（cm^3）与岩石试样总体积 V（cm^3）的比值，以百分数表示，即

$$n = \frac{V_v}{V} \times 100\% \tag{1-4}$$

孔隙率越大，表示孔隙和微裂隙越多，岩石的力学性质也就越差。

4. 岩石的吸水性

岩石在一定条件下吸收水分的性能称为岩石的吸水性。它取决于岩石孔隙的数量、大小、开闭程度和分布情况。表征岩石吸水性的指标有吸水率、饱和吸水率和饱水系数。

岩石吸水率 ω_a（%）是试件在大气压力和室温条件下吸入水的质量 $m_a - m_d$（g）与试件烘干后的质量 m_d（g）的比值，以百分数表示，即

$$\omega_a = \frac{m_a - m_d}{m_d} \times 100\% \tag{1-5}$$

式中：m_a 为试件浸水 48h 的质量，g。

岩石饱和吸水率 ω_s（%）是试件在强制饱和状态下的最大吸水量 $m_s - m_d$（g）与试件烘干后的质量 m_d（g）的比值，以百分数表示，即

$$\omega_s = \frac{m_s - m_d}{m_d} \times 100\% \tag{1-6}$$

式中：m_s 为试件饱和后的质量，g。

岩石吸水性试验包括岩石吸水率试验和岩石饱和吸水率试验。岩石吸水率采用自由浸水法测定。岩石饱和吸水率采用煮沸法或真空抽气法测定。

岩石饱水系数 k_w 是指岩石吸水率与饱和吸水率的比值，即

$$k_w = \frac{\omega_a}{\omega_s} \tag{1-7}$$

一般岩石的饱水系数 k_w 介于 0.5～0.8 之间。饱水系数对于判别岩石的抗冻性具有重要意义。一般认为 k_w 小于 0.7 的有黏土物质充填的岩石是抗冻的。对于粒状结晶、孔隙均匀的岩石，则认为 k_w 小于 0.8 是抗冻的。

5. 岩石的抗冻性

岩石抵抗冻融破坏的性能称为岩石的抗冻性。岩石的抗冻性常用冻融质量损失率 L_f 和冻融系数 K_f 等指标表示。冻融质量损失率是饱和试件在 $-20 \pm 2 \sim +20 \pm 2 ℃$ 条件下，冻结融解 20 次或更多次，冻融前后饱和质量之差值 $m_s - m_f$（g）与冻融前试件饱和质量 m_s（g）之比的百分率。即

$$L_f = \frac{m_s - m_f}{m_s} \times 100\% \tag{1-8}$$

冻融系数为冻融试验后的饱和单轴抗压强度平均值 $\overline{R}_f$（MPa）与冻融试验前的饱和单轴抗压强度平均值 $\overline{R}_s$（MPa）之比。即

$$K_f = \frac{\overline{R}_f}{\overline{R}_s} \tag{1-9}$$

1.5.1.2　岩石的主要力学性质指标

1. 单轴抗压强度

岩石单轴抗压强度 R（MPa）是试件在无侧限条件下，受轴向压力作用破坏时单位面积上所承受的荷载，以下式表示

$$R = \frac{P}{A} \tag{1-10}$$

式中：P 为试件破坏荷载，MN；A 为试件截面积，m²。

抗压强度是表示岩石力学性质最基本、最常用的指标。影响抗压强度的因素，主要是岩石本身的性质，如矿物成分、结构、构造、风化程度和含水情况等。另外，也与试件大小、形状和加荷速率等试验条件有关。岩石吸水后，抗压强度都有不同程度的降低，表示这一特性的指标是软化系数 η，即饱和状态下单轴抗压强度平均值 $\overline{R}_s$（MPa）与干燥状态下单轴抗压强度平均值 $\overline{R}_d$（MPa）之比。即

$$\eta = \frac{\overline{R}_s}{\overline{R}_d} \tag{1-11}$$

软化系数小于 0.75 的岩石，即被认为是强软化岩石，其抗水、抗风化、抗冻性差。

2. 岩石的变形参数

岩石的变形参数有弹性模量 E_e、变形模量 E_0、泊松比 μ_e 等，通过单轴压缩变形试验测定试样在单轴应力条件下的应力和应变（含纵向和横向应变），即可求得。

(1) 岩石的变形性质。岩石的变形有弹性变形和塑性变形等。

　　岩石在外力作用下发生变形，外力撤去后能够恢复的变形称为弹性变形。岩石在超过其屈服极限外力作用下发生变形，外力撤去后不能恢复的变形称为塑性变形。

　　（2）单轴压缩条件下岩石变形特征。根据图 1-14 所示的岩石变形应力—纵向应变关系曲线，可以将岩石在单轴压力作用下的变形全过程划分出五个变形阶段，分述如下。

　　第一变形阶段为图 1-14 中 OA 段曲线，属于微裂隙压密阶段，岩石的应力—应变曲线呈上凹形，其斜率随应力增加而增大。

　　第二变形阶段为图 1-14 中 AB 段曲线，属于弹性变形阶段，岩石的应力—应变曲线为典型的直线形式。曲线上 B 点所对应的应力 σ_b 为弹性极限强度或比例极限。

　　第三变形阶段为图 1-14 中 BC 段曲线，属于初级膨胀阶段，也叫做微破裂稳定发展阶段。岩石的应力—应变曲线为略向下凹的曲线，该曲线上 C 点所对应的应力 σ_y 为屈服极限。

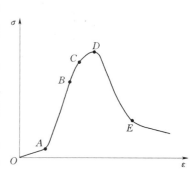

图 1-14　岩石在单轴压力作用下的应力—应变关系曲线

　　第四变形阶段为图 1-14 中 CD 段曲线，属于破坏阶段，也称作累进性破裂阶段。岩石的应力—应变曲线为较平缓的向下凹的曲线。曲线上 D 点所对应的应力 R_c 为峰值强度或单轴极限抗压强度。

　　第五变形阶段为图 1-14 中 DE 段曲线，属于峰值后的变形与破坏阶段。曲线上 E 点所对应的应力 σ_r 为残余强度。

　　（3）岩石的变形指标。弹性模量、变形模量和泊松比按下列公式计算

$$E_e = \frac{\sigma_b - \sigma_a}{\varepsilon_{hb} - \varepsilon_{ha}} \qquad (1-12)$$

$$\mu_e = \frac{\varepsilon_{db} - \varepsilon_{da}}{\varepsilon_{hb} - \varepsilon_{ha}} \qquad (1-13)$$

$$E_{50} = \frac{\sigma_{50}}{\varepsilon_{h50}} \qquad (1-14)$$

$$\mu_{50} = \frac{\varepsilon_{d50}}{\varepsilon_{h50}} \qquad (1-15)$$

式中：E_e 为岩石弹性模量，MPa；σ_a 为应力与纵向应变关系曲线上直线段起始点的应力值，MPa；σ_b 为应力与纵向应变关系曲线上直线段终点的应力值，MPa；ε_{ha} 为应力为 σ_a 时的纵向应变值；ε_{hb} 为应力为 σ_b 时的纵向应变值；μ_e 为岩石弹性泊松比；ε_{da} 为应力为 σ_a 时的横向应变值；ε_{db} 为应力为 σ_b 时的横向应变值；E_{50} 为岩石变形模量，即割线模量，MPa；σ_{50} 为抗压强度 50% 时的应力值，MPa；ε_{h50} 为应力为 σ_{50} 时的纵向应变值；μ_{50} 为与 ε_{h50} 和 ε_{d50} 相应的泊松比；ε_{d50} 为应力为 σ_{50} 时的横向应变值。

3. 抗剪强度

抗剪强度 τ 指岩石抵抗剪切破坏的能力。常采用平推法直剪强度试验测定抗剪强度指标：凝聚力 c 和内摩擦角 φ。内摩擦角的正切 $\tan\varphi$ 即为摩擦系数 f。

根据受荷情况及试件的特征，岩石的抗剪强度分为三种类型，即抗剪断强度、摩擦强度及抗切强度，其相应的试验原理及强度曲线如图 1-15 所示。

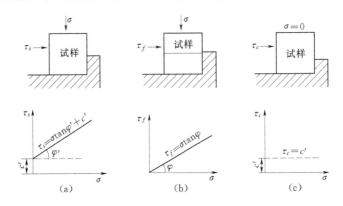

图 1-15　岩石抗剪强度试验原理示意图
(a) 抗剪断试验与抗剪断强度曲线；(b) 摩擦试验与
摩擦强度曲线；(c) 抗切试验与抗切强度曲线

(1) 抗剪断强度 τ_s。系指试样在一定的垂直压应力 σ 的作用下，被剪断时的最大剪应力，剪断前试样上没有破裂面。内摩擦角 φ' 和凝聚力 c' 均起作用，其表示式为

$$\tau_s = \sigma\tan\varphi' + c' \tag{1-16}$$

(2) 摩擦强度 τ_f。受荷条件同前，但试件的剪切破裂面是预先制好的分裂开来的面，或是已剪断的试样，恢复原位后重新进行剪切。这种试验过去也称作抗剪试验（狭义的），所得的抗剪强度称为摩擦强度，其 f、c 值较小，尤其 c 值较抗剪断试验中的 c' 值降低很多。在实际工程中为了安全，c 值常忽略不计。摩擦强度的表示式为

$$\tau_f = \sigma\tan\varphi \tag{1-17}$$

(3) 抗切强度 (τ_c)。指垂直压应力 (σ) 为零时，无裂隙岩石的最大剪应力，其表示式为

$$\tau_c = c' \tag{1-18}$$

抗剪断强度试验常用于坝基混凝土与基岩的接触面或完整岩石。摩擦试验则常用于含有节理裂隙等软弱结构面的岩体，或已滑动过的破裂面，如滑坡的滑动面。抗切强度用于求岩石的 c' 值。

1.5.1.3　常见岩石的主要物理力学性质指标的经验数据

进行岩石试验是一项较复杂的工作，需耗费较大的人力、物力。因此，一些经验数据有较大的参考和使用价值，表 1-6 列出了一些统计数值，可供参考。

表 1-6 　　　　　　　　　常见岩石的主要物理力学性质指标

岩石名称	颗粒密度 (g/cm³)	重度 (kN/m³)	孔隙率 (%)	吸水率 (%)	抗压强度 (MPa)	软化系数	弹性模量 (GPa)	内摩擦角 (°)
花岗岩	2.50～2.84	22.6～27.5	0.04～3.50	0.10～0.70	110～210	0.72～0.95	33～69	28～37
闪长岩	2.60～3.10	24.7～29.0	0.20～3.00	0.11～0.40	150～270	0.60～0.90	22～114	28～35
辉绿岩	2.60～3.10	24.8～29.1	0.30～6.38	0.20～5.00	123～287	0.60～0.90	69～79	34～42
流纹岩	2.50～2.73	25.5～26.0	0.90～2.30	0.14～1.97	120～250	0.75～0.95	22～114	27～35
安山岩	2.60～2.80	22.6～27.0	1.10～4.15	0.30～4.50	110～240	0.75～0.91	20～106	27～40
玄武岩	2.60～3.10	24.8～30.4	0.35～3.00	0.30～2.80	110～200	0.80～0.95	34～106	29～36
凝灰岩	2.56～2.78	22.9～25.0	1.50～7.50	0.50～7.50	100～250	0.52～0.86	22～114	24～35
砾岩	2.67～2.71	24.0～26.6	0.40～10.0	0.30～2.40	40～200	0.50～0.96	10～114	33～39
砂岩	2.60～2.75	21.6～27.1	1.00～20.00	0.20～9.00	20～180	0.21～0.97	13～54	25～39
页岩	2.57～2.77	22.6～26.5	0.40～7.60	0.50～6.00	10～100	0.24～0.74	10～35	19～28
石灰岩	2.48～2.85	23.0～27.2	0.50～27.00	0.20～4.50	70～160	0.70～0.90	10～80	28～35
泥灰岩	2.70～2.80	23.0～27.0	1.00～10.00	0.50～8.20	35～60	0.44～0.54	13～53	19～32
板岩	2.68～2.81	22.7～27.0	6.30～13.50	0.50～0.82	60～200	0.39～0.79	22～34	27～40
千枚岩	2.71～2.96	26.6～28.0	0.40～3.60	0.50～0.80	30～140	0.67～0.96	22～34	26～54
片岩	2.72～3.02	26.3～28.6	0.70～3.00	0.10～0.60	60～220	0.70～0.93	2～80	27～48
片麻岩	2.69～2.82	26.0～27.4	0.70～2.00	0.10～2.20	50～180	0.75～0.97	15～70	33～43
石英岩	2.70～2.75	26.0～27.0	0.10～2.80	0.10～0.40	150～240	0.94～0.96	45～142	32～60

1.5.2 岩石的风化作用

分布在地表或地表附近的岩石，经受太阳辐射、大气、水溶液及生物等因素的侵袭，逐渐破碎、松散或矿物成分发生化学变化，甚至生成新的矿物的现象，称为岩石的风化作用。

岩石风化后物理力学性质发生显著变化，力学强度明显降低。各种工程建筑所遇到的岩石，绝大多数是经受过不同风化程度的岩石。

1.5.2.1 风化作用的类型

岩石的风化作用主要有物理风化和化学风化两种类型。

1. 物理风化作用

物理风化是岩石受风化因素侵袭后，只产生单纯的机械性破坏，而不发生化学成分变化的风化作用。引起物理风化的主要因素是温度变化和水的冻胀等。

岩石是不良的导热体，不同的矿物热膨胀系数也不同，所以当温度发生变化时，岩石的表面与内部，以及晶粒与晶粒之间的胀缩变形不一，产生应力，致使发生裂隙，并可逐渐松散破碎（图1-16）。渗入岩石孔隙、裂隙中的水，低温结冰、体积膨胀，约可产生100MPa以上的压力，使裂隙扩大延长，在冰融季节反复交替进行，最后导致岩石崩裂、破碎。另外，水溶液中盐类物质的集聚结晶、植物根系的生长也可产生类似的情况。

物理风化作用的结果，最初是使岩石产生大小不等、方向无序的裂隙，裂隙继续发展、增多，最后可形成大小不等的岩屑堆积。物理风化都是在靠近地表进行的，一般情况下深度不超过5m。

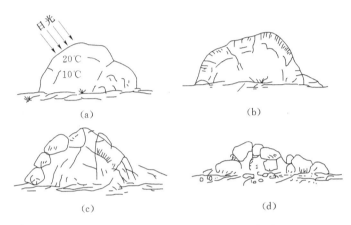

图1-16　温度变化使岩石风化示意图

2. 化学风化作用

化学风化是指在氧、水溶液等风化因素侵袭下，岩石中的矿物成分发生化学变化，改变或破坏岩石的性状并可形成次生矿物的作用过程。化学风化的作用方式有氧化、溶解、水化、水解等。

（1）氧化作用。是指矿物与空气或水中的游离氧发生化学反应，使低价元素转变为高价元素，使原矿物破坏并形成一些新的矿物。在岩石中最易氧化的是含有低价铁的硅酸盐类矿物和硫化物，如橄榄石、辉石、角闪石、黑云母及黄铁矿等。其中黄铁矿（FeS_2）氧化后变为褐铁矿[$FeO(OH) \cdot H_2O$ 等]，同时析出硫酸又对岩石进行腐蚀，加速岩石风化。其反应过程如下：

$$2FeS_2 + 7O_2 + 2H_2O \longrightarrow 2FeSO_4 + 2H_2SO_4$$

$$4FeSO_4 + 2H_2SO_4 + O_2 \longrightarrow 2Fe_2(SO_4)_3 + 2H_2O$$

$$Fe_2(SO_4)_3 + 6H_2O \longrightarrow 2FeO(OH) \cdot H_2O + 3H_2SO_4$$

（2）溶解作用。是指矿物在水中被分离成离子的过程。各种矿物溶解度相差很大，如温度在25℃时，石盐的溶解度为320，硬石膏为2.1，方解石为0.015，云母则仅为0.003。由此可以看出，方解石与石盐、硬石膏相比是较难溶于纯水的。但自然界的水中常含有CO_2等酸类物质，它可显著提高方解石的溶解度，方解石遇到水中的CO_2就形成溶解于水中的重碳酸盐，其化学反应式为

$$CaCO_3 + CO_2 + H_2O \longrightarrow Ca(HCO_3)_2$$

这种化学反应称为碳酸化。因此，在地质上常常将碳酸盐类岩石也称为易溶的岩

石。在这类易溶的岩体中，常存在孔穴和溶洞。

（3）水化作用。是指矿物吸收一定数量的水分子而变成新的含水矿物。如赤铁矿（Fe_2O_3）吸水变为褐铁矿［$FeO(OH) \cdot H_2O$ 等］；硬石膏（$CaSO_4$）吸水变为石膏（$CaSO_4 \cdot 2H_2O$），同时体积膨胀 30%。其化学反应式为

$$CaSO_4 + 2H_2O \longrightarrow CaSO_4 \cdot 2H_2O$$

（4）水解作用。是指由水离解而产生的 H^+ 及 OH^- 与矿物在水中离解的离子互相置换的化学反应的过程。这种作用可使硅酸盐矿物强烈破坏并生成新的矿物，如钾长石可水解成高岭石。有时高岭石还可进一步水解，最后形成 SiO_2 胶体溶液和铝土矿等。

化学风化作用还包括因生物生长或其遗体腐烂产生的有机酸、腐殖质等对岩石的破坏作用。

1.5.2.2 影响岩石风化的因素

岩石风化是一个复杂的地质过程，是许多因素综合作用的结果。影响岩石风化速度、深度、程度以及分布规律的因素，主要有下列几种。

1. 气候、地形和地下水的影响

气候决定着温度、降水及生物生长等情况。干旱、寒冷地区以物理风化为主，岩石常破坏为岩屑的堆积，风化深度也较浅，我国西北大部地区均是如此。气候潮湿炎热地区，化学风化作用强烈，矿物分解变化严重，可形成含大量黏土矿物的残积物，风化深度较深，如闽、粤和香港地区的花岗岩风化最深可达 80m 以上，在三峡坝址左岸船闸引航道 1224 号钻孔处，风化岩（弱风化下界）厚度也达 85.4m，而在北方则一般不超过 20~30m。

地形对风化岩层的分布厚度和深度有明显影响。通常在陡峭的河谷、海岸边坡地段，风化岩层较薄，而在平缓的岸坡、丘陵和分水岭地段则较厚。山区河谷底部因受水流冲刷，强烈风化的岩层通常不存在。

地下水的渗流条件和其化学成分对风化速度、程度和风化层的分布也有明显的影响。地下水循环良好的地区，往往能形成较厚的风化层。在地下水位以上的地段，经常干湿交替，所以是风化作用最活跃的地段。而地下水位以下，除可溶盐类岩石外，风化作用减弱。因此，风化带的分界线常与地下水面大致平行分布。

2. 岩石性质的影响

岩石的化学风化过程实际上是各种矿物变异、转化的过程。不同的矿物成分抵抗风化的能力差别很大。一些常见矿物的抗风化能力由强至弱，一般情况下可排成下列等级和次序。

稳定的：石英、玉髓、石榴子石、磁铁矿。

较稳定的：白云母、正长石、微斜长石、酸性斜长石。

不稳定的：角闪石、辉石、中性斜长石、白云石、方解石、绿泥石。

很不稳定的：黑云母、橄榄石、基性斜长石、黄铁矿、石膏、石盐。

岩石的结构、构造对风化的影响表现在粗粒、不等粒结构较细粒、等粒结构易风化。具有层理、片理等定向排列构造的岩石较均一粒状、致密状的易于风化。

综上所述，可以看出，在同种自然条件下，岩浆岩中酸性岩较基性、超基性岩抗

风化能力强。粗粒、似斑状的侵入岩较细粒、斑状的浅成或喷出岩易风化。但某些凝灰质岩石例外，有些凝灰岩暴露在地表后，风化很快。在沉积岩中富含石英或由 SiO_2 胶结的岩石抗风化能力强，而碳酸盐和主要由黏土矿物组成或由黏土胶结的岩石，则抗风化能力差。在变质岩中，变质较轻的板岩、片理发育的千枚岩、绿泥石片岩、黑云母片麻岩较易风化，而石英岩、石英片岩、含暗色或片状矿物较少的片麻岩则抗风化能力较强。

3. 断层、裂隙的影响

岩层中的断层破碎带和节理密集带为水和其他风化因素的侵入提供了良好条件，因而沿它们的分布、延伸常形成风化严重的地带。如形成深槽状、囊袋状、夹层状等，有的可延伸达数十米。当有几组裂隙交叉将岩体切割成近于方形或菱形块状体时，风化因素沿周围裂隙逐渐侵入，形成表面部分风化严重，层层剥离，向内则风化轻微的球状风化现象。它使岩体具有显著的不均一性。

1.5.2.3　岩石（体）风化程度的划分及其工程地质性质

1. 岩石（体）风化程度的划分

由于风化因素都是从岩石（体）表面开始侵入，所以由地表向深处风化程度也由严重到轻微。岩性均匀的岩体，如花岗岩类岩体等常可见到如图 1 - 17 那样的典型风化剖面。

风化程度的不同使岩石的性状和物理力学性质有很大的差别，因此在工程勘察设计中需要对风化程度进行等级划分。这种划分对岩石（块）来说，应称为风化程度分级，对岩体则应称为风化程度分带。一个风化带的岩体中，可包括不同风化程度级别的岩块。到目前为止，国内外有关规范、规程均是以岩石（体）的风化变异情况为依据进行定性的划分。划分的主要依据是：岩石中矿物成分和结构、构造的变化；坚固性和破碎性；以及水理性质（软化、崩解、渗透）等。一般分为五个档次，即全风

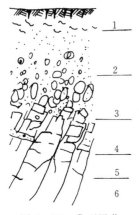

图 1 - 17　典型风化
剖面示意图

1—残积土；2—全风化；3—强
风化；4—中等（弱）风化；
5—微风化；6—未风化

化、强风化、中等（弱）风化、微风化及未风化。具体描述和划分参见表 1 - 7。

由于定性划分标准缺乏明确的划分界限，且各风化带多呈渐变过渡关系，因而在鉴定划分时标准不易掌握。为解决此问题，许多人在探求以试验指标数据作为定量划分标准的方法。定量划分指标应适用于野外现场测试，方法简捷快速，仪器轻便，易于携带，测得的指标数据与设计所用的强度或变形指标有较好的相关性。据这些要求，作者等人选出声波纵波速（V_p）、点荷载强度指数（$I_{s(50)}$）及回弹值（r）三项指标，并统计了厦门海仓、大亚湾、三斗坪、青岛等地约 5200 多个花岗岩类岩石的试验数据，得出其划分界限列入表 1 - 7 中。这一划分方案已被 JTJ 240—97《港口工程地质勘察规范》和 JTJ 250—1998《港口工程地基规范》（人民交通出版社，1998 年）所采用。这三种指标的测试方法见第 8 章。

表 1-7   **花岗岩类岩石和岩体风化程度的划分及鉴定表**

风化等级	风化程度	特征描述	岩体纵波速		点荷载强度		回弹值	
			V_p (m/s)	K_V	$I_{s(50)}$ (MPa)	K_I	r	K_r
Ⅵ	残积土	岩石强烈风化后残留在原地区的碎屑堆积，呈土或砂砾状，质地疏松，除石英等耐蚀矿物外，均风化为次生矿物。原岩结构已扰动破坏，未搬运分选，无层理。锹镐易挖，干钻可钻进	<500	<0.1				
Ⅴ	全风化	岩石中除石英等耐蚀矿物外，大多风化为次生矿物。原岩结构形态仍保存，并可具有微弱的联结力。块体可用手捏碎，碎后呈松散土夹砂砾状或黏性土状，浸水易崩解。 岩体一般风化较均一，可含少量风化较轻的岩块或球体。已具土的特性，可残存有原岩体中的结构面，并可影响岩体的稳定性。扰动后强度降低。锹镐可挖，干钻可钻进	500 ~ 1000	0.1 ~ 0.2	<0.1	<0.013	<12	<0.24
Ⅳ	强风化	岩石的颜色一般变浅，常有暗褐色铁锰质渲染，大部分矿物严重风化变质，失去光泽，有的已变为黏土矿物。原岩结构构造清晰，岩块可用手折断。 岩体风化程度常不均一，有风化程度不同的岩块夹杂其中，裂隙发育，可将岩体切割成2~30cm的块体，呈干砌块石或球状。沿裂隙面风化严重，块球体核心风化轻微。具明显的不均一性，原岩结构面对岩体稳定有明显影响，敲击或开挖常沿节理面破裂成岩块。镐、撬棍可挖，坚硬部分需爆破	1000 ~ 2500	0.2 ~ 0.5	0.1 ~ 2.0	0.013 ~ 0.25	12 ~ 30	0.24 ~ 0.60
Ⅲ	中等风化	岩石的颜色变浅，矿物风化变质较轻，光泽变暗，暗色矿物周边及裂隙附近常有褐色浸染现象，并可出现少量次生矿物。 岩体裂隙较发育，沿裂隙面风化较明显，岩体完整性较差，可被切割成30~50cm的块体。手锤不易击碎，开挖需爆破，岩芯钻方可钻进	2500 ~ 4000	0.5 ~ 0.8	2.0 ~ 5.0	0.25 ~ 0.63	30 ~ 40	0.60 ~ 0.80
Ⅱ	微风化	岩石的断面保持未风化状态，仅沿节理面有铁锰质浸染或易风化矿物略有风化迹象，岩体完整性好	4000 ~ 5000	0.8 ~ 1.0	5.0 ~ 8.0	0.63 ~ 1.00	40 ~ 50	0.80 ~ 1.00
Ⅰ	未风化	岩质新鲜未受风化	>5000	1.0	>8.0	1.00	>50	1.00

注   1. K_V 为波速风化折减系数，即风化岩体 V_p 与新鲜岩体 V_p 之比。

2. K_I 为点荷载强度风化折减系数，即风化岩体 $I_{s(50)}$ 与新鲜岩石 $I_{s(50)}$ 之比。

3. K_r 为回弹值风化折减系数，即风化岩体的 r 与新鲜岩体的 r 之比。

需要指出的是,不同类型的岩石风化后的性状变化差别是很大的,如碳酸盐类主要是溶解,石英岩及硅质胶结的岩石主要是裂隙增多,而黏土岩类主要是软化、泥化,它们很难依次出现如表1-7中所列的五个档次。表1-7中所列主要是根据花岗岩类(包括闪长岩、正长岩、片麻岩等)风化后的特征和试验指标统计划分的。这是因为这类风化岩石分布广,厚度大,风化程度档次差别明显,工程上常常遇到等原因,故在应用时应注意。

2. 各风化带工程地质特征简述

(1)残积土。它是岩石风化的最终产物,多为含砂砾的黏性土,常分布在风化岩层的最顶部,其下多渐变为全风化带,与全风化带的区别主要是原岩结构构造已遭破坏,外观看不出原岩结构特征,分辨不清是由何种岩石风化而成。承载能力很低,一般在0.1~0.3MPa之间。

(2)全风化带。也称剧风化带,未扰动时保持原岩结构的外观,扰动后呈土夹砂砾状堆积。风化过程中产生的盐类和胶体物质可有少量残留在颗粒间起着胶结作用,故其强度较同种颗粒成分的土高。允许承载力一般在0.2~0.6MPa之间。孔隙率较大,压缩性中等,崩解性强,抗冲刷能力低,如河北省临城水库,在全风化花岗片麻岩中开挖的溢洪道,未加衬砌,一次泄洪冲刷深度约达10m。

(3)强风化带。它是风化最不均一的一个带,其中强风化的岩石所占比例最大。在较宽的裂隙中,常有全风化的岩屑或黏土充填,故渗透性很强。在块球体核部多为弱、微风化甚至新鲜岩石,它们会造成地基强度和变形不均一的危害,在采取试验岩样时,不能以它们代表强风化带。强风化岩石的孔隙率、吸水率较高,抗压强度低,其物理力学试验指标见表1-8。允许承载力为0.5~1.0MPa。可作一般港工建筑和工业民用建筑的地基,但常需进行适当的地基处理,不适于作混凝土坝的地基。

表1-8   风化花岗岩试验数据统计表

风化程度	统计项目	重度 (kN/m³)	吸水率 (%)	孔隙率 (%)	抗压强度 (MPa)		弹性模量 (GPa)	变形模量 (GPa)	抗剪断强度[1]	
					干	饱和			c' (MPa)	φ' (°)
全风化	均 值	18.2		40.40			3.25	0.28	0.16	35.0
	最小值	14.9		26.62			0.26	0.02	0.02	26.0
	最大值	21.9		46.55			5.99	0.84	0.49	45.0
强风化	均 值	22.8	2.50	18.68	34.0	24.2	8.68	4.01	0.69	39.3
	最小值	18.3	0.68	6.02	6.9	5.9	4.90	1.68	0.20	31.0
	最大值	25.8	4.52	42.50	70.5	52.4	15.00	8.66	1.94	46.9
弱风化	均 值	26.2	0.82	4.88	83.9	58.7	29.13	19.87	1.62	51.5
	最小值	24.8	0.13	1.83	27.2	24.0	7.20	7.02	0.29	38.0
	最大值	27.5	1.98	7.12	122.2	89.3	54.80	44.00	3.29	62.7
微风化	均 值	26.5	0.35	2.19	129.1	102.2	44.15	36.90	1.74	51.7
	最小值	25.5	0.07	1.31	86.7	52.5	27.00	14.70	0.38	33.0
	最大值	28.2	0.71	3.15	190.5	147.0	69.16	67.40	4.00	63.3
未风化	均 值	26.7	0.25	1.57	170.1	136.3	57.73	53.57	2.28	51.2
	最小值	25.8	0.07	0.73	121.2	99.8	34.10	25.40	1.02	38.2
	最大值	28.2	0.42	2.60	217.9	173.0	84.30	76.30	4.84	62.2

① 为现场大型剪切试验及室内剪切试验值。

（4）中等风化带。也称弱风化带，常沿裂隙风化较重，可有全、强风化的夹层、槽或带分布。试验统计指标值见表 1-8。以往认为弱风化带只能作中、低混凝土坝（坝高小于 70m）的地基。但经研究论证，大多数弱风化岩石的强度和变形指标是能满足高坝的要求的，其中弹性模量（或变形模量）的数值有的与混凝土相差不大，受力后与坝体产生的变形较相近，可起到缓冲作用，比坚硬的微、未风化岩更为有利。弱风化带不能满足高坝地基要求的主要原因是沿裂隙风化严重，或有次生充填物，只要对它们采取有效处理措施，降低渗透性，增加强度，是可以达到要求的。实践证明，已有不少高坝的部分坝基建在弱风化带上是成功的，如广东新丰江、安徽陈村、湖南风滩等水电工程均已安全运转二三十年以上。二滩水电站 240m 的高拱坝和 176m 高的三峡大坝，也均有部分坝基建在弱风化带的下部。三峡大坝因此可少开挖 50 万 m^3 石方，节省混凝土 43 万 m^3。

由于弱风化带经过地基处理可作为高坝坝基，所以在水电工程中常进一步细分为上、下两个或上、中、下三个亚带。高坝坝基经论证、处理后可放在下或中亚带上。

（5）微风化带。物理力学性质比新鲜岩石稍有降低，仅沿裂隙面有风化浸染现象。但沿断层带、节理密集带可形成风化严重的槽、带。

表 1-8 是作者据 1724 组试验数据（每组为多个试样的平均值）进行统计的结果，可供参考应用。

复 习 思 考 题

1-1　用肉眼鉴定常见造岩矿物时，主要依据哪些特性？

1-2　写出下列各组造岩矿物的鉴定特征及主要区别：①石英—长石—方解石；②角闪石—辉石—黑云母；③方解石—白云石—石膏。

1-3　简述深成岩、浅成岩、喷出岩的结构及构造特征。

1-4　酸性、中性、基性、超基性火成岩的矿物成分有何区别？

1-5　简述下列各组岩石的鉴定特征：①花岗岩与辉长岩；②流纹岩与玄武岩；③闪长岩与安山岩；④正长斑岩与闪长玢岩。

1-6　简述沉积岩与火成岩在成因、结构、构造及物质成分方面的差别。

1-7　以角砾岩和正长斑岩为例，说明沉积岩中的碎屑结构与火成岩中的斑状结构的区别。

1-8　陆源沉积碎屑岩和火山碎屑岩有何区别？

1-9　试述火成岩中的流纹构造与变质岩的片理构造及沉积岩的层理构造的区别。

1-10　指出下列各组岩石的主要区别：①片麻岩—片岩；②千枚岩—页岩—片岩—板岩；③片麻岩—花岗岩；④石英岩—石英砂岩—大理岩；⑤石灰岩—白云岩—泥灰岩。

1-11　岩石的主要物理力学性质指标有哪些？

1-12　试述风化作用及其基本类型和特征。

1-13　试述影响风化作用的诸因素。

1-14　如何对岩体风化进行分带？各带特征及主要区别是什么？

第 2 章

地质构造及区域构造稳定性

在地球的演变历史中，地壳每时每刻都在变化着，例如：山脉的隆起、地壳的下沉、火山喷发和地震、风化侵蚀等。这种引起地壳组成物质、地壳结构和地表形态不断发生变化的作用，通称为地质作用。它又可分为内力地质作用和外力地质作用两种类型：

（1）内力地质作用是由地球内部能源，如放射性元素蜕变、地球自转、重力均衡等所引起的。它主要表现在岩浆活动、变质作用及地壳运动等方面。

（2）外力地质作用是由地球外部能源，主要是太阳辐射所引起的。它主要表现在岩石风化、剥蚀、搬运、沉积及成岩作用等。

地壳运动是指由内力地质作用引起的地壳组成物质和结构发生变形和变位的运动，如地壳的隆起和下沉；岩层受挤压发生弯曲、错断或拉张发生裂谷、断陷；岩浆活动以及地震等。地壳运动改变了岩层的原始产出状态，使其发生褶皱、断层和裂隙。残留在岩层中的这些变形或变位的现象称为地质构造或构造形迹。因此，地壳运动也称构造运动。专门研究地质构造的学科称为构造地质学。

地壳运动的基本形式有垂直运动和水平运动两种：

（1）垂直运动。主要表现在地壳大面积整体缓慢上升或下降，上升形成山岳、高原，下降形成湖海、盆地。例如，我国西部是总体相对上升地区，而东部及沿海是相对下降。长江三峡地区相对上升，其东西两侧则相对下降。上升和下降在漫长的地质历史中可以交替进行，造成海陆变迁。所以也称为造陆运动。这种大面积升降运动一般不会形成强烈的褶皱和断裂。

（2）水平运动。主要表现在地壳岩层发生水平移动，使岩层相互挤压或拉伸，发生褶皱、断裂，形成山脉、盆地或裂谷，如我国的横断山脉、喜马拉雅山、天山、祁连山等都是挤压褶皱形成的。因此水平运动也称为造山运动，它对地质构造的形成起主要作用。

地壳运动及其所形成的各种构造形迹对岩体稳定性、渗透性有很大影响，在水利、水电工程或其他大型工程建设中都必须要进行详细的勘察研究。

区域构造稳定性也称区域地壳稳定性或区域稳定性（后者含义更广泛些），它是指现代地壳构造活动性对工程安全的影响程度。现代地壳活动主要是地表形变、活断层、地震和火山活动等，这些活动不仅直接影响工程建筑的安全稳定，同时由它引起的崩塌、滑坡、砂土地震液化、黏土塑性流动，岩溶塌陷等，也都会造成地质灾害。其主要研究内容是活断层、地震、水库诱发地震及区域构造稳定性的评价和分级方法。其目的主要是解决在规划和设计中选择较稳定安全的地段和制定合理有效的防治措施。

2.1 地 史 概 要

2.1.1 地质年代的划分

地史即地质历史，也就是地壳发展演变的历史。

地壳形成至今大约已有 46 亿年，在这漫长的地质历史中，地壳发生过多次强烈的构造变动和自然地理环境的变化，不同时期形成了不同的岩层、不同的地质构造形迹以及有不同的生物繁衍生息。因此，据这些特征可将地质历史划分为若干大小级别不同的时间段落或时期。按时间的长短依次为宙、代、纪、世、期。即从地壳形成至今，首先分为四个大的段落，称为显生宙、元古宙、太古宙及冥古宙。四个宙以下又分为若干个代，每个代冠以不同名称，如太古代、古生代等。各代又分为若干个纪，纪下分世，世下分期。其中宙、代、纪、世的划分方法及所用代表符号是世界统一的。具体划分和各时代的简要特征见表 2－1。该表是根据全国地层委员会发表的《中国区域年代地层（地质年代）表》（2002 年）编制的。表中的新近纪、古近纪以前称为新第三纪、老第三纪，并合称为第三纪。

表 2－1 是据相对地质年代进行划分的，但其中列有绝对年龄。它是根据岩石中所含放射性元素及其蜕变产物测定的。如每克铀（U^{238}）每年可按固定速度蜕变为 7.4×10^{-9} g 的同位素铅（Pb^{206}），同样还有钍—铅法、钾—氩法和碳（C^{14}）法等，但碳法只适用于近期年龄的测定（5 万～6 万年）。

构造运动一栏是表示世界和我国主要地壳构造运动的时间段落和名称。它们都是以最早发现并经过详细研究的典型地区的地名来命名的，但在这里地名完全是表示时间概念。如燕山运动，在华北燕山地区表现得最强烈、最完整，从侏罗纪早期开始至白垩纪末结束，地壳活动频繁，岩层发生褶皱、断层以及有大范围的岩浆侵入和喷出，因此得名。在全国其他地区这一时段的构造运动也称燕山运动，但在欧洲则称阿尔卑斯运动。

2.1.2 地层年代及其确定方法

地层是指在一定地质时期内先后形成的具有一定层位的层状和非层状岩石的总称。它与岩层一词的区别主要是含有时间概念，同一个地层单位可以包含数种岩性不同的岩层。地质历史的划分主要是根据对地层的观察研究得来的。岩性能说明该地层形成时的自然地理环境，地层中的构造形迹记录着地壳运动的情况，而地层中的化石能更清楚地说明生物进化、气候、环境等自然条件。因此一层层的岩石地层，就像是一页页记录着地质发展历史情况的书本。

表 2 - 1　　　　　　　　　　　中国区域地质年代表

相 对 年 代				绝对年龄(百万年)	主要构造运动	我 国 地 史 简 要 特 征
宙	代	纪	世			
显生宙 P_h	新生代 C_z	第四纪 Q	全新世 Q_4 晚更新世 Q_3 中更新世 Q_2 早更新世 Q_1	-0.01 -0.12 -1 -2.6	喜马拉雅运动	地球表面发展成现代地貌,多次冰川活动。近代各种类型的松散堆积物及黄土形成,华北、东北有火山喷发。人类出现
		新近纪 N	上新世 N_2 中新世 N_1	-5.3 -23.3		我国大陆轮廓基本形成,大部分地区为陆相沉积,有火山岩分布,台湾岛,喜马拉雅山形成。哺乳动物和被子植物繁盛,是重要的成煤时期,有主要的含油地层
		古近纪 E	渐新世 E_3 始新世 E_2 古新世 E_1	-32 -56.5		
	中生代 M_z	白垩纪 K	晚白垩世 K_2 早白垩世 K_1	65 137	燕山运动	中生代构造运动频繁,岩浆活动强烈,我国东部有大规模的岩浆岩侵入和喷发,形成丰富的金属矿。我国中生代地层极为发育,华北形成许多内陆盆地,为主要成煤时期。三叠纪时华南仍为浅海沉积,以后为大陆环境。
		侏罗纪 J	晚侏罗世 J_3 中侏罗世 J_2 早侏罗世 J_1	205		
		三叠纪 T	晚三叠世 T_3 中三叠世 T_2 早三叠世 T_1	250	印支运动	生物显著进化,爬行类恐龙繁盛,海生头足类菊石发育,裸子植物以松柏、苏铁及银杏为主,被子植物出现
	古生代 P_z	晚古生代 P_{z_2}	二叠纪 P	晚二叠世 P_2 早二叠世 P_1	295	海西运动	晚古生代我国构造运动十分广泛,尤以天山地区较强烈。华北地区缺失泥盆系及下石炭统沉积,遭受风化剥蚀,中石炭纪至二叠纪由海陆交替相变为陆相沉积。植物繁盛,为主要成煤期。 华南地区一直为浅海相沉积,晚期成煤,晚古生代地层以砂岩、页岩、石灰岩为主,是鱼类和两栖类动物大量繁殖时代
			石炭纪 C	晚石炭世 C_3 中石炭世 C_2 早石炭世 C_1	354		
			泥盆纪 D	晚泥盆世 D_3 中泥盆世 D_2 早泥盆世 D_1	410		
		早古生代 P_{z_1}	志留纪 S	晚志留世 S_3 中志留世 S_2 早志留世 S_1	438	加里东运动	寒武纪时,我国大部分地区为海相沉积,生物初步发育,三叶虫极盛。至中奥陶世后,华北上升为陆地,缺失上奥陶统和志留系沉积,华南仍为浅海,头足类、三叶虫,腕足类笔石、珊瑚、蕨类植物发育,是海生无脊椎动物繁盛时代。早古生代地层以海相石灰岩、砂岩、页岩等为主
			奥陶纪 O	晚奥陶世 O_3 中奥陶世 O_2 早奥陶世 O_1	490		
			寒武纪 ∈	晚寒武世 $∈_3$ 中寒武世 $∈_2$ 早寒武世 $∈_1$	543		
元古宙 P_t	新元古代 P_{t_3}	震旦纪 Z		680	晋宁运动	元古宙地层在我国分布广、发育全、厚度大,出露好。华北地区主要为未变质或浅变质的海相硅镁质碳酸盐岩及碎屑岩类夹火山岩。华南地区下部以陆相红色碎屑岩河湖相沉积为主,上部以浅海相沉积为主,含冰碛物为特征。低等生物开始大量繁殖,菌藻类化石较丰富
		南华纪 N_h		800		
		青白口纪 Q_n		1000		
	中元古代 P_{t_2}	蓟县纪 J_x		1400	吕梁运动	
		长城纪 C_h		1800		
	古元古代 P_{t_1}	滹沱纪 H_t		2500	五台运动	
太古宙 Ar	新太古代 Ar_3					太古宙(宇)多为变质很深的片麻岩、结晶片岩、石英岩、大理岩等,构成地壳古老的结晶基底。后期有原始生命出现,为菌藻类生物
	中太古代 Ar_2					
	古太古代 Ar_1			3600		
	冥古宙 H_D			4600		

地层时代的划分和地质时代的划分是完全一致的，但单位名称不同。与地质时代单位——宙、代、纪、世、期相对应，地层时代单位为宇、界、系、统、阶。如寒武纪时期形成的地层称为寒武系等。另外，表示时间的早、中、晚，在地层中则用下、中、上。

此外，有些地区地层不含化石或很稀少，其时代不能准确划定，因此，只能根据岩性特征和沉积间断等情况来划分地层的单位和时代。这种只限于在某个地区适用的划分，按级别由大到小称为群、组、段。其中组是最常见的基本单位，群是最大的单位。这些名称多用于寒武纪以前的变质岩地层，如泰山群、登封群等。

确定和了解地层的时代，在工程地质工作中是很重要的，同一时代形成的地层常有共同的工程地质特性。如在四川盆地广泛分布的侏罗系和白垩系地层，因含有多层易遇水泥化的黏土岩，致使凡有这个时代地层分布的地区滑坡现象都很常见。而不同时代形成的相同名称的岩层，往往岩性也有区别，如我国西北地区中更新世（Q_2）末以后形成的黄土（Q_3，Q_4），土质疏松，有大孔隙，承载力低，并具遇水湿陷的性质，而中更新世末以前形成的黄土，通称老黄土（Q_1，Q_2），则较紧密，没有或只有少量大孔隙，承载力较高，且往往不具湿陷性。此外，在分析地质构造时，必须首先查明地层的时代关系，才能进行。

在野外工作中确定地层的相对年代，即判别其新老关系，有以下几种方法。

1. 地层层位法

在地壳表层广泛分布的沉积岩层，如未经剧烈构造变动，则位于下面的地层时代较老，上面的较新。

2. 古生物化石法

生物进化是由简单到复杂，由低级到高级，它的演化发展是不可逆的。自然条件的改变会使某些生物灭绝，并可形成化石。那些只在某个较短时代段落出现并分布较广的生物化石，就形成了确定地层时代的最好标志。这样的化石称为标准化石（图2-1）。

3. 岩性对比法

同一时期、同一地质环境下形成的岩石，其成分、结构、构造以及上下相邻岩层的特征，都应是相同或相似的。因此，当某地区地层时代为已知时，则可通过岩性对比来确定其他地区的地层时代。

4. 地层接触关系法

不同时期形成的地层，其分界面的特征和互相接触的关系，可以反映各种构造运动和古地理环境等在空间和时间上的发展演变过程。因此，它是确定和划分地层时代的重要依据。地层接触关系有以下几种类型（图2-2）：

（1）整合接触。指上下两套地层产状一致，互相平行，连续沉积形成，其间不缺失某个时代的地层。它反映地层形成期间地壳比较稳定，没有强烈的构造运动，古地理环境变化不大。

（2）平行不整合接触。也称假整合，指上下两套地层产状虽大致平行一致，但其分界接触面则是起伏不平的，其间缺失一段时间的沉积地层。有时下部地层的顶部还保存有古风化岩石，而上部地层的底部常是一层砾岩、砂砾岩或粗砂岩，常称底砾岩。平行不整合代表着两套地层之间曾有过一次地壳升降运动和沉积间断，即下部地

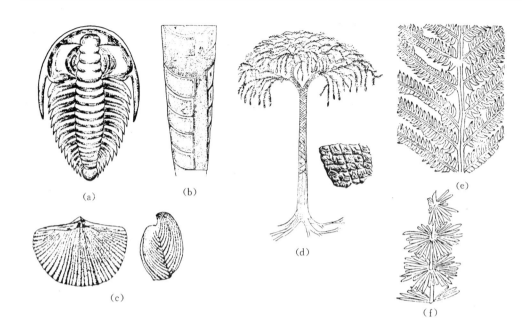

图 2-1 几种较常见的标准化石

(a) 雷氏三叶虫（寒武纪）；(b) 头足类，鞘角石（奥陶纪）；(c) 腕足类，中国石燕（泥盆纪）；
(d) 鳞木（石炭、二叠纪）；(e) 支脉蕨（侏罗纪）；(f) 轮木（石炭、二叠纪）

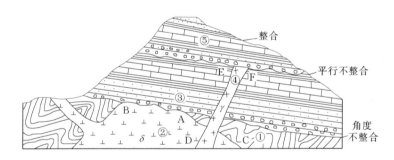

图 2-2 地层接触关系示意剖面图

AB—沉积接触；AC、DE—侵入接触；δ—闪长岩体；γ—花岗岩脉
①～⑤—地层形成的先后次序

层形成后地壳上升，变为陆地，遭受风化剥蚀后，地壳下沉，重新接受沉积。

（3）角度不整合接触。指上下地层产状不同，彼此呈角度接触，其间缺失某时间段落的地层，接触面多起伏不平，也常有底砾岩和古风化壳。角度不整合代表着两套地层之间曾发生过剧烈构造运动和海陆变迁。即下部地层形成后，发生造山运动，地层受挤压发生褶皱和断裂，地壳隆起、海退，遭受风化剥蚀。过一段时期后，地壳下沉、海侵，又接受沉积，形成上部地层。

上述三种接触类型是沉积岩之间或某些变质岩之间的关系。此外岩浆岩之间和与其他围岩之间尚有以下两种接触类型可以判断其新老关系：

（1）沉积接触。指先形成的岩浆岩体遭受风化剥蚀，然后在其上又沉积了新的地层（图2-2中的AB及EF界面）。在沉积接触面以下，岩浆岩可有古风化现象，该面以上沉积岩无岩浆烘烤蚀变现象。

（2）侵入接触。是由岩浆侵入于先形成的地层中所形成的（图2-2中的AC及DE界面）。被穿插的围岩接触面附近常有烘烤蚀变或接触变质现象并易风化破碎。后侵入的岩浆中则常混入围岩的岩块，也称捕虏体。

2.2 褶 皱 构 造

褶皱构造是岩层在构造运动中受力而形成的连续弯曲变形。而组成褶皱构造的单个弯曲，则称为褶曲。绝大多数褶皱是在水平挤压力作用下形成的，但也有少数是在垂直力或力偶作用下形成的（图2-3）。褶皱是最常见的地质构造形态之一，在层状岩层中最明显，在块状岩体中则很难见到。

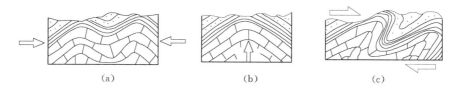

图2-3 褶皱的力学成因
（a）水平挤压力；（b）垂直作用力；（c）力偶作用

2.2.1 岩层的产状

岩层的产状是指岩层在空间位置的展布状态。它是分析研究各种地质构造形态的基本依据。岩层的产状可分为水平的、倾斜的和直立的三种类型。

覆盖大陆表面约3/4面积的沉积岩，绝大多数都是在广阔的海洋和湖泊盆地中形成的，其原始产状大部分是水平或近于水平的。只在沉积盆地的边缘、岛屿周围等极少数地区才呈原始倾斜状态。所以，一般认为沉积岩的原始产状都是大致水平的。在地壳运动轻微或只有大面积均衡上升或下降地区，岩层保持着原始产状，其倾斜角度不大于5°的，称为水平岩层或水平构造。它们多见于时代较新的地层中（图2-4）。

当地壳运动较强烈时，原始水平产状的岩层因构造变动可形成倾斜岩层。凡一个地区的岩层大致平行向一个方向倾斜则称为单斜岩层或单斜构造，但通常它仅是褶曲或断层构造的一部分。

岩层的产状用岩层层面的走向、倾向和倾角三个要素来表示，通常它们是用地质罗盘仪在野外测量得到的。

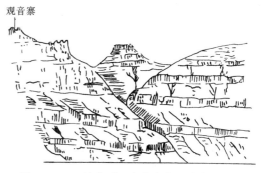

图2-4 四川苍溪观音寨中侏罗统水平岩层
素描图（据李承三）

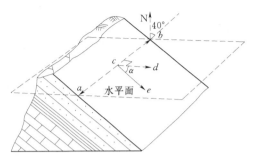

图 2-5　岩层的产状要素

----- 假想水平面上的线条

ab—走向线；*cd*—倾向线；

ce—倾斜线；*α*—倾角

1. 走向

岩层面与水平面交线的方向称为走向，其交线称为走向线，见图 2-5 中的 *ab* 线。走向代表岩层在水平面上的延伸方向，它用方位角或方向角来表示。走向线两端延伸方向均是走向，但相差 180°。

2. 倾向

倾向即岩层的倾斜方向，是倾斜线的水平投影所指的方向。倾斜线是垂直于走向线，沿层面倾斜向下所引的直线，见图 2-5 中的 *ce* 线。倾斜线的水平投影即倾向线，倾向线的方位角或方向角即岩层的倾向。倾向与走向垂直，但只有一个方向。

3. 倾角

倾角即岩层的倾斜角度，是层面与水平面所夹的最大锐角，也就是倾向线与倾斜线的夹角，见图 2-5 中的 *α* 角。

在野外记录或报告中，图 2-5 中岩层的走向、倾向、倾角可写为 NE40°、SE、∠38°。

2.2.2　褶皱的基本形态和褶曲要素

褶皱规模的大小相差很悬殊，巨大的可延伸数十至数百公里，而微小的则仅有数厘米。褶皱的形态有的只是一个简单的弯曲——褶曲，有的则复杂多变。但最基本的形态就是背斜和向斜两种（图 2-6）。

1. 背斜

岩层向上弯曲，两侧岩层相背倾斜，核心部分岩层时代较老，两侧依次变新并对称分布。

2. 向斜

岩层向下弯曲，两侧岩层相向倾斜，核心部分岩层时代较新，两侧较老，也对称分布。

褶曲构造形体的各个组成部分称为褶曲要素，它是用以描述和研究褶皱构造的形态特征和空间展布规律的。褶曲要素主要有核、翼、轴面、轴（线）、枢纽、转折端等名称（图 2-7）。

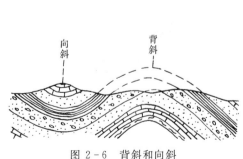

图 2-6　背斜和向斜

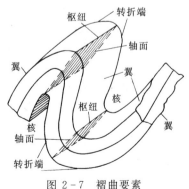

图 2-7　褶曲要素

（1）核。泛指褶曲的核心部位，故也称核部，背斜核部由相对较老的岩层组成，向斜核部则由新岩层组成。

（2）翼。泛指核部两侧的岩层。

（3）轴面。平分两翼的假想面，是平面或曲面。

（4）轴。轴面与水平面的交线，也称轴线，轴线的方向就是褶曲的延伸方向。

（5）枢纽。同一层面上最大弯曲点（拐点）的连线，即层面与轴面的交线。

（6）转折端。从一翼向另一翼过渡的弯曲部分，即两翼岩层的汇合部分。

2.2.3 褶皱的形态分类

褶皱的形态各式各样，种类繁多，可从下述不同角度进行分类。

2.2.3.1 按轴面和两翼岩层产状分类（图 2-8）

（1）直立褶皱。轴面直立，两翼岩层倾向相反，倾角大致相等。

（2）倾斜褶皱。轴面倾斜，两翼岩层倾向相反，倾角不相等。

（3）倒转褶皱。轴面倾斜，两翼岩层倾向相同，倾角相等或不相等，一翼岩层层位正常，另一翼层位倒转。

（4）平卧褶皱。轴面和两翼岩层近水平，一翼层位正常，另一翼倒转。

（5）翻卷褶皱。为轴面弯曲的平卧褶皱。

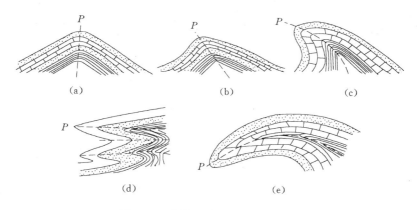

图 2-8 按轴面产状划分褶皱类型

（a）直立褶皱；（b）倾斜褶皱；（c）倒转褶皱；（d）平卧褶皱；（e）翻卷褶皱

2.2.3.2 按枢纽的产状分类

（1）水平褶皱。枢纽水平，两翼岩层走向大致平行并对称分布［图 2-9（a）、（a′）］。

（2）倾伏褶皱。枢纽倾斜，两翼岩层走向不平行，在平面上一端收敛于转折端，另一端撒开，岩层呈"之"字形分布［图 2-9（b）、（b′）］。

2.2.3.3 按岩层弯曲形态分类

（1）圆弧褶皱。岩层呈圆弧状弯曲，一般褶皱较宽缓［图 2-10（a）］。

（2）尖棱褶皱。两翼岩层平直相交，转折端呈尖角状，褶皱挤压紧密，故也称紧密褶皱［图 2-10（b）］。

（3）箱形褶皱。两翼岩层近直立，转折端平直，整体似箱形，常有一对共轭轴面

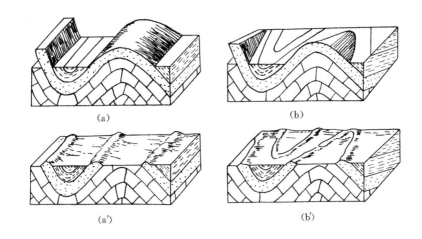

图 2-9　水平褶皱和倾伏褶皱

(a)、(a′) 水平褶皱；(b)、(b′) 倾伏褶皱

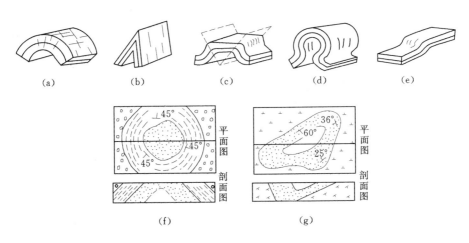

图 2-10　按岩层弯曲形态的褶皱分类

(a) 圆弧褶皱；(b) 尖棱褶皱；(c) 箱形褶皱；(d) 扇形褶皱；

(e) 挠曲；(f) 穹隆构造；(g) 盆地构造

［图 2-10 (c)］。

(4) 扇形褶皱。两翼岩层大致对称呈弧形弯曲，局部层位倒转，转折端平缓，整体呈扇形［图 2-10 (d)］。

(5) 挠曲。水平或缓倾岩层中的一段突然变为较陡的倾斜，形成台阶状［图 2-10 (e)］。

(6) 穹隆和盆地构造。在水平面上看，岩层向四周倾斜称穹隆构造，向中心倾斜称盆地构造。实际上它是背斜或向斜的特例，因此，穹隆和盆地构造不一定是等半径的圆形，当长轴小于短轴 3 倍时称为穹隆或盆地构造［图 2-10 (f)、(g)］。在 3～10 倍之间时称短轴背斜或短轴向斜。

2.2.3.4 按褶皱的组合分类

（1）复背斜。一个大的背斜构造的两翼，由若干个较小的褶皱组成。

（2）复向斜。一个大的向斜构造的两翼，由若干个较小的褶皱组成。

复背斜和复向斜也称复式褶皱，它是由强烈的构造运动挤压形成，通常规模很大。

2.2.4 褶皱构造的识别

褶皱形成以后，一般遭受风化侵蚀作用，背斜核部由于节理发育，易于风化破坏，可能形成河谷低地，而向斜核部则可能形成山脊（图2-11）。因此，不能把现代地形与褶皱构造形态混同起来。在野外，除一些岩层出露良好的小型背斜和向斜，可以直接观察到完整形态外，大部分均遭剥蚀而破坏或露头情况不好，不能直接观察到它的形态，这时应按下述方法进行观察分析。

图2-11 背斜为谷向斜为脊素描图（广东阳春，据兰淇锋）

首先，垂直于地层走向进行观察，当地层重复出现并对称分布时，便可肯定有褶皱构造。如图2-12所示，区内地层走向近东西，从南北方向观察，有志留系及石炭系地层两个对称中线，其两侧地层分布重复对称出现，所以，这一地区有两个褶曲构造。其次，再分析地层新老组合关系，南半部的褶曲构造，中间是老地层（S），两边对称分布的是新地层（D和C），故为背斜；北半部的褶曲构造，中间是新地层（C），两边是老地层（D，S），故为向斜。上述地区中的向斜，两翼地层相向倾斜、倾角相近，故为直立向斜；背斜中两翼地层均向北倾斜，故为倒转背斜。有时在一个

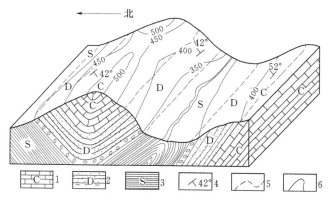

图2-12 褶皱构造立体图

1—石炭系；2—泥盆系；3—志留系；4—岩层产状；5—地层界线；6—地形等高线

大的褶曲构造（如几公里至几十公里）的局部地段，只能看到一个翼的局部地层，这时地层只向一个方向倾斜，通常称为单斜构造，如只看图 2-12 的右部。

2.3　构　造　节　理

节理是指那些有一定成因、形态和分布规律的裂隙，但在工程界节理和裂隙常视为同义语，不加区别地应用。节理按成因分为三种类型：①原生节理，成岩过程中形成；②构造节理，构造运动中形成；③次生节理，风化、爆破等原因形成。其中，次生节理因产状无序、杂乱无章，通常只称为裂隙而不称为节理。

构造节理是各种裂隙中分布最广泛的裂隙，所有大型水电工程都会遇到。据其力学成因可分为剪切节理、张节理和劈理三种类型。

2.3.1　剪切节理

剪切节理是由剪应力所形成的破裂面。剪应力来自构造运动时所产生的压力、拉力或力偶，图 2-13 分别表示在三种外力作用下，在岩层中切取方块体的应力和产生破裂面的一般情况。

图 2-13（a）表示受压时可产生与最大压应力方向斜交的两组共轭剪切裂隙。理论上最大剪应力与主压应力方向的交角为 45°，由于岩层是具有摩擦性质的材料，所以，两组节理与压应力的交角大致等于 $45° - \varphi/2$（φ 为岩石的内摩擦角），即两组剪切节理的锐角等分线指向主压应力方向。

图 2-13（b）表示受拉时的情况，此时剪切破坏面与主拉应力的交角常为 $45° + \varphi/2$，即两组节理的钝角等分线指向拉应力方向。

图 2-13（c）表示受力偶作用时原方块体变为菱形。平行于菱形四个边为剪应力方向，短对角线为受压方向，长对角线为受拉方向，此时产生的两组剪切节理，分别大致平行于菱形的四个边。

需指出，由于构造作用的复杂性（长期、多次、方向变化等），以及岩性本身和边界条件的不同，常有不符合上述规律的情况。即便如此，上述基本规律对分析、判断褶皱、断层的形态、类型等仍是很重要的。

剪切节理有以下特征：

（1）节理面平直光滑，产状稳定，可延伸较长（数十米），在砾岩层中常平直切穿坚硬的砾石，如图 2-14 所示。

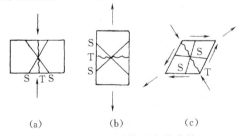

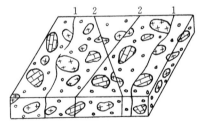

图 2-13　不同作用力形成的
剪切节理（S）和张节理（T）

图 2-14　砾岩层中的剪切节理与张节理
1—张节理；2—剪切节理

（2）呈闭合状，裂隙本身的宽度很窄小，通常仅1～3mm，但受后期地质作用力的影响，也可裂开并充填以黏性土或岩屑。

（3）成组成对出现，即多条节理常互相平行排列，并且其间距常大致相等。在同一作用力下形成的两组共轭剪切节理，也称X形节理，它们互相交叉切割，使岩层形成菱形或方形，方形者也称棋盘格状构造（图2-15）。

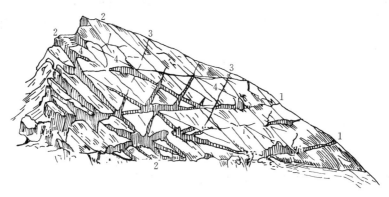

图 2-15 节理形态素描图

1—走向节理；2—倾向节理；3、4—斜交节理

（1、2、3、4各为一个节理组；3、4两组构成X剪切节理系）

（4）呈羽状排列，有时主剪裂面是由多条互相平行的微小剪裂面组成，微小剪裂面呈羽状排列，故称羽状剪切节理［图2-16（a）］，羽状节理也可有共轭两组。A组与主裂面MN呈尖角α相交，指向本盘错动方向。B组与主裂面成近90°交角β相交。A组节理有时呈首尾错开搭接。沿每条小节理向下观察，下一条节理依次在左侧搭接的，称左列（左旋），反之称右列。利用这一现象也可判断剪力或两侧错动方向。

（5）沿剪切节理面抗剪强度往往很低，在边坡和坝基岩体中易形成滑动破坏面。

2.3.2 张节理

张节理是由拉应力所形成的破裂面，拉应力可以是来自构造运动的各种力（图2-13）。

张节理有下列特征：

（1）节理面起伏不平、弯曲粗糙，产状不稳定，延伸较短，在砾岩层中常绕砾石而过，不切穿砾石（图2-14）。

（2）多为张开的裂隙，横断面可呈扁豆状、透镜状，其中常充填有呈脉状的方解石、石英（热液凝结而成）。也可充填

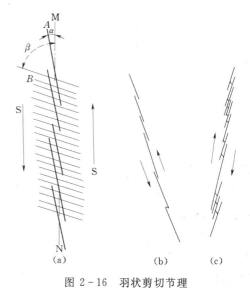

图 2-16 羽状剪切节理

（a）剪切试验形成的羽列节理；（b）、（c）三峡黄陵南部灰岩中的羽列节理；（b）左列；（c）右列

有未胶结或胶结的黏性土或岩屑等。

（3）张节理常沿先期形成的 X 形节理发育而成，故多呈锯齿状延伸，通常称为追踪张裂 [图 2-17 (a)]。也有时一条张节理是由数条小张裂隙大致平行错开排列组成（侧列）[图 2-17 (b)]。张节理的尾端有时有树枝状分叉现象。

（4）张节理有时呈雁列状。受力偶或剪切作用所形成的张节理常呈雁行排列 [图 2-18 (a)]。有时雁行张节理是沿剪切节理发育而成的，如图 2-18 (b) 所示，在岩层中切取的方形块体 ABCD，在力偶继续作用下变形为菱形 A'B'C'D'，

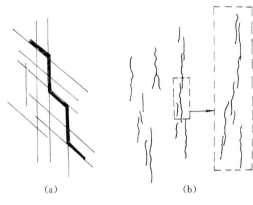

图 2-17　张节理
(a) 追踪张节理；(b) 张节理侧列现象

其长对角线 A'D' 变成受拉方向，而短对角线 B'C' 则为受压方向。因此，节理面与 A'D' 垂直的那组剪切节理将被逐个拉开形成雁列现象。

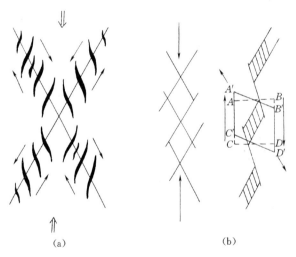

图 2-18　雁列张节理及形成机理

（5）沿张节理面的内摩擦角 φ 值较剪切节理高，但若有黏土等物质充填，则抗剪强度受充填物控制。张节理透水性强，常是地下水或坝基、库岸的良好渗透通道。当岩体垂直于张节理受压时，可产生较大的压缩变形。

2.3.3　劈理

劈理是指岩层中大致平行、密集、微细的构造节理，其间距一般为几毫米至几厘米，若大于几厘米则应称为节理。劈理可使岩石劈开成薄板状或碎片状。有时它容易和层理混淆，但多数情况下，劈理面和层面的产状是不一致的。劈理只是在构造运动强烈，特别是强烈挤压地段才易出现，故常与褶皱、断层同时形成相伴产出。劈理按成因分为流劈理和破劈理两种类型。

流劈理是在强烈挤压力作用下,岩石中的矿物发生塑性变形或重结晶,使矿物形成扁平状、片状、长条状、针状等平行定向排列。沿定向排列面极易劈开形成裂面。流劈理面总是与压力方向垂直,并与褶皱轴面平行,不随两翼岩层的产状而变化。流劈理多发生在塑性较大的柔性岩层中,如页岩、板岩、片岩等。

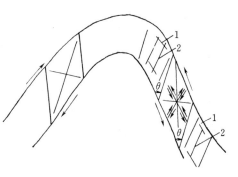

图 2-19 层间滑动形成的破劈理
1—顺层破劈理;2—层间破劈理

破劈理实际上就是密集的剪切节理,所以有时工程上也称节理密集带。通常在两组共轭剪切节理中只有一组发育为破劈理,它们常在局部剪应力集中地段产生,如在褶皱发生时,沿错动层面的两侧或断层面的两侧(图 2-19)。破劈理在脆性和柔性岩层中都可出现,但在软硬相间的岩层中,在同一构造应力作用下,破劈理总是出现在较软的岩层中,并常呈羽状排列。

2.3.4 节理与褶皱的关系

在同一构造作用力下同时形成的节理、劈理和褶皱有着密切联系,所以在形态和分布上往往有一定的规律性。在实际工作中常据节理或劈理的成因类型和产状来分析判断较复杂的、不易识别的褶皱类型和受力情况。

1. 平面 X 形共轭剪切节理

平面 X 形共轭剪切节理多发生在岩层弯曲变形之前,节理面与层面垂直,节理走向与后期形成的褶曲轴面斜交,两组节理相交的锐角指向挤压方向〔图 2-20(a)〕。

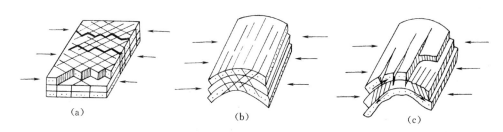

| (a) | (b) | (c) |

图 2-20 节理与褶皱的成生关系

2. 剖面 X 形共轭剪切节理

岩层受挤压发生弯曲变形后,在褶曲横剖面上可形成交叉状的剖面 X 形节理,节理走向与褶曲轴向一致,节理面与层面斜交〔图 2-20(b)〕。

3. 横张节理和纵张节理

横张节理是与早期挤压力方向一致的张节理,当岩层弯曲时它横切褶曲轴,常追踪早期平面 X 节理形成,故多呈锯齿状〔图 2-20(a)〕。

纵张节理是在褶曲轴部,平行于轴线发育的张节理,它是岩层弯曲后产生的局部拉应力形成,在背斜轴部裂隙上宽下窄,并互相呈扇形排列〔图 2-20(c)及图 2-21〕。

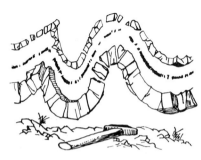

图 2-21 褶曲轴部的纵张
节理素描图（据兰淇锋）

4. 顺层节理和层间节理

岩层发生褶皱，在弯曲过程中沿上、下岩层面相对滑动而构成一个力偶，在此力偶作用下，岩层中可沿最大剪应力方向产生一组大致平行于层面的层面节理和一组斜切层面的层间节理［图 2-19 及图 2-20（c）］。层间节理常呈羽状排列，并常密集发育为破劈理，其与层面所夹锐角指向相邻岩层的滑动方向。由于褶曲发生时总是远离轴面一侧的岩层向枢纽方向滑动，故据此可判断褶皱的形态和类型（图 2-22）。假如图 2-22（b）中 a、b 为同一岩层，则可据错动方向推断为一倒转向斜。

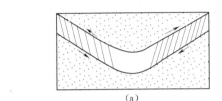

(a)

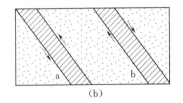

(b)

图 2-22 据层间节理（劈理）
分析褶曲形态

2.3.5 节理统计

节理在岩层中广泛分布，对工程的不良影响主要是岩体稳定和渗漏两个方面，但其影响程度决定于节理的成因、形态、数量、大小、连通以及充填等诸多因素。因此，在工程地质勘察中应首先查明这些特征，然后再对节理的密度和产状进行统计计算，最后才能对岩体的稳定和渗漏作出正确的分析和评价。

1. 节理密度和裂隙率

节理密度是指垂直于节理走向方向上，单位长度内的节理条数（条/m），也称节理的线密度。据线密度可划分岩体节理裂隙发育程度或岩体完整程度，具体划分见表 2-2。

表 2-2 节理裂隙发育程度划分表

节理发育程度	不发育	较发育	发育	很发育
平均节理间距（m）	>1.0	1.0～0.4	0.4～0.2	≤0.2
节理线密度（条/m）	0～1	1～3	3～5	≥5

裂隙率 K_j 是指在被统计的岩体面积 A 上，裂隙面积与被统计面积之比，用百分数表示。其表达式为

$$K_j = \frac{\sum l_i b_i}{A} \times 100\% \qquad (2-1)$$

式中：l_i、b_i 分别代表任一条节理的长度和宽度，m。

2. 节理统计图

节理统计图可以清晰、直观地表示出统计地段各组节理裂隙的数量和产状，从而便于进行岩体稳定和渗漏等的分析评价。常用的有节理玫瑰图、节理极点图和节理等密度图等，这里只介绍节理玫瑰图。

节理玫瑰图是在一半圆图形上，用圆周代表节理走向，并标以北、东、西及方位角度数值。用圆半径长度按一定比例代表节理的条数（或百分数），如图2-23所示。将统计到的节理进行整理，以10°为一组，并算出其条数，见表2-3，然后点在相应走向方位角中间值的半径上。见图2-23，走向北东41°～50°的节理有35条，按比例点在北东45°的半径上。连接各点即绘出节理玫瑰图。

表 2-3　　　　　　　　　某坝址节理统计表

走向 (°)	条数	走向 (°)	条数	走向 (°)	条数	走向 (°)	条数
0～10	0	51～60	20	281～290	0	331～340	22
11～20	20	61～70	10	291～300	14	341～350	30
21～30	20	71～80	20	301～310	10	351～360	0
31～40	25	81～90	20	311～320	30		
41～50	35	271～280	0	321～330	50		

为表示最发育节理的倾向和倾角，将该组节理走向沿半径延伸出半圆以外，沿径向按比例划分出9个刻度（0°～90°）代表倾角，切线方向代表倾向，并按比例取一定长度代表条数，如图2-23所示。图中最发育的一组走向为321°～330°，在其半径延长线上，倾向为北东有两组，一组倾角为21°～30°，有25条；另一组倾角为71°～80°，有10条；倾向南西者15条，倾角为51°～60°。同样，如有必要也可将其他主要节理的倾向、倾角绘出。

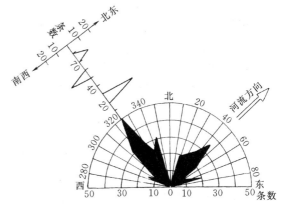

图 2-23　某坝址节理玫瑰图

此外，还应将河流方向绘出，以便进行分析评价。如图2-23中主要节理有两组：一组走向北东45°左右，与河流平行，与坝轴线垂直，若分布在坝基，有可能形成连通坝基上下游的渗漏通道，若分布在坝头两岸，则节理向北西倾斜，对右岸边坡稳定不利；若向南东倾斜则对左岸不利。另一组走向北西325°左右，更为发育，走向与坝轴线平行，其中倾向北东者是向下游倾斜，对坝基岩体抗滑稳定不利，倾角越小越易造成危险的滑动面，所以对倾角为21°～30°的一组应予以特别注意。另两组倾角较大，对岩体主要起割切作用。

2.4　断　层　构　造

岩层或岩体在构造应力作用下发生破裂，沿破裂面两侧有明显相对位移的构造现象称为断层。它与构造节理合称为断裂构造。断层的规模大小相差悬殊，小的在岩石手标本上即可见到，大者可延伸数十公里以上。有时还有多条大致平行延伸，性质相近的大断层组成一个断裂带，它们长可达数百甚至上千公里，宽可达几公里，如我国东部的营口—郯城—庐江断裂带。断层的切割深度也差别很大，有些深大断裂可切穿地壳而达上地幔。断层也是常见的构造现象之一，常对工程岩体的稳定性和渗漏造成很大的危害。

2.4.1　断层要素

断层要素包括断层的基本组成部分以及与阐明其错动性质有关的几何因素（图 2-24）。

（1）断层面。岩层发生错动位移的破裂面称为断层面，它可以是平面或是弯曲面。小断层或大断层的局部地段常是平直的，有时较大的断层可呈舒缓波状的曲面。断层面的产状也是用走向、倾向、倾角来测定。

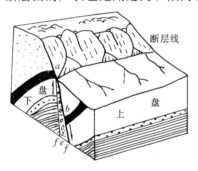

图 2-24　断层要素图
ab—总断距；e—断层破碎带；
f—断层影响带

（2）断层线。断层面与地面的交线称断层线，它反映断层在地表的延伸方向。

（3）断层带。较大的断层常错动形成一个带，包括破碎带和影响带。破碎带是被断层错动搓碎的部分，它可以由岩块碎屑、角砾、岩粉和黏土颗粒组成，常称为断层角砾或断层泥等，其两侧被断层面所限制。影响带是指靠近破碎带受断层影响，节理发育或发生牵引弯曲的部分。

（4）断盘。断层面两侧相对位移的岩体称为断盘。在断层面上部的称为上盘，下部的称为下盘。若断层面直立则无上、下盘之分。

（5）断距。断层两盘相对错开的距离统称断距。岩层原来相连的两点，沿断层面错开的距离称为总断距，总断距的水平分量称为水平断距，铅直分量称为铅直断距。

2.4.2　断层的基本类型和特征

2.4.2.1　按断层的形态分类

断层的形态分类，主要是按断层的两盘相对位移情况，将断层分为正断层、逆断层和平移断层（图 2-25）。

1. 正断层

正断层的基本特征是上盘相对下移，下盘相对上移 ［图 2-25（a）］。它一般是受水平张应力或垂直作用力使上盘相对向下滑动而形成的，所以在构造变动中多垂直于引张力的方向发生，有时也沿已有的剪节理发生。其断距可从几厘米到数十米，延

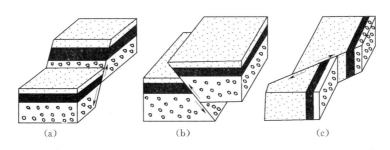

图 2-25　断层类型示意图

(a) 正断层；(b) 逆断层；(c) 平移断层

伸范围一般自几十米至数公里。正断层的倾角一般均较大，多在 $50°\sim60°$ 以上。在野外有时见到由数条正断层排列组合在一起，形成阶梯式断层、地垒和地堑等（图2-26）。

　　(1) 阶梯式断层。岩层沿多个相互平行的断层面向同一方向依次下降成阶梯式断层。

　　(2) 地垒。两边岩层沿断层面下降，中间岩层相对上升，形成地垒。

　　(3) 地堑。两边岩层沿断层面上升，中间岩层相对下降，形成地堑。

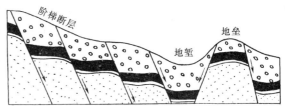

图 2-26　地垒、地堑及阶梯式断层

2. 逆断层

逆断层的基本特征是上盘相对上移，下盘相对下移 [图 2-25 (b)]。它一般是受水平挤压力沿剪切破裂面形成的，所以常与褶皱同时伴生，并多在一个翼上平行于褶皱轴发育。断层带中往往夹有大量的角砾和岩粉。根据断层面的倾角大小，又可将逆断层分为以下四种类型。

　　(1) 冲断层。断层面倾角大于 $45°$ 的高角度逆断层。

　　(2) 逆掩断层。断层面的倾角在 $45°\sim25°$ 之间，往往是由倒转褶皱发展形成，它的走向与褶皱轴大致平行，逆掩断层的规模一般都较大。

　　(3) 辗掩断层。倾角小于 $25°$ 的逆断层，常是区域性的巨型断层，断层上盘较老的地层沿着平缓的断层面推覆在另一盘较新岩层之上，断距可达数公里，破碎带的宽度也可达几十米。

　　(4) 叠瓦式构造。一系列冲断层或逆掩断层，使岩层依次向上冲掩，形成叠瓦式构造（图 2-27）。

3. 平移断层

平移断层是两盘产生相对水平位移的断层 [图 2-25 (c)]。多系受剪（扭）应力形成，因此大多数与褶皱轴斜交，与"X"节理平行或沿该节理形成，断层的倾角常常是近于直立的。这种断层的破碎带一般较窄，

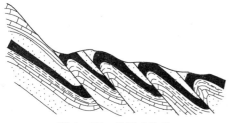

图 2-27　叠瓦式构造

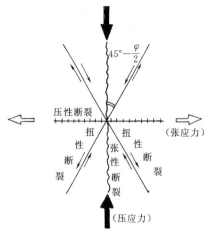

图 2-28 构造应力场与
断裂关系示意图

沿断层面常有近水平的擦痕。

有时断层错动方向兼有平移和上下的相对位移，这时如以平移为主，则称正平移断层或逆平移断层。若以上下错动为主，则称平移正断层或平移逆断层。

2.4.2.2 按断层力学成因性质分类

断层是在地壳运动构造应力作用下，岩体内部相应产生的压应力、张应力和扭应力（剪应力）的作用所形成的（图 2-28）。因此，断层按力学性质可分为以下五种类型。

1. 压性断层

由压应力派生的剪力作用形成，也称压性结构面。压性断层的走向与压应力方向垂直，在断层面两侧，主要是上盘岩体受挤压相对向上位移，如逆断层等。压性断层常与褶皱轴平行，并可成群出现而构成挤压构造带。断层带往往有断层角砾岩、糜棱岩和断层泥，形成软弱破碎带。破碎带中常有挤压形成的透镜状、扁豆状或菱形块体及劈理裂隙（可参看后面图 2-34）。在较脆弱的岩石中，断层面上常有反映错动方向的擦痕。

2. 张性断层

由张（拉）应力派生的剪力作用形成，也称张性结构面。张性断层的走向是垂直于张应力方向，断层面上盘岩体因引张而相对向下位移，如正断层等。

3. 扭性断层

由扭（剪）应力作用形成，也称扭性结构面。扭性断层一般是两组共生，呈 X 形交叉分布，但往往是一组发育，而另一组不发育，如平移断层等。

4. 压扭性断层

具有压性断层兼扭性断层的力学特性，如部分平移逆断层。

5. 张扭性断层

具有张性断层兼扭性断层的力学特性，如部分平移正断层。

2.4.2.3 按断层产状与岩层产状的关系分类

（1）走向断层。断层走向与岩层走向平行。

（2）倾向断层。断层走向与岩层走向垂直。

（3）斜交断层。断层走向与岩层走向斜交。

此外，也可根据断层走向与褶曲轴线方向的关系进行分类：纵断层（与褶轴平行）；横断层（与褶轴垂直）；斜断层（与褶轴斜交）。

2.4.3 断层的野外识别标志

在野外进行勘察工作时，由于岩层受到风化剥蚀、沟谷切割、第四系松散岩土覆盖等多种因素影响，对是否存在断层以及断层的类型及错动方向等，常不能直接观察或不易分辨清楚。因此，需要根据断层在地形地貌、地层分布、伴生节理和岩性特征等方面形成的一些独特现象来判断。这些现象也称为断层的识别标志。

1. **地层的重复或缺失**

当断层走向与地层走向大致平行时，断层使一盘上升或下降，地面受剥蚀夷平后，沿地表顺倾向方向观察，会看到相同地层的重复出现，或应该出现而没有出现的缺失现象，如图 2-29 所示。

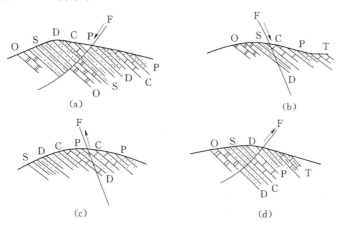

图 2-29 走向断层造成的地层重复或缺失

(a) 正断层（重复）；(b) 正断层（缺失）；(c) 逆断层（重复）；(d) 逆断层（缺失）

2. **岩层中断**

如图 2-30 所示，当断层横切岩层走向时，岩层沿走向延伸方向会突然中断，被错断开来。如断层横切褶曲轴，则表现为断层两侧核部岩层的宽度突然变化，在背斜核部相对变宽的一侧为上升盘，而向斜核部相对变宽的一侧为下降盘。

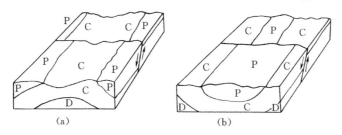

图 2-30 断层横切褶曲轴示意图

(a) 背斜核部下降盘变窄；(b) 向斜核部下降盘变宽

3. **断层破碎带与构造岩**

规模较大的断层常形成断层破碎带，其宽度为几厘米至数十米不等。破碎带是由被挤压、错动形成的大小不一、粗细不等的岩石碎块、岩粉等组成的，但它们常被胶结或在强烈的挤压力作用下发生动力变质，某些矿物重新结晶，定向排列或产生一些新的变质矿物，如叶蜡石、绿帘石、绿泥石、绢云母等。这种断层破碎带中所特有的岩石称为构造岩。根据破碎程度、重结晶及结构特征，构造岩又可分为下列几种：

（1）断层角砾岩。主要是由大于 2mm 被搓碎的棱角状碎块及岩粉等经胶结形成，角砾仍保持原岩的矿物成分和结构。

（2）碎裂岩。主要由小于2mm的原岩碎粒并杂以岩粉经胶结形成。能用放大镜分辨原岩成分。

（3）糜棱岩。由被碾碎成均匀细小的粉末碎屑胶结而成，以小于0.05mm的颗粒为主，只有在显微镜下才能看出颗粒的成分和结构特征，外观致密，类似硅质岩。矿物有重结晶、重组合现象。除含有石英、长石等原岩矿物外，常含有一些变质矿物。风化后常呈岩粉或泥状。

（4）断层泥。在断层破碎带中常可见到厚度不等的泥状物质，脱水干燥后呈硬块状，它们是由<0.005mm的岩粉及糜棱岩、碎裂岩等经浸水风化而成。大多由亲水性较强的黏土矿物及石英等组成。断层泥压缩变形大，强度低，常给工程带来很大的危害。

图2-31　断层擦痕与阶步

4. 断层擦痕

在断层面上由于岩块相互滑动和摩擦，常留下具有一定方向的密集的微细刻槽的痕迹，称为擦痕。顺擦痕方向用手摸，感觉光滑的方向即表示另一盘滑动方向。在具擦痕的滑面上有许多小陡坎，称为阶步，其陡的一侧常指示另一盘滑动的方向（也有例外情况）。根据擦痕和阶步可判别断层两盘相对位移方向及断层性质（图2-31）。

5. 牵引褶皱

断层两盘相对错动时，两侧岩层受到拖拉而形成的弧形弯曲现象，称为牵引褶皱。通常表现为单个褶曲，且离断层稍远，岩层即恢复正常产状。据弯曲形状可判别断层错动方向，弧形弯曲凸向指向本盘错动方向（图2-32）。

6. 伴生节理

在断层剪切滑动产生的应力作用下，两侧岩层常相伴产生规律排列的节理或劈理，多呈羽状排列。其中伴生张节理（T）与断层面斜交，其锐角指示本盘错动方向（图2-33）。伴生剪切节理可有两组，一组与断层面呈锐角相交（S_1），锐角指向对

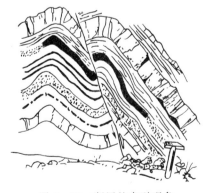

图2-32　断层的牵引现象

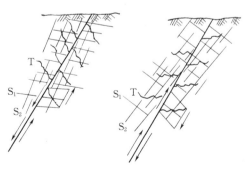

图2-33　断层伴生的节理

盘滑动方向。另一组与断层面近于平行（S_2）。两组剪切节理常只有一组发育，由于岩层受力情况复杂，时常有例外情况。

另外，由于岩石受到强烈挤压，在破碎带内也常有节理和劈理发育，两组共轭剪切节理把岩石切割成菱形碎块，并定向排列（图2-34）。而后继续挤压、滑动，使菱形块体的棱角被削去，即形成构造透镜体、甚至形成更扁长的扁豆状块体。在块体周围常环绕发育有细小的破劈理。

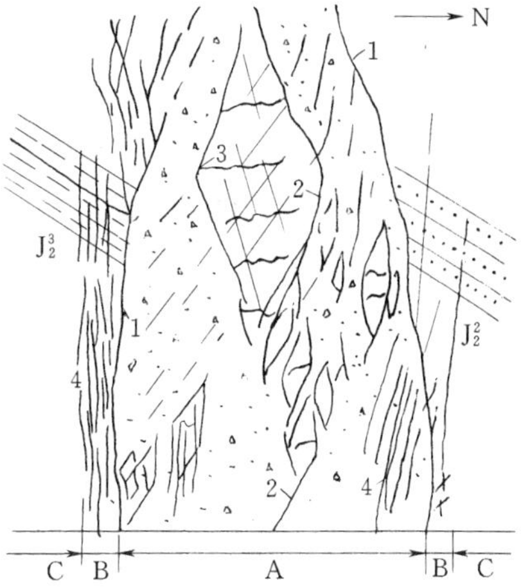

7. 地貌突然变化及断层三角面

巨大的断层两侧，常使地貌发生突然变化，如山区沿断层线突然变为平原，同时沿山脊在横切的断层处被切成陡崖，陡崖常呈三角形，故称断层三角面（图2-35）。另外，在山区因断层破碎带易受风化剥蚀，常沿断层形成沟谷，地质人员常戏称为"逢沟必断"，这虽非全部事实，但在构造运动强烈上升地区，是较常见的。断层横切河谷时，在河底常被冲刷成深潭。

8. 泉呈线状分布

断层破碎带常是地下水的良好通道。当断层切断地下水含水层时，地下水会沿断层带渗出地表形成泉水。泉水出露地点则沿断层线呈线状分布，形似串珠。呈线状分布的热泉多与现代活动性断层有关。

图 2-34 北京三家店村北口铁路桥头压扭性断层剖面图（杨锦贤绘）
A—断层破碎带（菱形块体及岩粉）；B—断层影响带；C—正常岩层；J_2^2—中侏罗系中部凝灰质粗砂岩；J_2^3—中侏罗系顶部紫色绿色页岩；1—断层面；2—剪切节理；3—张节理；4—破劈理

图 2-35 断层三角面

2.5 地 质 图

地质图是反映各种地质现象和地质条件的图件，它是据地质勘测资料编制而成的，是地质勘测工作的主要成果之一。地质图的基本内容是通过规定的图例符号来表示。工程建设的规划、设计都需要以地质图作为依据，因此，学会阅读和分析地质图的方法是很重要的。

2.5.1 地质图的类型与规格

地质图的种类很多，在水利工程建设工作中，常用的基本图件有以下几种。

1. 普通地质图

普通地质图是表示地层岩性和地质构造条件的基本图件。它是把出露在地表不同地质时代的地层分界线和主要构造线测绘在地形图上编制而成的，并附有地质剖面图和地层柱状图。常用的有区域地质图、水库地质图、坝址区地质图等。

2. 地貌及第四纪地质图

地貌及第四纪地质图是根据第四纪沉积层的成因类型、岩性和生成时代、地貌成因类型和形态特征综合编制的图件。

3. 水文地质图

水文地质图是表示地下水水文地质条件的图件，它可反映地下水的类型、埋藏深度和含水层厚度、渗流方向等。

4. 工程地质图

工程地质图是在相应比例尺的地形图上综合表示各种工程地质条件的图件。

5. 其他地质图

除上述图件外，尚有天然建筑材料分布图、区域构造地质图等专门性的图件。

地质图的编制有一定的规格要求，具体如下：

(1) 地质图应有图名、图例、比例尺、编制单位、人员和编制日期等。

(2) 地质图图例中，地层图例要求自上而下或自左而右，从新地层到老地层排列。

(3) 比例尺的大小反映图的精度，比例尺越大，图的精度越高，对地质条件的反映也越详细。比例尺的大小，是由工程的类型、规模、设计阶段和地质条件的复杂程度决定的。如在峡谷地区建坝，坝址地质图在规划阶段的比例尺为 1∶10000～1∶5000；初步设计阶段的比例尺为 1∶10000～1∶2000 等，具体要求在有关规范中有详细规定。

2.5.2　地质条件在地质图上的表示方法

当岩层产状、断层类型等地质条件按规定的图例符号绘入图中时，按符号即可阅读。但有一些地质现象是没有图例符号的（如接触关系），或有时没有把符号绘入图中（如岩层产状、褶曲轴等）。这时需要根据各种界线之间或与地形等高线的关系来分析判断。掌握这些现象在图中表现的规律，对阅读和分析地质图是很重要的。

1. 岩层产状

在地质图中岩层产状以"⊾"符号表示。但有时图中没有表示符号，而有地形等高线，这时不同产状岩层分界线的分布与地形等高线是有密切关系和规律的。在图上的岩层分界线代表相邻岩层接触面的出露线，是岩层层面与地面交线的正投影，该线在空间上代表的是一个分界面，它与地形等高线的分布关系分述如下。

(1) 水平岩层。岩层界线与地形等高线平行或重合，水平岩层厚度为该岩层顶面和底面的标高差。在地质平面图上的露头宽度，决定于岩层厚度及地形坡度（图 2-36）。

(2) 倾斜岩层。

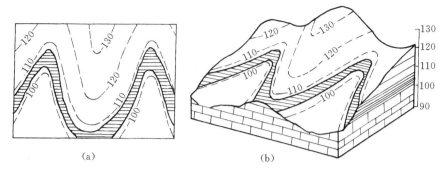

图 2-36　水平岩层在地质图上的特征

(a) 平面图；(b) 立体图

1）当岩层倾向与地形坡向相反时，岩层界线的弯曲方向和地形等高线的弯曲方向一致。即在沟谷处，岩层界线的"V"字形尖端指向沟谷的上游；穿越山脊时，"V"字形尖端指向山脊的坡下。但岩层界线的弯曲度比地形等高线的弯曲度总是要小 [图 2-37 (a)]。

2）当岩层倾向与地形坡向一致时，若岩层倾角大于地形坡角，则岩层分界线弯曲方向和等高线弯曲方向相反 [图 2-37 (b)]。

3）当岩层倾向与地形坡向一致时，若岩层倾角小于地形坡角，则岩层界线弯曲方向和等高线相同 [图 2-37 (c)]，但与"1)"条不同的是岩层界线的弯曲度大于地形等高线的弯曲度。

(3) 直立岩层。岩层界线不受地形等高线影响，沿走向呈直线延伸。

2. 褶皱

在地质图中向斜、背斜、倒转向斜、倒转背斜分别用符号"╳"、"╳"、"╪╪"、"╫╫"来表示。若没有图例符号时，则需根据岩层新、老对称分布关系确定。

3. 断层

正断层、逆断层、平移断层的图例符号为"╱"、"╱"、"╱"。若无图例符号，则根据岩层分布重复、缺失、中断等现象确定。

4. 地层接触关系

地层接触关系的成因类型及在剖面图中的表现特征已在 2.1 节中述及，在平面图中的反映特征与剖面图基本上是相同的。具体情况见后面黑山寨地质图实例（图 2-41）。

2.5.3　地质剖面图和综合地层柱状图

2.5.3.1　地质剖面图

根据地质平面图绘制剖面图时，首先要在平面图中选定剖面线的位置。一般剖面线应尽量垂直岩层走向、褶皱轴或断层线方向，这样能更清楚全面地反映地质构造形态。但为工程需要的剖面图，常平行或垂直于建筑物轴线方向绘制，如沿坝轴线、隧洞和渠道中心线等。

其次，根据剖面线的长度和通过的地形，按比例画地形剖面线。一般剖面图的水

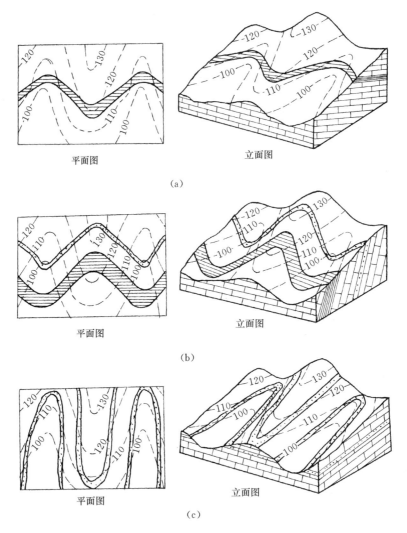

图 2-37　倾斜岩层在地质图上的分布特征
(a) 岩层倾向与坡向相反；(b) 岩层倾向与坡向相同，倾角＞坡角；
(c) 岩层倾向与坡向相同，倾角＜坡角

平比例尺和垂直比例尺应与平面图的比例尺相一致。有时，因平面图比例尺过小，或地形平缓时，也可将剖面图的垂直比例尺适当放大，但对剖面图中所采用的岩层倾角需进行换算，此时的剖面图对构造形态的反映有一定程度的失真。有时为工程应用，专门绘制较大比例尺的剖面图。

　　画完地形剖面线后，就可将岩层界线、断层线等，投影到地形剖面线上；然后，再根据岩层倾向、倾角、断层面产状等画出岩性及断层符号，加注代号，标出剖面线方向，写上图名、图例、比例尺等。这就完成了地质剖面图的绘制工作。

　　下面以图 2-38 为例，具体说明剖面图中地形剖面和岩层界线的绘制方法。

　　图 2-38 的上部是地质平面图。Ⅰ—Ⅱ是剖面线。作地形剖面时，先作平行于

Ⅰ—Ⅱ的直线Ⅰ′—Ⅱ′，两者长度相等，Ⅰ′—Ⅱ′为基线。在基线两端点向上引垂线，并按一定比例间距作平行于基线的直线，以代表剖面的不同高程。剖面线Ⅰ—Ⅱ和平面图中的地形等高线的交点分别为1、2、3、4、5，通过点1作剖面线Ⅰ—Ⅱ的垂线到剖面的相应高程线上，可得到点1的投影点1′。同理，可得到投影点2′，3′，4′，5′，将各点连接为圆滑的曲线，即为地形剖面线。

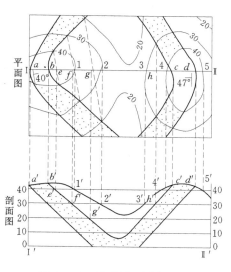

图2-38 地质剖面图作图法

岩层界线在地形剖面线上的投影方法和等高线相似，平面图中岩层的界线和剖面线Ⅰ—Ⅱ的交点为a、b、c、d，投影到地形剖面线上则分别为a′、b′、c′、d′。根据平面图中岩层界线画剖面图中岩层分界时，有以下两种情况。

（1）当图中已标出岩层产状，若剖面线和岩层走向垂直时，可直接根据岩层倾角在剖面上绘出岩层界线，如图的右半部岩层走向与剖面线垂直，岩层倾向西，倾角47°，剖面中的岩层界线应朝左下方画线，斜线与水平线夹角为47°；若剖面线与岩层走向不垂直时，需根据岩层倾角α及剖面线和岩层走向间的夹角θ，把岩层倾角换算成视倾角β。视倾角可根据图2-39推导出的公式计算，即

$$\tan\beta = \sin\theta\tan\alpha \qquad (2-2)$$

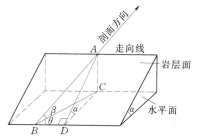

图2-39 据真倾角换算视倾角图

（2）当图上未标出岩层产状时，可根据地形等高线与岩层界线的交点，绘出岩层不同高度的走向线，即剖面线两侧相同高度的交点的连线，如图2-38中岩层顶面的走向线与剖面线的交点为e、f、g、h，将它们分别投影到剖面图中相应高程线上，可得e′、f′、g′、h′，分别连接各部分投影点，就得出剖面图中的岩层界线。

2.5.3.2 综合地层柱状图

综合地层柱状图是把一个地区从老到新出露的地层岩性按最大厚度和接触关系等，自下而上按原始形成次序用柱状图的形式表示出来，但不反映褶皱和断裂情况（图2-40）。综合地层柱状图，对了解一个地区的地层特征和地质发展史等很有帮助。因此，常将它和地质平面图及剖面图放在一起，相互对照、相互补充，共同说明一个地区的地质条件。

2.5.4 地质图的阅读分析
2.5.4.1 阅读地质图的方法

（1）先看图名和比例尺，以了解地质图所表示的内容、位置、范围及精度。

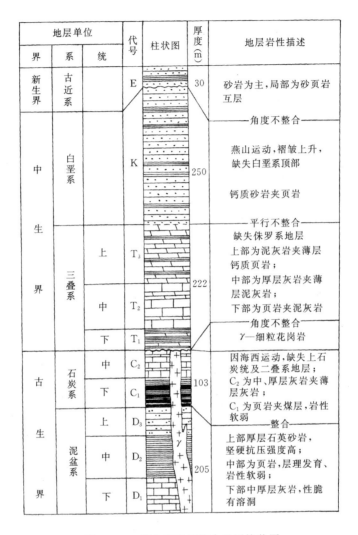

地层单位			代号	柱状图	厚度(m)	地层岩性描述
界	系	统				
新生界	古近系		E		30	砂岩为主,局部为砂页岩互层
						——角度不整合——
中	白垩系		K		250	燕山运动,褶皱上升,缺失白垩系顶部

钙质砂岩夹页岩 |
| 生 | | | | | | ——平行不整合—— |
| | 三叠系 | 上 T₃ | | | 222 | 缺失侏罗系地层
上部为泥灰岩夹薄层钙质页岩;
中部为厚层灰岩夹薄层泥灰岩;
下部为页岩夹泥灰岩 |
| 界 | | 中 T₂ | | | | |
| | | 下 T₁ | | | | ——角度不整合——
γ—细粒花岗岩 |
| 古 | 石炭系 | 中 C₂ | | | 103 | 因海西运动,缺失上石炭统及二叠系地层;
C₂为中、厚层灰岩夹薄层灰岩;
C₁为页岩夹煤层,岩性软弱 |
| | | 下 C₁ | | | | |
| 生 | 泥盆系 | 上 D₃ | | | 205 | ——整合——
上部厚层石英砂岩,坚硬抗压强度高;
中部为页岩,层理发育,岩性软弱;
下部中厚层灰岩,性脆有溶洞 |
| | | 中 D₂ | | γ | | |
| 界 | | 下 D₁ | | | | |

图 2-40　黑山寨地区综合地层柱状图

（2）阅读图例，了解图中有哪些时代的岩层，并熟悉图例的颜色及符号。在附有地层柱状图时，可与图例配合阅读，通过综合地层柱状图能较完整、清楚地了解地层的新老次序，岩性特征及接触关系等。

（3）分析地形地貌，了解本区的地形起伏，相对高差，山川形势，地貌特征等。

（4）阅读地层的分布、产状及其与地形的关系，分析不同地质时代地层的分布规律、岩性特征及接触关系，了解区域地层的基本特点。

（5）阅读图上有无褶皱，褶皱类型及轴部、翼部的位置；有无断层，断层性质、分布以及断层两侧地层的特征。分析本地区地质构造形态的基本特征。

（6）综合分析各种地层、构造等现象之间的关系，说明其规律性及地质发展简史。

（7）在上述阅读分析的基础上，结合工程建设的要求，进行初步分析评价。

2.5.4.2 黑山寨地区地质图的阅读分析

根据黑山寨地区地质图（图2-41），对该地区地质条件进行分析阅读如下。

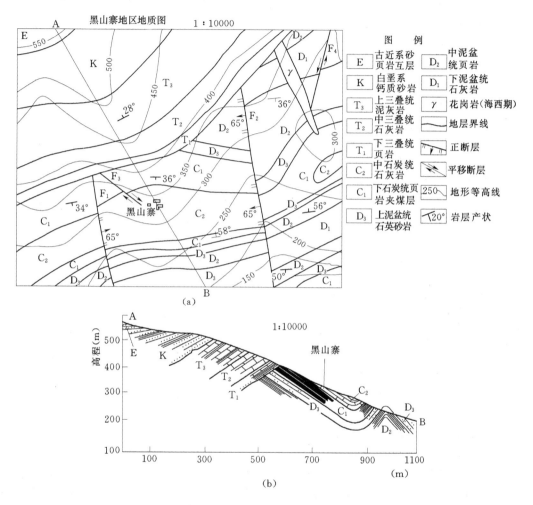

图2-41 黑山寨地区地质图
(a) 地质平面图；(b) AB剖面图

1. 比例尺

地质图比例尺为1:10000，即1cm代表实地距离为100m。

2. 地形地貌

本区西北部最高，高程约为570m；东南部较低，约100m；相对高差约达470m。东部有一山冈，高程为300多 m。顺地形坡向有两条北北西向沟谷。

3. 地层岩性

本区出露地层从老到新有：古生界—下泥盆统（D_1）石灰岩、中泥盆统（D_2）页岩、上泥盆统（D_3）石英砂岩，下石炭统（C_1）页岩夹煤层、中石炭统（C_2）石灰岩；中生界—下三叠统（T_1）页岩、中三叠统（T_2）石灰岩、上三叠统（T_3）泥灰岩，白垩系（K）钙质砂岩；新生界—古近系（E）砂、页岩互层。古生界地层分布面积较大，中生界、新生界地层出露在北、西北部。

除沉积岩层外，还有花岗岩脉（γ）侵入，出露在东北部。侵入在三叠系以前的地层中，属海西运动时期的产物。

4. 地质构造

(1) 地层产状。E 为水平地层；T、K 为单斜地层，其产状 $330°∠28°$，D、C 地层大致近东西或北东东向延伸。

(2) 褶皱。古生界地层从 D_1 至 C_2 由北部到南部形成三个褶皱，依次为背斜、向斜、背斜。褶皱轴向为 $NE75°～80°$。

1) 东北部背斜：背斜核部较老地层为 D_1，北翼为 D_2，产状 $345°∠36°$；南翼由老到新为 D_2、D_3、C_1、C_2，地层产状 $165°∠36°$；两翼地层产状对称，为直立褶皱。

2) 中部向斜：向斜核部较新地层为 C_2，北翼即上述背斜南翼；南翼出露地层也为 C_1、D_3、D_2、D_1，其产状 $345°∠56°～58°$；由于两翼岩层倾角不同，故为倾斜向斜。

3) 南部背斜：核部为 D_1；两翼对称分布 D_2、D_3、C_1，为倾斜背斜。

这三个褶皱发生在中石炭世（C_2）之后，早三叠世（T_1）以前，因为从 D_1 至 C_2 的地层全部经过褶皱变动，而 T_1 以后的地层没有受此褶皱影响。但 $T_1～T_3$ 及 K 的地层呈单斜构造，产状与 D、C 地层不同，它可能是另一个向斜或背斜的一翼，是另一次构造运动所形成，发生在 K 以后，E 以前。

(3) 断层。本区有 F_1、F_2 两条较大断层，使地层沿走向延伸方向不连续，断层走向 $345°$，断层面倾角较陡，F_1：$75°∠65°$；F_2：$255°∠65°$，两断层都是横切向斜轴和背斜轴的正断层。另从断层两侧向斜核部 C_2 地层出露宽度分析，也可说明 F_1 和 F_2 间的地层相对下移，所以 F_1、F_2 断层的组合关系为地堑。

此外尚有 F_3、F_4 两条断层，F_3 走向 $300°$，F_4 走向 $30°$，均为规模较小的平移断层。

断层也形成于中石炭世（C_2）之后，早三叠世（T_1）以前，因为断层没有错断 T_1 以后的地层。

从该区褶皱和断层分布的时间和空间来分析，它们是处于同一构造应力场，前后主要受到两次构造运动所形成。第一次为海西期，压应力主要来自近北北西向，故褶皱轴向为北东东。F_1、F_2 两断层为受张应力作用形成的正断层，故断层走向大致与压应力方向平行，而 F_3、F_4 则为剪应力所形成的扭性断层。第二次构造运动为燕山期，表现为南东地区大面积抬升，北西地区下降。

5. 接触关系

古近系（E）与其下伏白垩系（K）产状不同，为角度不整合接触。

白垩系（K）与下伏上三叠系（T_3）之间，缺失侏罗系（J），但产状大致平行，故为平行不整合接触。T_3、T_2、T_1 之间为整合接触。

下三叠统（T_1）与石炭系（C_1、C_2）及泥盆系（D_1、D_2、D_3）地层直接接触，中间缺失二叠系（P）及上石炭统 C_3，且产状呈角度相交，故为角度不整合接触。由 C_2 至 D_1 各层之间均为整合接触。

花岗岩脉（γ）切穿泥盆系（D_1、D_2、D_3）及下石炭统（C_1）地层并侵入其中，故为侵入接触，因未切穿上覆下三叠统（T_1）地层，故 γ 与 T_1 为沉积接触。说明花岗岩脉（γ）形成于早石炭世（C_1）以后，早三叠世（T_1）以前，但规模较小，产状为北北西—南南东分布的直立岩墙。

6. 地质发展简史

在地质发展历史过程中，本区泥盆纪至中石炭世期间，地壳处于缓慢升降，且幅度甚小，一直接受沉积。中石炭世以后，受海西运动的影响，地壳发生剧烈变动，岩层褶皱、断裂，并伴随有岩浆侵入，二叠纪时期本地区上升为陆地，遭受风化剥蚀。到早三叠世时，又沉降为海洋，重新接受海相沉积。到晚三叠世后期，地壳大面积平缓持续上升成为陆地，侏罗纪期间，地壳遭受风化剥蚀，没有接受沉积。直到白垩纪，又缓慢下降，处于浅海沉积环境。到白垩纪后期，再次受燕山运动影响，三叠系及白垩系产生平缓褶皱。新生代无剧烈构造变动，所以，古近系地层为水平产状。

2.6 活断层的工程地质研究

2.6.1 活断层的定义

活断层或称活动断裂是指现今仍在活动，或者近期曾有过活动，不久的将来还可能活动的断层。后一种情况也称为潜在活断层。

活断层可使岩层错动位移或发生地震，对工程建筑造成很大的、甚至是无法抗拒的危害。因此，查明建筑地区有没有活断层及其对工程建设的影响是一个很重要的问题。

定义中的"近期"，即时间上限定在何时，过去一直是有争议的，定在新近纪末（N_2）、第四纪初（Q_1）、中或晚更新世（Q_2、Q_3）以及全新世（Q_4）者均有。上限划定标准很重要，如果定得太久远，划定为活断层的数量就会增多，一些良好的坝址或建筑工程地址就可能被否定掉。另外，在工程使用年限内，被划定的活断层活动几率很小，可能造成浪费。如黄河上游的龙羊峡水电站，1959 年查明坝下游 200m 有 F_7 断层横切河谷，晚更新世以前活动过。外国专家认为是活断层，不能建坝，故此坝址被否定。后又经勘察研究，该断层最新活动年龄是 15 万～12 万年（中更新世晚期），未错断晚更新世砾石层（Q_3），近期的将来活动的可能性不大。故于 20 世纪 80 年代初兴建，至今运转正常。此外，刘家峡、紫坪铺等水电站也有类似情况。如果活断层时间上限定得太近，则可能漏掉近期可能活动的断层，造成不安全因素。

通过大量研究和实践经验的积累，目前对活断层的上限时间已趋一致，但基于不同建筑工程行业的特点和要求不同，所定标准也有些区别。

我国 GB 50287—99《水利水电工程地质勘察规范》将晚更新世以来活动过的断层定为活断层。因为，据我国新构造运动的研究，中更新世与晚更新世之间，构造运动在性质上有明显的变化。在很多地区，有些断层，如鲜水河—小江断裂带，在中更新世以水平错动为主，而到晚更新世则改为强烈的差异升降运动，其主压应力的方向也发生了改变。另外，晚更新世的构造活动基本上是延续至今的。据大量晚更新世地层和断层的测年结果为 10 万～15 万年。

在 GB 50021—2001《岩土工程勘察规范》中规定：在全新地质时期（1 万年）

内有过地震活动或近期正在活动，在今后一百年可能继续活动的断裂定为全新活动断裂；对其中近 500 年来发生过 $M \geq 5$ 级地震的断裂，或在未来 100 年内可能发生 $M \geq 5$ 级地震的断裂称为发震断裂。

关于活断层或全新活动断裂的时间下限，均定为未来 100 年以内。

2.6.2　活断层的分类

2.6.2.1　按两盘相对错动方向分类

活断层按两盘错动方向也可分为平移断层、正断层和逆断层，但对平移断层通常称为走向滑动型断层，而对正、逆断层则称倾向滑动型断层。

走向滑动型断层是最多见的一种，断层面陡倾或直立，平直延伸，有的规模很大。这类断层往往能积蓄较高的能量，发生高震级的强烈地震，如小江断裂，郯庐断裂等。

倾向滑动型的逆断层也较常见，多是由水平挤压形成，断层倾角较缓，通常小于 $45°$。错动时上盘上升，所以上盘地表变形开裂现象较多、较严重，岩体也较下盘破碎，对建筑物危害较大。有时在上盘还可形成一些大致平行的分支断裂。

倾向滑动型的正断层是上盘向下移动造成的，所以也是上盘岩体破碎。

2.6.2.2　按活动性质分类

活断层按其活动性质可分为蠕变型和突发型两类。

1. 蠕变型活断层

只有长期缓慢的相对位移变形，而不发生地震或只有少数微弱地震的断层称为蠕变型活断层。如美国圣·安德烈斯断层南部加利福尼亚地段，长期没有较强的地震发生，但几十年来平均位移速率达 10mm/a，在断层线上的围墙、牧场栅栏以及房屋等都发生过错动和开裂现象。

2. 突发型活断层

突发型活断层是指突然发生断裂并伴生较强地震形成的断层。它也称做发震断层。但它在发生断层以前或以后，也可能有较长期的微弱蠕动变形。发震断层又可分为地震断层和隐伏断层两种类型。

（1）地震断层。大地震发生时，地下的发震断层延伸到地表形成的断裂称为地震断层。地震时地表松散沉积层中形成的线状破裂，只有与下伏基岩中的活断层相联系时，才能认定为地震断层。地震断层延伸长，多为几公里到上百公里；震级高，一般在 7 级以上，如河北唐山 1976 年 7.8 级地震（图 2-42）。我国一些地震断层的震级、长度、断距等特征数据资料见表 2-4。

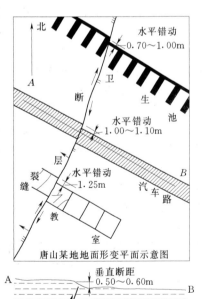

图 2-42　唐山地震地面断层错动图
（据虢顺民等，1977）

表 2-4　　　　　　　　　　　中国地震断层长度及位移值统计表

序号	活断层名称	地震日期(年.月.日)	震级	地点	地震断层 走向	地震断层 性质	长度(km)	水平位移量(m)	垂直位移量(m)
1	昌马断裂	1932.12.25	7.5	甘肃昌马	北西西	逆	116		4
2	南西华山断裂	1920.12.16	8.5	宁夏海原	北西～北西西	左旋、逆	230	5	1
3	龙首山断裂附近	1954.2.11	7.3	甘肃山丹	北西西		20	0.2～0.3	
4	花石峡—玛曲断裂	1937.1.7	7.5	青海都兰	北70°西	左旋、逆	300	8	6～7
5	小江断裂	1733.8.2	7.5	云南东川	北北西	左旋	65		
6	鲜水河断裂	1973.2.6	7.9	四川炉霍	北50°～60°西	左旋、逆	90	3.6	0.5
7	鲜水河断裂	1955.4.14	7.5	四川康定	北西	左旋	20		
8	理塘断裂	1948.5.26	7.3	四川理塘	北西	左旋	75		
9	曲江断裂	1970.1.5	7.7	云南通海	北50°～70°西	右旋、逆	60	2.2	0.45
10	可可托海—二台断裂	1931.8.11	8	新疆富蕴	北20°西	右旋	180	14.6	1～3.6
11	天山北缘断裂	1906.12.23	8	新疆玛纳斯	北西西	右旋、逆		1.8	
12	大洋河断裂西端	1975.2.4	7.3	辽宁海城	北西西	左旋	5.5	0.55	0.20
13	唐山断裂带	1976.7.28	7.8	河北唐山	北北东	右旋、正	8	1.53	0.70
14	贺兰山东麓断裂①	1739.1.3		宁夏平罗	北北东	右旋、正	2	1.45	
15	纵谷断裂	1951.10.22	7.3	台湾玉里	北北东	左旋	40	2	1.3
16	郯庐断裂	1668.7.25	8.5	山东郯城	北北东	右旋	120	9	2～3
17	龙门山断裂带	2008.5.12	8	四川汶川	北东		500	0.2～2.38	0.3～0.7

①　错动明代长城，推测为宁夏平罗地震断层，现存2km。(引自《工程地质学》陆兆溱，略有增删)

　　地震断层是研究地震地质的重要依据。对工程而言，地震断层造成的错动和变形是人工无法阻止的，只能避开或采取措施减少其危害。

　　(2) 隐伏断层。隐伏断层或称隐伏活断层。它是指只深埋于地面以下，在地表没有出露反映的发震断层。如四川叠溪 1933 年 7.5 级地震、龙羊峡以西 80km 的塘格木 1990 年 6.9 级地震等，均未发现出露到地表的活断层。对这种类型的活断层除测震资料和物探资料外，当前勘测手段尚无法对其进行研究。所以，它对工程的危害是很难评价的。水电工程通常只评价其地震烈度或震波峰值加速度等指标对坝区造成的危害。

2.6.2.3　不属于活断层的断裂现象

　　1. 地震重力断层

　　地表岩土体在强烈地震影响下，主要因自身重力作用所产生的错动、变位，称之为地震重力断层。它不是地震之因，而是地震之果。多出现在烈度为Ⅷ度以上的地区。多发生在河谷边坡及陡倾的、具有明显临空面的山坡地带。例如，前述叠溪 7.5 级地震，震中区广泛发育有地震重力断层，其中蚕陵山断层，就是变质砂岩受节理切割后，沿中等倾斜的层面重力塌滑而成的。它不与地下深处发震断层相连接，所以不是地震断层。如果边坡临空面一侧较单薄，也可形成崩塌或滑动破坏，所以，它与山体的重力失稳变形破坏关系密切。

2. 地震地裂缝

地震地裂缝是指在强烈地震作用下，松散沉积层固结、粉细砂层液化引起的地表不均一沉陷，或河、湖岸坡向临空方向发生位移而造成的裂缝。它们与第四系沉积物的岩性、结构、地下水和地貌等条件有关。在平原地区、河湖边岸地带分布广泛，并常伴有喷砂、冒水、塌坑等现象，山区少见。

2.6.3 活断层的特征

2.6.3.1 活断层的继承性

活断层有明显的继承性，即绝大多数的活断层都是沿已有的老断层发生新的错动位移。尤其是区域性的深大断裂更为多见。但新活动的部位通常只是沿老断裂的某个段落发生，或是某个段落强烈，另一些段落活动微弱。也有的大断裂带一些段落是蠕变型活动，另一些段落是突发型活动，前述美国圣·安德烈斯断层就有这种现象。与老断层相比，继承性表现在活动方式和方向上也往往相同。形成时代越新的断层，其继承性也越强，特别是晚更新世（Q_3）以后发生的构造运动，它所引起活动的断裂，基本上都延续至今。

2.6.3.2 活断层的长度和断距

活断层的长度可由几公里到几百公里，如郯庐断裂、云南小江断裂等。活断层的断距，据历史地震伴生的地表断裂最大位移值统计，一次地震大多数不超过10m，一些统计数据见表2-4所列。

2.6.3.3 活断层的错动速率

突发型活断层在突然错动时速率很快，可达 $0.5 \sim 1.0 \text{m/s}$，是在很短时间内完成的。蠕变型活断层的错动速率大多在年平均零点几至几十毫米之间。

李兴唐统计了我国大陆一些断层的活动速率，并按年平均活动速率将活断层分为四个等级，见表2-5。表中所列活动速率的统计，包括早、中更新世以来活动过的断层。

表 2-5　中国大陆一些断层现代活动速率分级及实例表（据李兴唐略有补充）

分　级	活动速率 s （mm/a）	断层实例［活动速率 s（mm/a）］[①]
I （强活动的）	$s \geqslant 10$	可可托海—二台（16.1），鲜水河（10），怒江（15～10），沧东（7～10）
II （中强活动的）	$10 > s \geqslant 1$	渭河北缘（3.57，水平），曲江（2.31，水平），山丹—河西堡（1.10，水平），河源（1.24），鲜水河（局部5），骊山北（5），南口山前（2.4～0.8），北天山（4.8），唐山（0.7～1.0），紫荆关（2.6），黄庄—高丽营（北京）（4～7），良乡—前门（北京）（1.7），夏垫（3），太行山前（安阳—新乡）（2.2～3.0）
III （微活动的）	$1 > s \geqslant 0.1$	汾河（1.1～0.3），广西灵山（0.34），北京八宝山（0.30），安宁河（0.6），三峡远安断裂东段（0.14），克孜尔（⊥0.144，左旋0.354）
IV （不活动的）	$s < 0.1$	三峡远安断裂西段（0.07），三峡仙女山（0.078，0.10水平），三峡九湾溪（0.095），三峡都镇湾（0.060），三峡天阳坪（0.012）

① 除注明外，均为垂直活动速率。

活断层的变形速率是不均匀的，有时差别甚大。尤其发震断层临震前可成倍增速，而震后又变缓，所以活断层变形速率的变化对预报地震是很重要的。

2.6.4 活断层的判别标志
2.6.4.1 直接标志
有下列现象之一的断层，即可判定为活断层。

（1）错断晚更新世（Q_3）以来的地层；如郯城窑上村北，白垩系（K）地层逆掩于 Q_{3-4} 地层之上（图 2-43），就是一个典型实例。该断层是郯城—庐江大断裂的一部分。

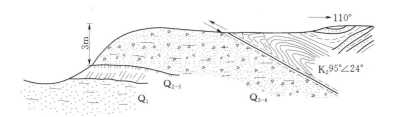

图 2-43 山东郯城窑上村北活断层剖面

K_2—上白垩统砂岩；Q_1—下更新统泥质砂岩；Q_{2-3}—中、上
更新统粉砂土；Q_{3-4}—上更新统及全新统洪、坡积物

（2）断裂带中的构造岩或被错动的脉体，经绝对年龄测定，距今不足 10 万～15 万年者。

（3）根据仪器观测，沿断层有大于 0.1 mm/a 的位移。

（4）沿断层有历史和现代中、强震震中分布，或有晚更新世以来的古地震遗迹，或有密集而频繁的近期微震活动。

（5）在地质构造上证实与已知活动断层有共生或同生关系的断层。

2.6.4.2 间接标志
具有下列现象之一的断层，可能为活断层，但需结合其他证据综合分析才能判定。

（1）沿断层晚更新世以来同级阶地发生错位，在跨越断层处，水系有明显的与断层同步转折现象，或断层两侧晚更新世以来的沉积层厚度有明显差异。

（2）沿断层地貌突然发生大范围的变化，如山区突然转为平原，且有平直新鲜的断层陡崖、断层三角面，山前常有大规模的崩塌、滑坡。

（3）沿断层线有串珠状的泉水、沼泽分布，有地热、水化学异常带，或水温、水量、水质有异常变化。

（4）古建筑、古陵墓等被断层错断，如宁夏石嘴山红果子沟明代长城墙基有两处被错断，分别为 0.35m（T_{C-2}）和 0.95m（T_{C-3}）。后经开挖探槽查明在基础下面有晚更新世地层被错断，断距分别为 1.95m（T_{C-2}）和 2.0m（T_{C-3}），见图 2-44。蓟县长城黄崖关东侧山脊上也有活断层错断现象。

（5）沿断层带有重力或磁力异常现象。

在确定是否为活动断层时，主要是依靠直接标志作为证据，间接标志只能作为辅

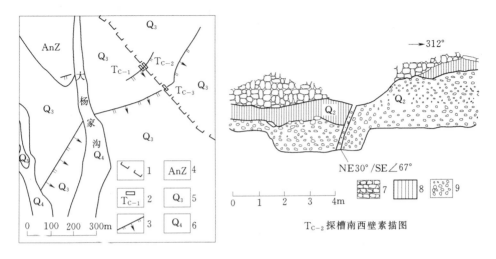

图 2-44 宁夏红果子沟长城错断处地质图及探槽剖面图 (据廖玉华)

1—长城；2—探槽；3—断层；4—前震旦系；5—晚更新统；6—全新统；

7—长城墙基；8—砂质黏土 (Q₂)；9—砾石层 (Q₂)

助性证据，但它常是发现活断层的线索。

2.6.5 活断层对工程建筑的影响

我国活断层的分布是较为广泛的，尤其在西南、西北、华北、东南沿海及台湾等地区。活断层对工程的危害事例，在我国虽然不多，但因无法阻止其继续活动，所以一旦发生，其后果往往很严重，且进行工程处理很困难。对工程的危害主要是错动变形和引起地震两方面。

蠕变型的活断层，相对位移速率不大时，一般对工程建筑影响不大。特别是对适应变形能力较强的土坝等建筑，如果防治措施得当，当变形速率小于每年几毫米时，通常不会产生严重影响。当变形速率较大时，则可导致建筑地基不均沉陷，使建筑物拉裂破坏。尤其对坝基危害很大，较小的开裂就可能造成高压渗透水流的潜蚀和冲刷，并可酿成溃坝事故。例如，美国洛杉矶附近鲍尔德温山水库，库址距一大断层带仅 300m，有几条小断层从坝下穿过。施工时沿断层做了沥青和黏土铺盖等封闭防渗

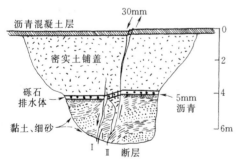

图 2-45 美国鲍尔德温山水库
断层错断防渗层剖面图

和排水措施，但断层的错动使封闭防渗层错裂 30mm（图 2-45），水沿断裂渗流，使地基中的粉细砂受到潜蚀，1963 年潜蚀洞穴塌陷，使坝溃决。

新疆库车克孜尔水库坝址位于强震区，其南有秋里塔格大断裂通过，是一条具有 7 级以上强震背景的现代活动断裂，其分支断层 F₂ 沿河谷左岸阶地穿过坝址（图 2-46）。F₂ 有全新世活动的确凿证据，据 1972～1990 年，18 年的实测数据统计结果，两盘

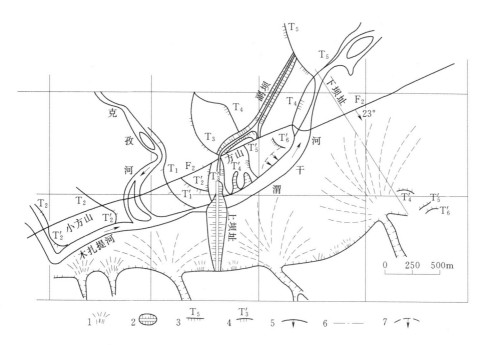

图 2-46 新疆克孜尔水库坝址区及 F_2 断层展布示意图
(引自彭敦复，1996 年)
1—洪积扇；2—大坝；3—阶地编号；4—被 F_2 错断抬升后的阶地；5—断层；6—下坝址轴线；7—滑坡

相对位移的速率为：垂直 0.144mm/a；水平（左旋）扭动 0.354mm/a（表 2-5）。经过专门论证后，采用特殊的坝型和防渗措施，建成了我国第一座横跨已知活断层的当地材料坝。该坝 1986 年动工，1991 年建成蓄水，至今运行正常。F_2 的活动性未因蓄水而发生明显变化。

海港、码头及沿岸的工业民用建筑，若断层靠陆地一侧长期下沉，且变形速率较大时，由于海水位相对升高，有可能遭受波浪及风暴潮的危害。

突发型的活断层伴随地震产生的错动距离，通常较大，多在几十厘米至几百厘米之间。这种危害是无法抗拒的。如美国 1906 年旧金山大地震，活断层使上晶泉坝错开 2.5m，老圣·安德烈斯坝错开 2m，1940 年埃尔森特罗地震使加利福尼亚州尚未通水的全美运河河堤错开 4.3m。

在我国尚未发现活断层错开大坝的事例，但错断其他建筑物是有的，如前述 1976 年唐山地震等。

在工程建筑地区有突发型活断层存在时，任何建筑物原则上都应避免跨越活断层以及与其有构造活动联系的分支断层，特别要避开 3.5 万年以来有过活动的断层。应将工程建筑物选择在无活断层穿过的位置。对大、中型水电工程应选择在地质构造较稳定的地区。活动性大断裂往往将地壳切割成若干个断块，这些断块中不存在活断层，因此，往往构成相对稳定的地区，通常称为"安全岛"。只要经过详细的工程地质勘察工作，找出这种相对稳定地段选作建筑的场地，安全是有保证的。二滩水电站就是一个很好的实例。电站大坝等枢纽工程位置选在地壳较稳定的共和断块上。在其周围分布有金河—箐河、雅砻江、西番田等大活动断裂，且均发生过强烈地震。经详细论证，认为共和断块的构造稳定性是有保证的，见图 2-47。三峡水利枢纽选在黄陵背斜的南部，在其周围也有几条活动性大断裂分布。如远安断裂、天阳坪断裂、仙女山断裂、九湾溪断裂等。而黄陵背斜则是缓慢整体上升的相对稳定地区。

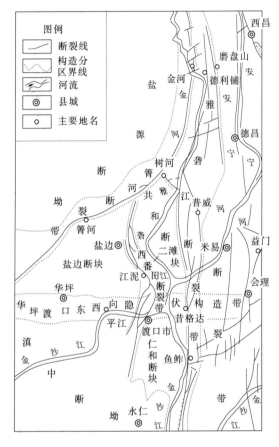

图 2-47 二滩水电站周围构造地质图
（据成都勘测设计研究院）

2.7 地震危险性的工程地质研究

2.7.1 地震的基本知识

地震是指由自然原因而引起的地壳震动，其中绝大多数是伴随岩层断裂错动所产生的，它占地震总数的 90% 以上。火山爆发、洞穴陷落、山崩等也可引起地震，但其所占比例很少，且强度低、影响范围小。此外尚有因人类活动直接造成的地震，称为人工地震，如爆破引起的。由人类活动导致断层错动而产生的地震，称为诱发地震，如水库诱发地震等。

由于绝大多数的地震是由活断层错动所形成，所以它的分布与地壳的稳定性有关，与现代活断层的分布密不可分，它的发生是有序的、有规律的。世界上有两个地震活动频繁的地震带，即阿尔卑斯—喜马拉雅地震带和环太平洋地震带。前者约占地震总数的 15%，后者约占 80%。这两个地震带都延伸到我国境内，所以我国是个多地震的国家。尤其西南、西北、华北、东南沿海及台湾等地区，强烈地震经常发生。我国强震分布见图 2-48 所示。

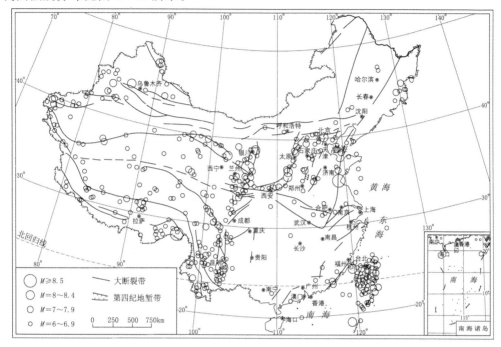

审图号：GS（2008）2435 号　　　　　　　　　　2008 年 8 月　　国家测绘局

图 2-48　我国强震震中分布图

　　地壳内部发生震动的地方称为震源。震源在地面上的垂直投影称为震中。地震所引起的震动以弹性波的形式向各个方向传播，其强度随距离的增加而减小。地震波首先传达到震中，震中区受破坏最大，距震中越远破坏程度越小。地面上受震动破坏程度相同点的外包线称为等震线，如图 2-49 所示。

　　地震波通过地球内部介质传播的称为体波。体波经过反射、折射而沿地面附近传播的波称面波。

　　体波分为纵波（P 波）和横波（S波）。纵波是由震源传出的压缩波，质点振动方向与波的前进方向一致，一疏一密地向前传播。它周期短，振幅小。横波是震源向外传播的剪切波，质点振动方向与波的前进方向垂直，传播时介质体积不变，但形状改

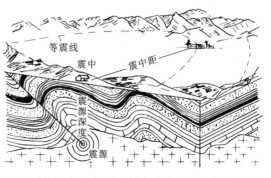

图 2-49　震源、震中和等震线示意图

变，周期较长，振幅较大。由于横波是剪切波，所以它只能在固体介质中传播，而不能通过对剪切变形没有抵抗力的流体。据弹性理论，纵波传播速度（V_p）和横波传播速度（V_s），可用下式计算：

$$V_p = \sqrt{\frac{E(1-\mu)}{\rho(1+\mu)(1-2\mu)}} \qquad (2-3)$$

$$V_s = \sqrt{\frac{E}{2\rho(1+\mu)}} = \sqrt{\frac{G}{\rho}} \qquad (2-4)$$

式中：E、μ、ρ、G 分别为介质的弹性模量、泊松比、密度和剪切模量。当 $\mu = 0.22$ 时，则

$$V_p = 1.67V_s \qquad (2-5)$$

从式（2-5）中可看出，纵波比横波快。一般在近地表的岩石中 $V_p = 5 \sim 6\text{km/s}$，$V_s = 3 \sim 4\text{ km/s}$。在水中 $V_p = 1.5\text{ km/s}$，$V_s = 0$。

面波（L 波）是体波到达地面后激发的次生波，它只在地表传播，向地面以下迅速消失。面波传播的速度最慢。仪器记录的地震波谱，见图 2-50，最先到达的总是纵波，因此纵波也称为初波，其次是横波，最后到达的才是面波。当横波和面波到达时，地面振动最强烈，对建筑物的破坏性最大。

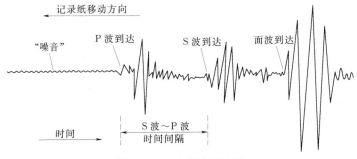

图 2-50　地震波记录图

2.7.2　地震震级与地震烈度

1. 地震震级

地震震级 M 是指一次地震时震源释放出能量大小的等级。释放能量越大，震级就越高。通常采用里克特划分的等级，称为里氏震级。不同震级所释放的能量见表 2-6。震级是由地震仪测得最大振幅后计算出来的。至今世界上记录到最大的震级是 9 级（2004 年，印尼苏门答腊）。

表 2-6　　　　　　　　　　　　　震 级 与 能 量 关 系

地震震级	释放能量（J）	地震震级	释放能量（J）
1	2.00×10^6	6	6.31×10^{13}
2	6.31×10^7	7	2.00×10^{15}
3	2.00×10^9	8	6.31×10^{16}
4	6.31×10^{10}	8.5	3.55×10^{17}
5	2.00×10^{12}	8.9	1.41×10^{18}

按照人们对地震的感知及其破坏程度，将震级划分为：

微震（2 级以下人们感觉不到）；有感震（2～4 级）；破坏性地震（5 级以上）；强烈地震（7 级以上）；大地震（8 级以上）。

2. 地震烈度

地震烈度 I 是指某一地区的地面和建筑物遭受一次地震影响的强弱程度。地震烈度的大小不仅决定于震级，还和震源深度、距震中的距离以及地震波通过介质的条件（岩性、地质构造、地下水埋深）等多种因素有关。一般情况下，震级越高、震源越浅、距震中越近，地震烈度就越高。据我国 153 条等震线资料统计，给出了烈度 I、震级 M 和震中距 Δ 之间的关系式：

$$I = 0.92 + 1.63M - 3.49\lg\Delta \qquad (2-6)$$

一次地震只有一个震级，但随震中距增大，地震烈度逐渐递减，形成不同的烈度区。有时因地质条件不同，可能出现高低烈度异常区。在工程建设中，鉴定划分建筑地区的地震烈度是很重要的，为此国家地震局制定出《中国地震烈度表》，见表 2-7。

表 2-7　　　　　　　中国地震烈度表（GB/T 17742—1999）

烈度	在地面上人的感觉	房屋震害程度		其他震害现象	水平向地面运动	
		震害现象	平均震害指数		峰值加速度（m/s²）	峰值速度（m/s）
I	无感					
II	室内个别静止中的人有感觉					
III	室内少数静止中的人有感觉	门、窗轻微作响		悬挂物微动		
IV	室内多数人、室外少数人有感觉，少数人梦中惊醒	门、窗作响		悬挂物明显摆动，器皿作响		
V	室内普遍、室外多数人有感觉，多数人梦中惊醒	门窗、屋顶、屋架颤动作响，灰土掉落，抹灰出现微细裂缝，有檐瓦掉落，个别屋顶烟囱掉砖		不稳定器物摇动或翻倒	0.31（0.22～0.44）	0.03（0.02～0.04）
VI	多数人站立不稳，少数人惊逃户外	损坏——墙体出现裂缝、檐瓦掉落，少数屋顶烟囱裂缝、掉落	0～0.10	河岸和松软土出现裂缝，饱和砂层出现喷砂冒水；有的独立砖烟囱轻度裂缝	0.63（0.45～0.89）	0.06（0.05～0.09）

烈度	在地面上人的感觉	房屋震害程度		其他震害现象	水平向地面运动	
		震害现象	平均震害指数		峰值加速度 (m/s²)	峰值速度 (m/s)
Ⅶ	大多数人惊逃户外，骑自行车的人有感觉，行驶中的汽车驾乘人员有感觉	轻度破坏——局部破坏、开裂，小修或不需要修理可继续使用	0.11~0.30	河岸出现坍方；饱和砂层常见喷砂冒水，松软土地上地裂缝较多；大多数独立砖烟囱中等破坏	1.25 (0.90~1.77)	0.13 (0.10~0.18)
Ⅷ	多数人摇晃颠簸，行走困难	中等破坏——结构破坏，需要修复才能使用	0.31~0.50	干硬土上亦出现裂缝；大多数独立砖烟囱严重破坏；树梢折断；房屋破坏导致人畜伤亡	2.50 (1.78~3.53)	0.25 (0.19~0.35)
Ⅸ	行动的人摔倒	严重破坏——结构严重破坏，局部倒塌，修复困难	0.51~0.70	干硬土上有许多地方出现裂缝；基岩可能出现裂缝、错动；滑坡坍方常见；独立砖烟囱许多倒塌	5.00 (3.54~7.07)	0.50 (0.36~0.71)
Ⅹ	骑自行车的人会摔倒，处于不稳定状态的人会摔离原地，有抛起感	大多数倒塌	0.71~0.90	山崩和地震断裂出现；基岩上拱桥破坏；大多数独立砖烟囱从根部破坏或倒毁	10.00 (7.08~14.14)	1.00 (0.72~1.41)
Ⅺ		普遍倒塌	0.91~1.00	地震断裂延续很长；大量山崩滑坡		
Ⅻ				地面剧烈变化，山河改观		

注　1. 表中的数量词：“个别”为 10% 以下；“少数”为 10%~50%；“多数”为 50%~70%；“大多数”为 70%~90%；“普遍”为 90% 以上。

　　2. 震害指数以房屋完好为 0，毁灭为 1，中间按表列震害程度分级。

表 2-7 主要是根据人的感觉、建筑物破坏程度和自然环境破坏程度等三个宏观标志来划分的，所以也称宏观烈度，由弱到强分为 12 个等级。该表最后两栏是地震峰值加速度 a_{max} 和地震峰值速度 V_{max}。它是用仪器直接测得的绝对数值。以这些数值

表示的烈度称绝对烈度。

3. 地震基本烈度和地震烈度区划图

在各种工程建设的规划设计中，都必须考虑建设场地今后可能遭受到的地震强烈程度，以便进行地震危险性评估和抗震设防。我国是采用地震基本烈度为指标，通过地震烈度区域划分图的方式来解决的。

地震基本烈度是指某个地区在未来一定时期内、一般场地条件和一定超越概率水平下可能遭遇的最大地震烈度。而地震烈度区划图是以地震基本烈度为指标，将国土划分为地震危险程度不同的区域的图件。也可认为是基本烈度的地理分布图。目前应用的是 1992 年国家颁布的《中国地震烈度区划图（1990）》比例尺 1∶400 万。它是采用地震危险性概率分析方法编制的，图中地震基本烈度值系指在 50 年期限内，一般场地条件下，可能遭遇超越概率为 10％的地震烈度。基本烈度≥Ⅶ度的地区为高烈度区。

4. 抗震设防烈度

抗震设防烈度是按国家规定的权限批准作为一个地区抗震设防依据的地震烈度。也称设计烈度。它是综合考虑建设地区的地震活动性（基本烈度、活动性断裂构造等）、工程建筑物本身的特点和可承受的地震风险度等因素而确定的。对于一般的工业与民用建筑，或中、小型水电工程等，按上述现行的《中国地震烈度区划图》中所示的基本烈度，作为抗震设防烈度即可。

对于坝高不小于 200m、或库容不小于 100 亿 m^3、或位于基本烈度不小于Ⅶ度地区坝高不小于 150m 的大型工程，应进行专门的地震危险性评定和地震动参数确定。通常是由从事地震地质专业工作的人员协同进行。

2.7.3 场地地质因素对烈度的影响

在同一个基本烈度地区，由于建筑场地的地质地貌条件不同，往往在同一次地震作用下，地震烈度并不相同。因此，在进行工程建筑确定地震的影响时，应考虑场地因素对烈度的影响。根据地震烈度区划图，并着重考虑建设场区小范围内的场地条件差异，所给出的地震影响分布，称为地震小区划。

1. 岩、土层类型和性质的影响

在同一次强烈地震作用下，通常在基岩分布地区比土层地区破坏程度低得多，而粗砂、砾石或硬质土层又比软黏土、淤泥及疏松堆积物破坏程度低。这说明岩、土层的类型对建筑场地的烈度有明显影响。例如，唐山地震震中烈度为Ⅺ度（图 2-51），但其西北的玉田县，按烈度衰减规律应为Ⅷ度，即在大范围等震线图中为Ⅷ度的范围内。但地震时绝大部分房屋完好，仅个别旧房有墙皮脱落或掉檐现象，出现了Ⅷ度区内的Ⅵ度低异常区。而处在西南的天津市，虽同在大区为Ⅶ度的区域内，但有不少房屋倒塌和人员伤亡现象，出现烈度为Ⅷ度的高异常区。其主要原因就是玉田处在基岩埋藏浅的隆起区，覆盖层薄，基底稳固。而天津市则为厚层的软土。土层越厚对高层建筑的危害越大，这与厚土层振幅大、振动周期长有关。因此长周期振动为主的低频部分，主要控制着高层柔性结构的破坏。

2. 地形条件的影响

宏观地震调查、理论计算或模型试验都表明，地形条件对震害的影响是明显的。

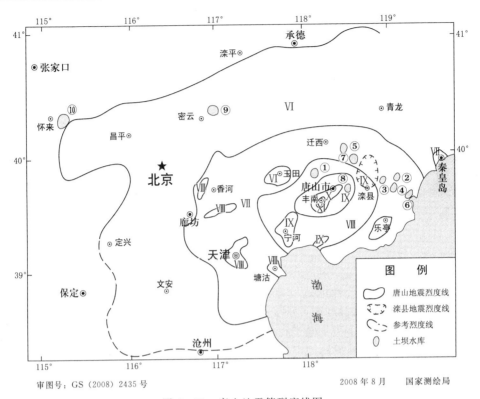

图 2-51   唐山地震等烈度线图

①—邱庄土坝；②—洋河土坝；③—腰站土坝；④—滑石后土坝；⑤—高家店土坝；
⑥—果乡土坝；⑦—潘庄土坝；⑧—陡河土坝；⑨—密云土坝；⑩—官厅土坝

在孤立突出的山丘、山梁、山脊、河谷边岸或悬崖陡壁边缘部位，都表现为震害加大、烈度增高，而低洼沟谷则震害减弱。例如 1974 年云南永善 7.1 级地震时，卢家湾村一个马鞍形山梁上，在远端的孤立山丘，烈度为Ⅸ度。山梁中部低凹的地段为Ⅶ度，而靠近后山的山梁部分则为Ⅷ度。1970 年通海地震也有类似情况。一般相对高度为 30～80m 的孤立山梁，烈度大约可增高 0.5～1.0 度，高度大于 80m 的，可增高1 度以上。

3. 地下水的影响

地下水既影响岩、土层的物理力学性质，也影响地震波的传播。饱水的粉、细砂地层地震时易发生液化现象，地表喷水冒砂，地基强度丧失。饱水的软黏土在振动作用下，强度也明显降低。据 C. B. 麦德维捷夫提出的资料，地下水位埋深为 0～1m时，土层的地震烈度增加值为 0.5～1.0 度；水位深 4m 时，为 0.25～0.50 度；当水位深超过 10m 时，烈度不受影响。

4. 断层带的影响

建筑场地有较大的断层（指非发震断层或非活断层）分布时，对地震烈度的影响是复杂的。通常在大断层带及其两侧附近烈度都将增高，甚至形成一个明显的烈度异常区，震害显著加重。如 1920 年宁夏海原地震，大范围的烈度为Ⅷ度，但在甘肃从通渭县城至马营长约 50km 不宽的地带内，烈度达 X 度。这个烈度异常区就是沿断裂带形成的。

但是近年有些科研单位，据通海、昭通、海城三次大地震的震害调查研究，认为非发震断层无加重震害的趋势，对震害无明显影响。例如，1975 年海城地震后，调查 3500 多个村庄，其中有 28 个位于非发震断层带上，这些村庄的震害与其他村相同类型场地上的震害程度是相同的。1970 年通海地震，几十个位于非发震断层上的村庄，其震害明显加重和没有加重甚至减轻者均有。1988 年澜沧—耿马 7.6 级、7.2 级地震也有类似情况。

上述矛盾现象，可能是与多种因素有关，如震源深浅、远近；断层带的规模、大小、位置、方向；破碎带的破碎和胶结程度；与发震断裂的关系等。这一问题还有待于深入研究。不过断层的隔震效应则是已被肯定的事实。

所谓隔震效应，也称减震效应或屏蔽效应，是指震波穿过断层带后，能量明显降低，烈度和震害减弱。已有许多地震和人工爆破的实例。例如唐山地震后，与唐山第十中学地裂缝毗邻的唐山艺术学校，其震害反而较轻。经分析认为，是与地裂缝阻隔地震波的传播、减少震动历时有关。又如研究黄河小浪底水库泄洪洞水流诱发振动对山体稳定性的影响时，发现爆破的震波穿过 F_{240} 断层后，能量有明显的衰减[1]。

2.7.4 地震对建筑物的影响

在地震作用下，地面会出现各种震害和破坏现象，也称为地震效应，即地震的破坏作用。它主要与震级大小、震中距离和场地的工程地质条件等因素有关。地震破坏作用可分为震动破坏与地面破坏两个方面。前者主要是地震力和振动周期的破坏作用，后者则包括地面破裂、斜坡破坏及地基强度失效。

1. 地震力

地震力，即地震波传播时施加于建筑物的惯性力。假如建筑物的重量为 w，质量为 w/g，g 为重力加速度，则在地震波的作用下，建筑物所受到的最大水平惯性力 P 为

$$P = \frac{w}{g} a_{\max} = w a_{\max}/g = w K_c \qquad (2-7)$$

式中：$a_{\max}/g$ 为水平地震系数（K_c）。地震水平最大加速度 $a_{\max}$ 与 K_c 值是两个重要的指标数据，各种烈度的 $a_{\max}$ 值列入表 2-7。

由于地震波的垂直加速度分量较水平的小，仅为其 1/3～1/2，且建筑物的竖向安全贮备一般较大。所以设计时在一般情况下只考虑水平地震力。因此，水平地震系数也称地震系数。

2. 振动周期与振动时间的影响

建筑物地基受震波冲击而震动，同时也引起建筑物的振动。当两者振动周期相等或相近时就会引起共振，使建筑物振幅增大，导致倾倒破坏。建筑物的自振周期取决于所用的材料、尺寸、高度以及结构类型，可用仪器测定或据公式计算。据统计，1

---

❶ 吴少武等，断裂构造隔震效应的初步研究，第四届全国工程地质大会论文选集（一），北京：海洋出版社，1992。

层、2 层结构物约为 0.2s；4 层、5 层者约为 0.4s；11 层、12 层者约为 1s。建筑物越高自振周期越长。

地震动持续的时间越长，建筑物的破坏也越严重。土质越软弱，土层越厚，振动历时也越长。软土场地可比坚硬场地历时长几秒至十几秒。

3. 地面破裂与斜坡破坏效应

地面破裂效应是指地震形成的地裂缝以及沿破裂面可能产生较小的相对错动，但不是发震断层或活断层。地裂缝多产生在河、湖、水库的岸边及高陡悬崖上边。在平原地区松散沉积层中尤为多见。在岸边地带出现的裂缝大多顺岸边延伸，可由数条至十几条大致平行排列。如 1965 年邢台地震时，在震中区附近滏阳河边广泛分布大致平行排列的数条大裂缝，顶宽可达 1m 以上，长可达数百米。裂缝分布范围垂直于河流方向可达数十米。使河岸及附近建筑遭到严重破坏。

斜坡破坏效应是指在地震作用下斜坡失稳，发生崩塌、滑坡等现象。大规模的边坡失稳不仅可造成道路、村庄、堤坝等各种建筑物的毁坏，而且可以堵塞江河。如 1933 年四川叠溪发生 7.5 级大地震，沿岷江及其支流发生多处大的崩塌、滑坡。崩石堆积堵塞岷江，形成两个堰塞湖，当地称海子。大海子长约 7km，最大水深 94m；小海子长约 4km，最大水深 91m。1 个多月后，堆石坝溃决，使下游又遭受严重水灾。再如，2008 年 5 月 12 日在叠溪地震震中区以南数十公里处又发生了汶川 8 级地震（表 2-4），地震造成大量的山崩、滑坡，又在岷江及其支流形成了 36 个堰塞湖，最大者唐家山堰塞湖，经爆破清除，未造成溃决灾害。

4. 地基失效

地基失效主要是指地基土体产生震动压密、下沉、地震液化及松软土层的塑流变形等，使地基失效造成建筑物的破坏。最常见的是地震液化及软土震陷现象。

地震液化是指饱水砂土受强烈振动后而呈现出流动状态的现象。当液化现象出现后，砂土的抗剪强度完全丧失，失去承载能力，从而导致建筑物破坏。砂土液化现象还可导致地面喷水冒砂、地面下沉、地下掏空等现象。地震液化主要发生在粉、细砂层中，强烈地震时，粉质黏土、中砂层中也可出现。

软土震陷是指含水量大、压缩性高，承载力低的黏性土，在强烈震动下，土体结构遭到破坏，强度显著降低，压缩变形急剧增加，甚至液化成悬液流动状态，从而导致建筑物突然下沉、倾斜、破坏的现象。如唐山地震时，天津塘沽新港一带软土地基上的一航局宿舍，四层楼一般下沉 17～25cm，最大达 40cm。

此外，发生海震时，海啸对沿岸港口、码头等建筑也可造成很大的破坏作用。

2.7.5　强震与活动性大断裂的关系

（1）我国绝大多数地震震中都是在活动性强烈的主干断裂带或深大断裂带附近。据统计，我国 7 级以上的历史强震有 90 多次，其中 80% 以上位于规模较大的活动断裂带上；6～6.9 级的，有 327 次，其中 90% 以上与活动性断裂或与其控制的断陷盆地有关。我国强震分布与断裂关系见图 2-48。

（2）强震主要发生在活动性断裂带的有关部位上：①活动性断裂带的交汇复合部位，如 1668 年山东临沂 8.5 级地震，发生在北北东向沂沭深断裂带和两条北西向大断裂的交汇处；②活动性深大断裂或主干断裂的拐弯地段，如 1920 年宁夏海原 8.5 级地震，发生在北西方向的祁连山深断裂向南南东方向拐弯地段；③活动性深大断裂或主干断裂带活动强烈地段，如 1973 年四川炉霍 7.9 级地震，就发生在北西向鲜水河主干断裂活动最强烈地段；④发生在活动性深大断裂或主干断裂的端部。

（3）强震多发生在断陷盆地的内部或边缘地带。断陷盆地多是受断裂活动控制和影响而形成的盆地，这些盆地常是强震发生的场所，如山西汾渭地堑和云南小江断裂盆地等。

2.7.6　水库诱发地震

水库诱发地震通常简称水库地震，它是指水库蓄水后，使库区及其邻近地区地震活动明显增强的现象。由于人类活动引起的地震统称为诱发地震或人工地震，除水库蓄水外，深井注水、石油及矿山开采、矿山排水及地下爆炸等都可能诱发地震。例如，美国科罗拉多州丹佛东北的落基山军火工厂，一口 3671m 的深井，1962 年 3 月开始用 30 个大气压的压力将废液注入井底花岗片麻岩中，47 天后在井孔附近发生了 80 年来未曾有过的 3～4 级地震。1966 年停止注液，地震减弱，到 1967 年共测得 1584 次地震。

水库地震最早发现于 1931 年，希腊的马拉松水库，震级为 5 级。至 2000 年前，国内外报道的水库震例已有近 134 例，我国已有 25 例，其中 16 例见表 2-8。震级最高的为印度科伊纳水库，主震震级达 6.5 级（1967 年 12 月 10 日），使大坝开裂，附近房屋严重破坏，死亡 200 多人。我国广东新丰江水库是世界上最早诱发 6 级以上地震的水库，震中烈度为Ⅷ度。大坝原按Ⅵ度设计，因而右岸坝段产生 82m 长的水平裂缝，左坝段也有小裂缝，并引起渗漏、库岸滑坡、房屋破坏等震害。所以水库地震已成为水利水电工程地质的一个重要研究课题。

2.7.6.1　水库地震的特征

据国内外已发生水库地震的资料说明有以下特征：

（1）高坝大库发震几率高。到 1980 年为止，世界上已建成坝高大于 100m 的水库 403 座，诱震的 34 座，占 9%；坝高大于 150m 的 70 座，诱震 14 座，占 20%；坝高大于 200m 的 25 座，诱震的竟达 8 座，占 32%。在我国 25 座诱震的水库中，有 10 座是坝高大于 100m 的，占 40%。可见高坝诱震的几率大。另外，在发生 4.5 级以上地震的 30 座水库中，坝高大于 60m 的占 25 座，说明坝高与诱震强度呈明显的正相关关系。但低坝也可诱震，如巴西的卡尤鲁水库，坝高仅 23m，1972 年 1 月 23 日却诱发了 4.7 级地震。而我国湖北邓家桥坝高仅 13m，也诱发了地震。

库容与诱震几率也呈明显的正相关关系，即库容越大，诱震几率越高。我国库容大于 10 亿 m³ 的，诱震为 11 座，而大于 1 亿 m³ 的，诱震为 19 座，占 76%。这是因为水库淹没面积越大，遇到的有利于发震地质条件的几率越高。但库容大，不一定震级就高。另外有些库容不大的水库也可诱震，上述邓家桥水库，库容仅 400 万 m³。

（2）水库地震与库水位的升降有关。水库蓄水初期，一般随水位升高，库容增大，地震频度逐渐增高，震级加强。但最强的主震出现时间长短不一。我国 16 座水库中，在蓄水 1 年内的，诱发最大地震的有 6 座，2 年以内的，有 3 座，多于 4 年

表2-8　　我国水库诱发地震震例参数表

序号	水库名称	水库主要参数			最大地震		时间		震中区主要岩性与结构	备注
		坝高(m)	最大水深(m)	库容(×10⁸m³)	震级(Ms)	震源深度(km)	蓄水(年·月·日)	最大地震(年·月·日)		
1	新丰江	105.0	91.0	115.00	6.1	5.0	1959.10	1962.3.19	块状花岗岩	主震位于双塘村附近
2	参窝	50.3	36.0	7.90	4.8	6.0	1972.11	1974.12.22	块状混合岩	主震位于胡巴什
3	乌溪江	129.0	117.0	20.60	2.8	<2.7	1979.1.12	1979.10.7	块状流纹熔岩	震区在高山一带
4	龙羊峡	175.0	148.5	247.00	2.3	2.5~7.4		1981.11.13	块状花岗岩	在围堰蓄水时发震
5	盛家峡	35.0	<15.0	0.045	3.6	1.5	1980.11	1984.3.7	块状花岗岩	每年春季放水发震
6	曾文	136.5	123.5	8.90	3.7	<2.5	1973.4	1978.6	层状砂岩	蓄水后发震频率、强度均减弱
7	丹江口	97.0	81.5	209.00	4.7	6.0发震	1967.11.5	1973.11.29	层状灰岩	主震位于丹库末湾瓦房沟
8	南水	81.3	75.0	10.50	2.3		1969.2	1970.2.26	层状灰岩	震区在东田一带
9	柘林	63.5	47.5	79.20	3.2	3.0~6.0	1972.1.3	1972.10.14	层状灰岩	主震在莲花东南库边
10	黄石	40.0	34.2	6.12	2.3	<2.0	1970	1974.9.21	厚层状灰岩	震区在景桥与龙潭河两处
11	南冲	45.0	35.0	0.158	2.8	2.3~3.7	1967.4	1974.7.25	厚层状灰岩岩溶发育	震中位于库尾界田附近
12	前进	50.0	44.0	0.16	3.0	3.1	1970.5	1970.10.26	层状灰岩	又名八仙洞水库震中在戚家湾
13	乌江渡	165.0	134.2	23.00	1.0		1979.11	1980.6.20	厚层状灰岩岩溶发育	1982年9月19日又发生一次1.9级地震
14	邓家桥	13.0	10.0	0.04	2.2	<3.0	1979.12	1983.10.30	厚层状溶蚀灰岩	水位高于库边一溶洞口后即发震
15	东江	157.0	150.0	81.20	2.3	>0.5	1987.11	1989.7.24	中厚层灰岩夹砂岩、页岩及含煤地层	震中位于库区上坑附近
16	鲁布革	103.0		1.11	3.1	约1.5	1988.11.2	1988.12.17	中厚层灰岩	主震位于库区黄梨树大山村一带

注　佛子岭、新店、石泉、岩滩等水库地震有争议，未列入。

（据夏其发，略有删减）

的，有 6 座。有的是在库水达到最高水位时发生，有的则在水库放水或水位下降后才出现最强的地震，目前尚未发现明显的规律性。

（3）震中密集于库坝区附近。震中不一定集中在深水区，在水库边缘、库底及大坝附近的峡谷区均有。空间上重复率较高。如果库区有区域性大断裂带或活动性断裂，则震中往往沿断裂分布。

（4）震源浅、震级低、烈度高。大多数水库地震的震源均在地表以下 10km 之内，以 4～7km 范围内最多。震级一般不高，目前世界上最高的为 6.5 级（印度，柯伊纳），大于 6 级的仅有 4 例。震源范围也小。但地表呈现的烈度高，它不符合于一般地震的震级与烈度的关系，不能用式（2-6）推算。如丹江口水库地震，实际震中烈度为Ⅶ度，若按公式推算则为Ⅵ度，前进水库则低Ⅱ度，南冲水库则相差近Ⅲ度。烈度虽高但影响范围较小，等震线衰减迅速，这也是因震源浅、震体小所决定的。

（5）前震多、余震长。较大的水库地震具有明显的前震多，余震延续时间长，衰减慢的特征。例如，新丰江水库从蓄水到主震发生的 19 个月内，共记录到的前震有 8.17 万次，而在 1962 年 3 月 6.1 级主震发生后到 1977 年底，余震已达 29.7 万次。

（6）水库蓄水后也有少数地震活动减少的实例。如美国的佛莱敏峡和格兰峡水库、巴基斯坦的曼格拉水库及台湾曾文水库等。

2.7.6.2　诱发水库地震的地质条件

水库诱发地震，常与下列地质条件密切相关。

（1）岩性。据统计资料可以看出，碳酸盐岩地区诱震率最高，我国有 16 座，占 64％。而火成岩特别是花岗岩区则震级较高。这是因为前者多系岩溶洞穴塌陷及气爆所引起，后者则是因岩石强度高，积累的应变能大，一旦破裂，突然释放，震级就大。库区为黏土岩或砂页岩者很少诱发地震。库区有较厚的泥质物，渗透性低或构成隔水层，也不易诱震。

（2）地质构造。水库地震大多出现在活动性地质构造环境中，尤以新生代断陷盆地及其边缘为多。在库区或其附近有区域性深大断裂、活动断裂或是存在断裂转折或交汇复合的部位，都容易发生诱发地震。例如新丰江坝址区就位于断陷盆地、断层的转折部位附近。

（3）水文地质条件。库区周围隔水层的分布，可形成大致封闭的水文地质条件，有利于保持较大的水头压力。通过断裂破碎带及岩溶通道等，库水长期向深部渗透，增加岩体中的孔隙水压力或使岩层软化、泥化、强度降低，可促使水库诱发地震。

其次，位于地热异常区、温泉及火山活动地带的水库，热流值偏高，地下水渗流过程中，因地热增温膨胀、局部热应力集中和岩层表面的化学变化，降低了岩体强度而诱发地震。

2.7.6.3　水库诱发地震的成因类型

通过大量水库地震震例的分析研究，逐渐形成了我国水库诱发地震多成因理论，并将水库地震分为以下几种成因类型。

1. 构造破裂型

构造破裂型水库地震简称构造型，或称断层破裂型。它的成因是由于水库蓄水导致地壳上层（数百米至数公里）的区域地应力场发生变化，从而改变了某些地块构造运动的进程，引起水库及其邻区地震活动明显增强加剧，如新丰江水库。但也有个别情况是蓄水后地震活动减弱，如台湾曾文水库。一般震级较大的水库地震均为这种类型。

构造破裂型水库地震的主要发生条件有以下三条：

（1）有区域性大断裂或地区性断裂通过库区。

（2）库区内或附近有活断层存在。

（3）断裂、破碎带有导水能力，可通往地下深处，并与库水有直接或间接的水力联系。

2. 岩溶塌陷型

岩溶塌陷型水库地震是由于水库蓄水改变了岩溶管道系统中的水动力条件，产生塌陷、气爆作用而伴生的地震，如乌江渡、黄石等水库。但岩溶塌陷型水库地震仅发生在溶洞、漏斗、暗河、管道等岩溶发育地段。

岩溶塌陷型水库地震的主要发生条件如下：

（1）库区有大范围的碳酸盐岩分布，特别是厚层、质纯的块状灰岩。

（2）现代岩溶作用发育，可见明显的岩溶管道系统，蓄水前已有岩溶塌陷或岩溶地震的记载。

（3）合适的岩溶水文地质结构条件，即碳酸盐岩层组类型与岩溶水动力单元在空间上的组合关系有利于发生塌陷。

3. 地壳表层卸荷型

由于河流侵蚀下切作用而在谷底、谷坡中形成的水平卸荷裂隙及岸边剪切裂隙，在库水的影响下加速其破裂过程所带来的地震效应，如乌溪江水库等。

此外尚有滑坡崩塌型、易溶盐溶解塌陷型、冻裂型等，但均少见，且震级较小。

2.8　区域构造稳定性的评价方法

在进行大型水工建筑时，需要对工程地区进行构造稳定性评价并划分出稳定程度的级别。评价的目的，是对水工建筑地区未来工程运用期间可能遭受到的现代构造活动和地震活动的影响作出估计。

2.8.1　区域构造稳定性评价的主要内容

（1）区域构造背景分析。对以坝区为中心 300km 范围内的地层、岩性、构造、区域性活断裂、现代构造应力场及历史活动特征等进行综合研究，以了解所处大地构造单元的区域地质构造背景。同时对坝址区 20～40km 范围内的区域性活断层要进行详细的调查和鉴定。

（2）现代活断层的判定。现代活断层指晚更新世以来有过新活动的断层。据前述判别标志鉴定其活动的可能性、活动特征及对工程的影响。

（3）地震危险性。主要是分析研究震源区的位置、特征、震级与烈度的大小、近期发震的可能性等，来判断发震的危险性。

（4）水库诱发地震。根据区域地质和地震背景及场地的具体地质条件的最不利组合，对水库诱发地震产生的可能条件作出评价，并对诱发地震的地点和强度作出预测。

2.8.2 区域构造稳定性分级

区域构造稳定性分级是将一个地区按构造稳定程度划分为不同的小区，这样可以供规划设计时选择稳定条件较好的地区，并制定合理对策和方案。区域构造稳定性可分为三个级别，其划分依据和各级特征见表2-9。

表 2-9 区域构造稳定性分级表

参量\标准\分级	稳定性好	稳定性较差	稳定性差
地震烈度 I	$\leqslant VI$	$VII \sim VIII$	$\geqslant IX$
相应的加速度	$\leqslant 0.089g$	$0.090 \sim 0.353g$	$\geqslant 0.354g$
现代活断层	坝址 8km 以内无活断层	坝址 8km 以内，有长度小于 10km 的活断层，但不是 $M \geqslant 5$ 级的地震发震构造	坝址 8km 以内，有长度大于 10km 的活断层，且有 5 级以上地震的发震构造
近场区地震活动（距坝址 20~40km 范围内）	无 $M \geqslant 5$ 级的地震活动	有 $5 \leqslant M < 7$ 级中强地震或不多于一次的 $M \geqslant 7$ 级强地震	有多次 $M \geqslant 7$ 级的强地震活动
重磁异常	无区域性重磁异常	区域性重磁异常不明显	有明显的区域性重磁异常

表2-9中所列的各项指标，需结合坝址及其附近地区的具体情况综合分析，不能以某一项指标作为依据。

基于目前我国水工建筑抗震设计水平，在区域构造稳定性方面，GB 50287—99《水利水电工程地质勘察规范》规定坝址选择宜遵守下列准则：

（1）坝址不宜选在震级为 6.5 级及以上的震中区或基本烈度为Ⅸ度以上的强震区。

（2）大坝等主体工程不宜建在已知的活断层及与之有构造活动联系的分支断层上。

2.8.3 大地构造的基本概念

大地构造是指大范围甚至是全球性地壳运动的作用及其所导致的地壳构造和形态，即整个岩石圈的地质构造。专门研究大范围地壳构造的地质学分支，称为大地构造学。它主要研究区域地质构造的发生、发展、特征、分布、组合关系、历史演化以及动力来源等。地震活动及区域构造稳定性是受地壳的大型地质构造所控制。因此，了解大地构造对正确分析工程建筑地区的地质构造特征和评价区域构造稳定性，都有实际意义。

目前大地构造学说很多，下面仅介绍三种主要的学说。

1. 地槽地台学说

从地壳升降运动的强弱出发、按地壳活动性大小在岩石圈内分出地槽、地台两类不同的构造单元，研究其发生发展过程的运动形式和规律的学说，称为地槽地台学说，简称槽台说。其基本观点是地壳运动以垂直升降为主，水平运动是由垂直运动派生的。

地槽是指地壳上的强烈活动地带，长可达数百至数千公里，宽几十至几百公里，构造运动强烈，地震活动频繁，升降幅度和速度大，沉积岩层的厚度可达数千米，有大规模的岩浆活动，变质作用强烈。地槽区经过强烈的地壳运动后，可形成复杂的褶皱和断裂构造，因此，也称褶皱带。如在古生代形成的，称为加里东褶皱带；新生代形成的，称为喜马拉雅褶皱带等。

地台是大陆地壳相对稳定地区，多呈不规则外形，直径可达数千公里，升降运动幅度小、速度慢，褶皱、断裂活动微弱，岩浆活动少，无区域变质作用。地台下部为由区域变质岩构成的结晶基底，上层为沉积岩层形成的盖层。基底与盖层间存在着明显的不整合，说明地台是从地槽形成褶皱带后，地壳趋于稳定，并经历过长期剥蚀、夷平和沉积。地槽可转化为地台，如我国的华南地台和华北地台等。

地槽区和地台区都是大范围的地区，是大地构造的一级划分。它们又可进一步划分为三至四个等级的小单位，目前进一步划分的单位名称繁多且不统一。一般地台区多冠以"台"字，地槽区冠以"地"字，如台背斜、台向斜、台凹、台凸、地背斜、地向斜等。另外，在地台区内可以有某个地质时期地壳活动强烈的地区，称沉降带或台褶带。在地槽区内也可有相对稳定的地区，称为中间地块。

2. 板块构造学说

板块构造学说，是根据"大陆漂移说"、"地幔对流说"和"海底扩张说"等理论为基础，综合大量海洋地质、海底地貌、地球物理（古地磁、地震和地热方面）的资料基础上建立起来的。板块构造学说认为，岩石圈是由若干刚性的块体结合而成，这些块体称为板块。洋脊、海沟、岛弧、转换断层和地缝合线，是板块的边界。板块内部是相对稳定的区域。各板块间的接合地带是相对活动的区域，这些地区具有频繁的地震、火山活动、强烈岩浆侵入和造山运动等特征。如太平洋板块、印度板块与欧亚板块间的接合地带。大陆是构成岩石圈板块的组成部分，当板块发生运动时大陆也随着运动。现代构造活动带集中在太平洋沿岸，地中海—喜马拉雅山、洋脊、裂谷等地带，均为构造运动强烈地区，岩浆活动和地震活动表现强烈。

板块构造学说将全球划分为六大板块：太平洋板块、欧亚板块、印度板块、非洲板块、美洲板块和南极洲板块。太平洋板块几乎全为海洋，其余五大板块既有陆地，也包括海洋，各大板块又可分为若干个小板块。板块构造学说认为，驱使板块进行运动是地幔热力对流作用形成的，即板块漂浮在软流圈上随软流圈的对流而运动。地震活动是确定板块边界的重要依据之一。板块构造学说的观点认为：①西太平洋岛弧—海沟俯冲带地震带（太平洋板块与欧亚板块、澳洲板块的边界）；②东太平洋转换断层和海沟俯冲带地震带（太平洋板块与美洲板块的边界），统称为太平洋地震带。该带发生浅源地震占全世界地震总次数的 80%，中源地震占 90%，深源地震几乎全部集中在环太平洋地震带内。

3. 地质力学学说

地质力学是我国著名地质学家李四光教授创立发展起来的。它是用力学的原理研究地壳构造与地壳运动规律的一门科学。目前已广泛应用于工程地质、地震地质、找矿勘探以及地下水和地热资源的勘察等方面。以地质力学观点研究地质构造，其范围可小可大，小到一块手标本，甚至更小，大到上千公里的构造体系，甚至全球构造。小范围的地质构造现象，在前面讲述褶皱、断层、节理时，实际上已应用了一些地质力学原理，这里仅扼要介绍在大地构造方面地质力学的观点和划分方法。

地质力学的观点认为，地壳的构造运动主要是水平运动，垂直运动是由水平运动所引起的。在水平运动的挤压、拉张作用下，形成各种构造形迹（压、张、扭结构面等），它们之间有着内在的力学成因上的联系（成生联系）。凡大体上是同一时期经过一次运动，或按同一方式断续经过几次构造运动产生的各种构造形迹，就可以把它们看作一个统一的整体，称作构造体系。概括地说，构造体系是许多不同形态、不同力学性质、不同级别和序次，但有成生联系的构造形迹所组成的构造带。构造体系有三种大的类型。

（1）纬向构造体系。又称东西向构造体系，是由若干巨型复杂的东西向构造组成，为东西延长可达数千公里的强烈挤压带，即主要由走向东西的褶皱带和压性断裂带构成，是由南北向水平挤压形成的。我国主要有三条巨型复杂的纬向构造带：①阴山—天山构造带；②秦岭—昆仑构造带；③南岭构造带。这些构造带地质历史发展很长，经过了多次的褶皱和断裂作用。

（2）经向构造体系。又称为南北向构造体系，是由走向南北的强烈褶皱挤压带和巨大张裂带组成。以我国川滇、黔中、贺兰—六盘山等地区的经向构造带为代表。川滇构造带是我国规模最大、现代构造运动极其强烈、地震活动频繁的不稳定地区。贺兰山、六盘山也是强烈地震分布区。

（3）扭动构造体系。是由地壳的某一部分对其相邻近的部分，发生相对扭动而形成的。一般规模不大，只有少数达到大型或巨型规模。此类构造体系类型复杂，构造型式甚多，主要有如下两种：

1）多字形构造。是由一系列大致平行斜列的褶皱、压性和压扭性断裂构造和与其直交的张扭性断裂构造组成，因形似"多"字而得名，参看图 2-16 和图 2-18。我国发育的多字形构造主要有新华夏构造体系和华夏构造体系。前者在我国东部分布广泛，主体为三个北东 18°～25°方向的隆起带和沉降带，它们由压性或压扭性结构面组成，同时有张裂带与之垂直，扭断裂与之斜交。从中生代末至今仍在活动，地震频繁，影响很大。后者为走向北东 45°左右的褶皱和压性或压扭性断裂组成，其形成时代较早，活动性、分布和影响均不如新华夏系。

2）山字形构造。这是一种较复杂的扭动构造型式，因外表形态似"山"字而得名。主体由前弧和脊柱两部分组成。前弧为平行斜列的弧形挤压带和与之斜交或垂直的扭性断裂和张性断裂构成，多呈弧形隆起带。脊柱由褶皱挤压带和断裂带构成，也多表现为隆起带，但不穿越前弧。我国发育完好的大型山字形构造是祁吕贺兰山字形构造和淮阳山字形构造。

此外，扭动构造体系中尚有旋扭构造、歹字形构造、棋盘格式构造等。

复 习 思 考 题

2-1　地质历史如何划分？熟记代、纪、新生代的世和主要构造运动的名称、顺序。

2-2　地层的相对时代如何确定？

2-3　何谓岩层产状的三要素？

2-4　试述褶皱形态的分类及主要特征。

2-5　在野外如何识别有无褶皱现象的存在？

2-6　构造节理有几种类型？主要特征是什么？

2-7　节理与褶皱有何成生上的联系？

2-8　何谓裂隙率？

2-9　节理玫瑰图如何绘制？怎样从图上分析岩体稳定和渗漏情况？

2-10　试述断层的分类及各种断层的主要特征。

2-11　在野外如何识别断层？

2-12　各种地质条件（岩层产状、褶皱、断层、接触关系等）在地质图中如何表示？

2-13　如何根据地质平面图绘制剖面图？

2-14　综合地层柱状图能反映出哪些地质现象？

2-15　何谓活断层？其时间上限如何确定？活断层对工程有何影响及应采取什么对策？

2-16　活断层有哪几种类型？

2-17　活断层有哪些特征？

2-18　如何判别断层的"死"与"活"？

2-19　何谓地震烈度、基本烈度和设防烈度？如何鉴定一个地区的地震烈度？烈度与震级有何关系？

2-20　场地地质因素对烈度有何影响？

2-21　地震对建筑有哪些不利的影响？

2-22　强烈地震与活动性大断裂有何关系？

2-23　何谓水库地震？有何特征？有几种成因类型？

2-24　哪些地质条件可能诱发水库地震？

2-25　区域构造稳定性评价的主要内容有哪些？

2-26　区域构造稳定性可分为几个级别？划分的标准和特征如何？

第3章

水流的地质作用与库坝区渗漏的工程地质条件分析

水是地球表面分布最广和最重要的物质。海洋、河流、湖泊、沼泽、地下水、冰川和大气水分等共同构成地球上的水圈。海洋、陆地水和大气中的水随时随地都通过相变和运动进行着交换，这种交换过程称为地球水分循环。例如，从水体、地面和植物叶面蒸发或蒸腾的水，以水蒸气的形式上升到大气圈中，在适宜条件下又会凝结成雨、雪、霜等形式降落到地面或水面上。降到地面上的水，一部分形成地表水，一部分渗入地下形成地下水，还有一部分再度蒸发返回到大气中。而地下水渗流一段距离后，又可能溢出地表，流入江、河、湖、海中，形成地表水。地表水流和地下水流是最广泛、最强烈的外力地质作用因素。它们在向湖、海等地势低洼的地方流动的过程中，不断进行着侵蚀、搬运和沉积作用。由于此过程与内力地质作用的共同影响，塑造了各种各样的地貌形态，形成各种第四纪松散沉积物，同时也可促使形成一些不良的地质作用，如崩塌、滑坡、泥石流、岩溶以及使岩石软化、泥化、膨胀等。

大坝建成后，水库水位升高，库水可沿坝基或坝肩岩体中的裂隙、孔隙渗透至坝下游，通常称为坝基或坝肩（绕坝）渗漏。这种渗透水流可形成作用于坝基底面向上的扬压力，同时还可能造成潜蚀、流土、管涌，它们都会给坝基岩体稳定带来很大的危害。水库中的水还可能沿水库周边的岩层向库外渗漏，不仅影响水库工程的效益，还可能造成坍岸、浸没、地下洞室涌水等危害。库、坝区的渗漏也是地表水和地下水的互相转化过程。

根据水流的地质作用类型，并结合专业的要求，本章主要介绍河流的地质作用、地下水的基本知识、岩溶的形成条件和发育规律，以及库坝区渗漏的工程地质条件分析。

3.1 河流的地质作用与河谷地貌

3.1.1 河流的地质作用

由降水或由地下涌出地表的水汇集在地面低洼处，在重力作用下经常地或周期性地沿流水本身造成的河谷流动，这就是河流。河流的地质作用分为侵蚀作用、搬运作用和沉积作用三种形式。

3.1.1.1　侵蚀作用

河流的侵蚀作用包括机械侵蚀和化学溶蚀两种，前者较为普遍，后者只是在可溶岩地区才比较明显。河流的侵蚀按侵蚀作用方向分为下蚀作用和侧向侵蚀作用等形式。

1. 下蚀作用

河流的下蚀作用是指河水及其所挟带的砂砾对河床基岩撞击、磨蚀，对可溶性岩石的河床还进行溶解，致使河床受侵蚀而逐渐加深。河流下蚀作用的强弱是由多种因素决定的，如河床岩石的软硬、河流含沙量的多少和河水的流速等。其中，后者是更重要的因素。山区河流由于地势高差大，河床坡度陡，故水流速度快，下蚀作用强；平原河流流速缓慢，一般下蚀作用微弱，甚至没有。

对于所有入海的河流，其河床下蚀的深度趋于海平面时，河水就不再具有位能差，流动趋于停止，因而河流的下蚀作用也就停止。显然，海平面大致是河流下蚀作用的极限，通常称其为终极侵蚀基准面。此外，还有许多其他因素控制河流的下蚀能力，如主流对支流，湖泊、水库对流入其中的河流的控制等。由于这些因素本身是变化的，只是局部或暂时起控制作用，故称为暂时或局部侵蚀基准面。

侵蚀基准面只是一个潜在的基准面，并不能完全决定河流下蚀作用的深度。特殊情况下，某些河段能下蚀得比它低很多。另外，地壳升降对侵蚀下切的深度和位置也有很大影响。

下蚀作用在河流的源头表现为河谷不断地向分水岭方向扩展延伸，使河流增长。这种现象称为向（溯）源侵蚀。侵蚀能力较强的水系，可以把另一侧侵蚀能力较弱的水系的上游支流劫夺过来，称为河流袭夺。

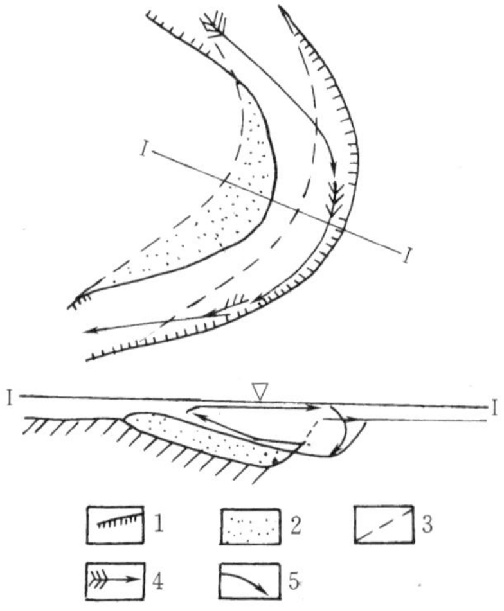

2. 侧向侵蚀作用

侧向侵蚀作用是指河水对河岸的冲刷破坏。河水冲刷河岸边坡的下部坡脚，使岸坡陡倾、直立，甚至下部掏空形成反坡，然后岸坡坍塌破坏，河岸后退、河谷变宽、河道增长，或形成河曲等。

河水以复杂的紊流状态流动，其主流常是左右摇摆的呈螺旋状前进的曲线流动，或称环流，见图 3-1。环流的表面水流流向凹岸，致使凹岸不断被冲刷淘空、垮落。侵蚀下来的物质又被环流底层的水流带向凸岸或下游堆积起来。随着侧蚀作用持续进行，凹岸不断后退，而凸岸则向河心逐渐增长。结果导致河谷越来越宽，越来越弯，形成河曲（图 3-2）。极度弯曲的河道称为蛇曲。当河曲发展到一定程度时，同侧上下游两个相邻的弯曲之间的距离越来越小，洪水冲开狭窄地带，使河流裁弯取直。而被废弃的河道，则

图 3-1　河湾中水流的侧蚀与
堆积示意图

1—冲蚀岸；2—河流沉积物；3—旧河床
岸线；4—主流线；5—单向环流

逐渐淤塞断流，成为与新河道隔开的牛轭湖，遗留的河床称为古河床。如长江的下荆江河段，河曲极为发育，从藕池口到城陵矶的直线距离仅 87km，却有河曲 16 个，致使两地间河道长度达 239km，对船只航行十分不利。这段河道经过多次变迁，由天然裁弯取直形成的牛轭湖也很多。

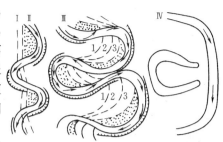

图 3-2　河曲的形成与发展
Ⅰ—原始河道；Ⅱ—雏形弯曲河道；
Ⅲ—蛇曲河道；Ⅳ—裁弯取直后
的河道及牛轭湖；
1、2、3—河道演变过程

河流的下蚀作用和侧蚀作用，常是同时存在的，即河水对河床加深的同时，也在加宽河谷。但一般在上游以下蚀作用为主，侧向侵蚀微弱，所以常常形成陡峭的 V 形峡谷。而河流的中、下游则侧向侵蚀加强，下蚀作用减弱，所以河谷宽、河曲多。

3.1.1.2　搬运作用和沉积作用

河水在流动过程中，搬运着河流自身侵蚀的和谷坡上崩塌、冲刷下来的物质。其中，大部分是机械碎屑物，少部分为溶解于水中的各种化合物。前者称为机械搬运，后者叫做化学搬运。

机械碎屑物质在搬运过程中，可以沿河床滑动、滚动和跳跃，也可以悬浮于水中，相应的搬运物质分别称为推移质和悬移质。河流的机械搬运能力和物质被搬运的状态，受河流的流量特别是流速的控制。据试验得知，被搬运物质的质量与流速的六次方成正比，即流速增加 1 倍，被搬运物质的质量将增加至 64 倍。并且，当流速增加时，原来水中的推移质可以变为悬移质。反之，流速减小时，悬移质也可以变为推移质。

河流的机械搬运量除与河流的流量和流速有关外，还与流域内自然地理及地质条件有关。例如，流经黄土地区的河流，往往有着很高的泥沙含量。黄河在建水库前，在陕县测得的平均含沙量达 36.9kg/m³。

当河床的坡度减小，或搬运物质增加而引起流速变慢时，则使河流的搬运能力降低，河水挟带的碎屑物质便逐渐沉积下来，形成层状的冲积物，称为沉积作用。

河流的沉积作用主要发生在河流入海、入湖和支流入干流处，或者在河流的中、下游，以及河曲的凸岸。且大部分都沉积在海洋和湖泊里。河谷沉积只占搬运物质的少部分，而且多是暂时性沉积，很容易被再次侵蚀和搬走。

由于河流搬运物质的颗粒大小与流速有关，所以，当流速减小时，被搬运的物质就按颗粒的大小或比重依次从大到小或从重到轻先后沉积下来。故一般在河流的上游沉积较粗的砂砾石土，越往下游沉积的物质越细，多为砂土或黏性土，并可形成广大的冲积平原及河口三角洲。更细的胶体颗粒或溶解质多带入湖、海中沉积。这叫做机械分异作用，或称分选作用。

碎屑颗粒在搬运过程中，由于相互间或与河床之间的摩擦，导致颗粒棱角逐渐消失，最后颗粒被磨成球形、椭球形，称为磨圆作用。

河流形成的大量沉积物可能改变河床的形态和水流状况，淤浅河床，影响航运，水库淤积影响库容，以及影响闸门、渠道的运用等。

3.1.2　河谷地貌

地貌，即地球表面的形态特征。地貌与地形一词的区别在于后者只是指单纯的地表起伏形态，而地貌除指地表起伏形态外，还包含其形成原因、时代、发展和分布规律等特征。地貌形态是各种内、外地质营力相互作用的结果，大型的地貌主要是由内力地质作用形成的，如大陆、海洋、山岳、平原等。小型的地貌则主要是外力地质作用所形成的，如山峰、山脊、冲沟、河谷等。

河谷是河流挟带着砂砾在地表侵蚀、塑造的线状洼地。河谷由谷底和谷坡两大部分组成（图3-3）。谷底通常包括河床及河漫滩。河床是指平水期河水占据的谷底，或称河槽；河漫滩是河床两侧洪水时才能淹没的谷底部分，在枯水时则露出水面。谷坡是河谷两侧的岸坡。谷坡下部常年洪水不能淹没并具有陡坎的沿河平台叫阶地，但不是所有的河段均有阶地发育。谷肩（谷缘）是谷坡上的转折点，它是计算河谷宽度、深度和河谷制图的标志。

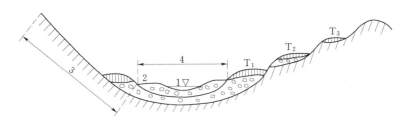

图3-3　河谷的组成

1—河床；2—河漫滩；3—谷坡；4—谷底；T_1——级阶地；
T_2—二级阶地；T_3—三级阶地

河谷可划分为山区（包括丘陵）河谷和平原河谷两种基本类型，两种河谷的形态有很大差异。平原河谷由于水流缓慢，多以沉积作用为主，河谷纵断面较平缓，横断面宽阔，河漫滩宽广，江中洲发育，河流在其自身沉积的松散冲积层上发育成河曲和汊道。山区河谷与水电工程关系密切。下面着重讨论山区河谷的地貌形态。

3.1.2.1　河谷的类型及特征

1. 根据横断面形态特征分类

（1）峡谷。河谷的横断面呈V形，谷地深而狭窄，谷坡陡峭甚至直立，谷坡与河床无明显的分界线，谷底几乎被河床全部占据。两岸近直立，谷底全被河床占据者也称隘谷，如长江瞿塘峡。隘谷可进一步发展成两壁仍很陡峭，但谷底比隘谷宽，常有基岩或砾石露出水面以上的嶂谷。峡谷的河床面起伏不平，水流湍急，并多急流险滩。如金沙江虎跳峡，峡谷深达3000m，江面最窄处仅40～60m，一般谷坡坡角达70°。长江三峡也是典型的峡谷地段。

峡谷的形成与地壳运动、地质构造和岩性有密切关系。地壳上升和河流下切是最普遍的成因。古近纪以来地壳上升越强烈的地区，峡谷也越深、越多。如位于喜马拉雅山地区的雅鲁藏布江大峡谷，是世界上最大、最深的大峡谷。位于横断山脉的澜沧江、怒江以及金沙江也都形成很深的峡谷。峡谷多形成在坚硬岩石地区，尤其在石灰岩、白云岩、砂岩、石英岩地区最为多见。如长江三峡是地壳上升地区，大部分流经石灰岩、白云岩分布的地段均形成峡谷。而由庙河经三斗坪坝址区至南沱，则为花岗岩地段，河谷较宽阔，岸坡较缓，河漫滩也常有分布。这与花岗岩的风化特征有关。

峡谷地段水面落差大。常蕴藏着丰富的水能资源。如金沙江虎跳峡在 12km 的河段内，水面落差竟达 220m；另外，在其下游的溪洛渡峡谷地段也有很大落差，现正建设一座 278m 高的混凝土拱坝和装机容量为 1260 万 kW 的水电站。当在峡谷地段发育有河曲时，更可获得廉价的电能。如雅砻江锦屏大河湾段，只需建一低坝拦水，开凿约 17km 长的引水洞，便可得到 300m 的落差，设计装机容量为 320 万 kW。永定河自官厅至三家店为峡谷地段，在约 110km 长的河谷中，有 300 多 m 的落差，因有多处河曲，20 世纪 50 年代即已在珠窝、落坡岭修建低坝（坝高分别为 30 多 m 和 20 多 m），而在下马岭和下苇甸分别获得约 90m 和 70m 的水头，修建了引水式水电站。

（2）浅槽谷。浅槽谷又称 U 形河谷或河漫滩河谷。河谷横剖面较宽、浅，谷面开阔，谷坡上常有阶地分布，谷底平坦，常有河漫滩分布，河床只占谷底的一小部分。河流以侧蚀作用为主，它是由 V 形谷发展而成的，多形成于低山、丘陵地区或河流的中、下游地区。

（3）屉形谷。屉形谷横断面形态为宽广的"凵"形，谷坡已基本上不存在，阶地也不甚明显，只有浅滩、河漫滩、江中洲、汊河等发育。其中浅滩为高程在平水位以下的各种形态的泥沙堆积体，包括边滩、心滩、沙埂等。心滩不断淤高，其高程超过平水位时即转为江心洲。河流以侧蚀作用和堆积作用为主。多分布在河流下游、丘陵和平原地区。

2. 根据河流与地质构造的关系分类

（1）纵谷。纵谷的特征是河谷延伸方向与岩层走向或地质构造线方向一致。河流是沿软弱岩层、断层带、向斜或背斜轴等发育而成。据地质构造特征又可命名为向斜谷、背斜谷、单斜谷、断层谷、地堑谷等，见图 3-4。

（2）横谷。横谷的特征是河谷延伸方向与岩层走向或地质构造线方向近于垂直。河流横穿褶皱轴或断层线。当穿过向斜轴或较大的断层破碎带时，往往形成河谷开阔的宽谷；穿过背斜轴时则常为狭窄的峡谷。重庆市北碚区的嘉陵江河段横切三个背斜、两个向斜，就是一个典型实例，见图 3-5。

3. 根据两岸谷坡对称情况分类

根据两岸谷坡对称情况，可分为对称谷和不对称谷，前者两岸谷坡坡度相近 ［图 3-4 (a)、(b)、(e)］，后者则一岸谷坡平缓、一岸陡峻 ［图 3-4 (c)、(d)］，谷坡平缓的一岸常有河漫滩分布，河水主流常靠近陡坡一侧流过。拱坝要求两岸地形尽量对称，当不对称时，容易产生不均匀变形。

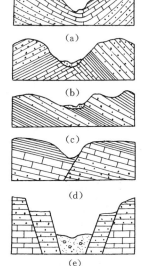

图 3-4 各种纵谷横剖面图
(a) 向斜谷；(b) 背斜谷；
(c) 单斜谷；(d) 断层谷；
(e) 地堑谷

3.1.2.2　河床地貌特征

山区河流，其河床的最大特征是不平整性，到处分布着岩坎、石滩、深槽和深潭等。

1. 岩坎和石滩

岩坎由基岩构成，常常出现在软硬交替的岩层所组成的河段上［图 3-6（a）］。坚硬岩石横穿河床，由于水流差异性侵蚀，在河床纵剖面上形成许多阶梯。有时，断层横切河流也可以形成岩坎。河流在岩坎处形成急流。当岩坎高度大于水深时，即形成瀑布［图 3-6（b）］。在向源侵蚀的作用下，岩坎总是向上游后退，直至消失。

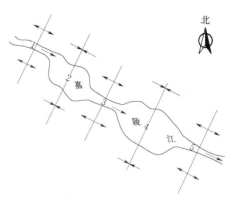

图 3-5　嘉陵江小三峡平面示意图
1—沥鼻峡背斜；2—澄江镇向斜；3—温塘峡背斜；
4—北碚向斜；5—观音峡背斜

石滩是分布较长的浅水河床，可由基岩或堆积在河床中的块石和卵石构成。其中，堆积石滩常不稳定，在水流作用下较易移动、变形和消失，而基岩石滩则较稳定。由于岩体规模和产状不同，基岩石滩可以是成片分布的礁石，也可以是横河向或顺河向的石埂（石梁）。大的基岩石滩是良好的闸、坝地基。

2. 深槽和深潭

深槽和深潭是河床中常见的地貌形态，由于它们的存在，给水工建筑物的布置、基坑开挖、坝基防渗和稳定等方面带来了不少困难和问题。山区河流除水流的作用外，主要受地质构造因素的影响，如河床中的断层、节理密集带、不整合面和软弱夹层等抗冲刷能力较弱的部位，由于冲刷的不均一性而形成深槽。深槽一般和主流方向一致，深槽的规模有的很大，例如，四川某坝址深槽宽约40m，深约70m。深潭是一种深陷的凹坑，深度可达几米至几十米。它主要形成于软弱结构面的交汇处、岩体的囊状风化带和瀑布的下游。有时，携带砂、砾石的漩涡流磨蚀河床基岩，也能形成深潭。

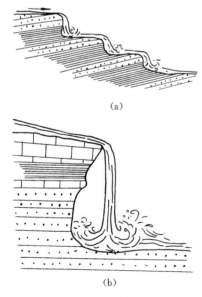

（a）

（b）

图 3-6　岩坎与瀑布
（a）岩坎；（b）瀑布

3.1.2.3　河漫滩

河漫滩是在河床两侧，洪水季节被淹没，枯水季节露出水面的一部分谷底，见图 3-3。山区河谷中河漫滩较少出现，多在河曲的凸岸或局部河谷开阔地段才有，范围也较小。丘陵和平原地区的河谷则广泛分布，范围也大。有时河漫滩比河床的宽度大几倍甚至几十倍。河曲型河漫滩是河流侧蚀作用使河谷凹岸岸坡后退，凸岸堆积，河谷变弯，谷底展宽，不断发展而形成的。除此之外，还有汊道型及堰堤式河漫滩等。河漫滩处的沉积层，常常是下部颗粒相对较粗、上部较细，通常称为二元结构的沉积层，具斜层理与交错层理。

3.1.2.4　河流阶地

在河谷发育过程中，由于地壳上升、气候变化、侵蚀面下降等因素的影响，使河流下切，河床不断加深，原先的河床或河漫滩抬升，高出一般洪水位，形成顺河谷呈带状分布的平台，这种地貌形态称为阶地（图3－7）。一般河谷中常常出现多级阶地。从高于河漫滩或河床算起，向上依次称为一级阶地、二级阶地等（图3－3）。一级阶地形成的时代最晚，一般保存较好，越老的阶地形态相对保存越差。

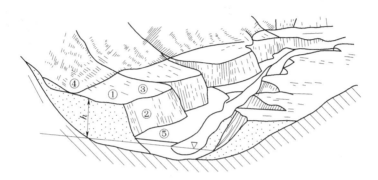

图3－7　阶地形态要素示意图

①—阶地面；②—阶坡；③—前缘；④—后缘；⑤—坡脚；

h—阶地高度

阶地的形成基本上经历了两个阶段。首先是在一个相当稳定的大地构造环境下，河流以侧蚀或堆积作用为主，形成宽广的河谷。然后，地壳上升，河流下切，于是便形成阶地。地壳稳定一段时间后，再次上升，便又形成另一级阶地。一般地壳上升愈强烈的地区，阶地也愈高。

根据成因，阶地可分为侵蚀阶地、堆积阶地和基座阶地等几种类型。

1. 侵蚀阶地

其特点是阶地面上基岩直接裸露或只有很少的残余冲积物［图3－8（a）］，侵蚀阶地只在山区河谷中常见。作为大坝的接头、厂房或桥梁等建筑物的地基是有利的。

2. 基座阶地

其特点是上部的冲积物覆盖在下部的基岩之上［图3－8（b）］。它是由于后期河流的下蚀深度超过原有河谷谷底的冲积物厚度，切入基岩内部而形成的，分布于地壳上升显著的山区。

3. 堆积阶地

堆积阶地完全由冲积物组成，反映了在阶地形成过程中，河流下切的深度没有超过冲积物的厚度。堆积阶地在河流的中、下游最为常见。堆积阶地又可进一步分为上叠阶地和内叠阶地两种。

上叠阶地的特点是新阶地的堆积物完全叠置在老阶地的堆积物上［图3－8（c）］。说明地壳升降运动的幅度在逐渐减小，河流后期每次下切的深度、河床侧蚀的范围和堆积的规模都比前期规模为小。

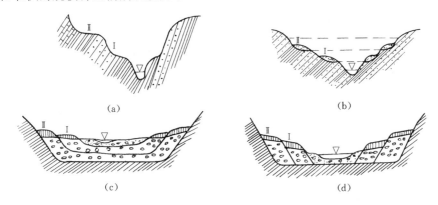

图3-8   阶地的类型

(a) 侵蚀阶地；(b) 基座阶地；(c) 上叠阶地；(d) 内叠阶地

内叠阶地是指新的阶地套在老的阶地之内［图3-8 (d)］。每次河流冲积物分布的范围均比前次的为小，反映它们在形成过程中，每次下切的深度大致相同，而堆积作用却逐渐减弱。

此外，由于地壳下降，早期形成的阶地被后期河流冲积物所掩埋，就形成埋藏阶地。

3.1.3   第四纪沉积物的工程地质特征

第四纪沉积物（层）形成于第四纪，是广泛分布于地表的未经胶结成岩的各种松散状态的堆积物。第四纪沉积物是由岩石经风化、剥蚀、搬运、沉积等地质作用而形成的。就其沉积的环境和成因，可分为海相沉积和陆相沉积两大类。前者是指在海洋环境条件下形成的沉积；后者则是指在大陆环境条件下形成的，又可进一步分为冰川沉积、暂时性水流沉积、河流沉积、湖泊沼泽沉积、风成沉积及残余堆积等。各种工程建筑所遇到的松散沉积物，绝大多数都是陆相形成的。不同成因的松散沉积物，其工程地质特性有明显差别，所以它是工程地质勘察和研究的重要内容之一。

3.1.3.1   坡积物（Q^{dl}）

雨水或冰雪融水直接在地表形成的薄层片流和细流沿山坡进行洗刷作用，并将岩石风化的产物搬运到斜坡的平缓部位或坡脚下堆积起来，这种沉积物称为坡积物。

坡积物的成分主要决定于斜坡上部的母岩成分和风化产物。由于搬运不远，磨圆度、分选性差，一般没有层理或略显层理。其粒度成分的特点是斜坡上部的土体比下部的粗，上部主要是含泥沙的碎石类土，而下部则为含碎石和砂粒的黏土。坡积物的厚度一般不大，只在斜坡平缓低洼处及坡麓一带较厚，往往呈透镜状，似层状。

坡积物较疏松，孔隙度大，一般在50%以上，因而压缩性大。作为地基应注意沉陷量过大和不均匀沉陷的问题。在开挖基坑和边坡时，坡积物易发生滑塌，特别是下伏基岩表面较陡，有地下水浸润时，坡积物更易滑动。在山区或丘陵地区的河谷谷坡或山坡上，坡积物分布很广，常对边坡稳定带来不良影响。在大坝与两岸的接头部位，常有坡积物存在，在开挖基坑时应注意基坑边坡稳定问题。

3.1.3.2 洪积物（Q^{pl}）

暂时性洪流的堆积物，称为洪积物。洪流是暴雨或积雪大量融化时，发生在山区的携带有大量岩石风化产物和坡积物的间歇性线状水流。其固体物质的含量较多，有时可超过水量。固体物质的体积含量大于15%，重度大于13kN/m³，呈泥浆状或含有大量石块的洪流，称为泥石流。

1. 泥石流简介

泥石流是山区特有的一种自然地质现象。它是由于降水（暴雨、融雪、冰川）而形成的一种挟带大量泥沙、石块等固体物质，突然爆发，历时短暂，来势凶猛，具有强大破坏力的特殊洪流。在我国西南、西北和华北的一些山区，均发育有泥石流。

典型的泥石流流域，从上游到下游一般可分为三个区，即泥石流的形成区、流通区和堆积区。泥石流的形成条件可概括为：①有陡峻便于集水、集物的地形；②有丰富的松散物质；③短时间内有大量水的来源。此三者缺一便不能形成泥石流。

泥石流的分类有很多方案。例如：①根据泥石流流域形态分为沟谷型泥石流和山坡型泥石流；②根据泥石流物质特征分为泥流、泥石流和水石流；③根据泥石流流体物质状态分为黏性泥石流（结构型泥石流）和稀性泥石流（紊流型泥石流）；④根据水的补给来源分为暴雨型泥石流、冰雪融水型泥石流、溃决型泥石流等。

泥石流场地的工程防治可分为生物措施和工程措施两大类。生物措施主要包括保护与培育森林、灌丛和草本植物，采用高技术含量的农牧业技术以及科学合理的山区土地资源开发管理措施。工程措施包括：治水工程、治土工程、排导工程、跨越工程、穿过工程等。

2. 洪积物

暂时性洪流冲出沟口后，由于地形突然开阔，坡度急剧减小，致使水流分散，流速降低，大量的泥沙、块石在沟口外呈扇形或锥形堆积下来，形成洪积扇或冲出锥。相邻沟谷形成的洪积扇可以互相连接起来而形成洪积裙（图3-9）。洪积裙不断地重叠堆积向前伸展，则可形成山前倾斜平原。

洪积扇的组成物质，自山谷沟口至堆积体边缘呈一定规律的变化（图3-10）。扇顶一般以粗大的砾石为主，并有巨大石块，分选性极差，砾石磨圆度较低。洪积扇上部则以砾石、粗砂为主，稍有分选，砾石和砂层常呈透镜体出现。洪积扇的下部以细粒的砂、粉砂和黏土为主，可有分选性，并具明显的微斜层理或水平层理。由于山洪是周期性发生的，致使洪积物在垂直方向上常出现不规则的交替层理，并具夹层、尖灭或透镜体。

由于洪积扇顶部的洪积物颗粒粗大，因而地下水埋藏较深，土的承载力较高，是良好的天然地基。扇缘部位的洪积物，由于颗粒较细，成分均匀，且土质密实，也是较好的地基。洪积扇的上部为地下水

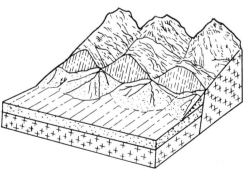

图3-9 洪积扇及洪积裙

浅藏带，是理想的建筑地段和供水地段。但在洪积扇的中部，因岩性变化，地下水位抬高，甚至出露地表，常形成狭窄的条带状的地下水溢出带，土质软弱，承载力较低，不宜作为大型建筑物的地基。

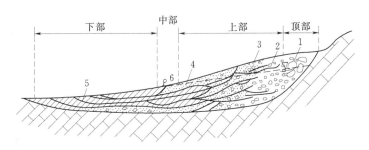

图 3-10   洪积扇沉积结构剖面图

1—块石；2—砾石；3—砂砾；4—砂；5—黏土；6—泉

3.1.3.3   冲积物（Q^{al}）

河流沉积的物质，称为冲积物。冲积物有明显的特点：组成物质的磨圆度及分选性好，有明显的水平层理或交错层理。随着沉积地段不同，其特征也有显著区别。

1. 山区河流冲积物

山区河流水流湍急，所形成的冲积物主要是粗碎屑，如漂石、块石、卵石、碎石和砾石等，其间常有砂土充填。这些物质的磨圆度和分选性一般中等。厚度一般不大，由几米至一二十米。但在一些有利的沉积地段（如深槽等），沉积厚度也可达数十米，甚至近百米。

由于山区河流冲积物主要为粗粒物质，因此，具有强度较高、压缩性小、透水性强等特点，可作为一般建筑物地基。但是，若作为坝、闸地基则应注意渗漏和潜蚀问题。

2. 山前河流冲积物

当山区河流流出山口进入平原时，与前述洪积扇一样，也可形成冲积扇；冲积扇也可互相连接，或与洪积扇重叠交错，形成山前冲积洪积平原。如北京就位于山前冲积洪积平原上。

组成山前冲积物的颗粒粗细分布和变化与洪积扇的物质相似，但成层构造比较明显，斜交层理经常出现，其厚度较大，一般数十米，厚的可达数百米。

3. 平原河流冲积物

平原河流冲积物可分为：河床冲积物、河漫滩冲积物、牛轭湖冲积物及阶地冲积物。其中，河床冲积物常具透镜体、斜层理和交错层理。

河流的中、下游因大量沉积而形成冲积平原，如我国的华北平原，长江、汉江之间的江汉平原等。平原地区冲积物分布广，厚度大，颗粒细，一般上部为黏性土，下部为砂层或细砂层，有时常以互层出现，局部地段有淤泥层存在。由于河流摆动，在平原中常常遗留下古河道，古河道中主要分布有厚度较大的砂层。平原冲积物作为建筑物地基，其承载能力较低。在平原河谷中修建拦河坝时，古河道常常成为水库渗漏的通道。

各级阶地上的冲积物，由于经过长期的干燥和次生胶结作用，一般其结构较紧密，含水量较小，压缩性小，强度较高，可作为一般建筑物的地基。

各种冲积物常是最重要的天然建筑材料，它为水工建筑提供大量的砾石、砂和各种土料。

3.1.3.4 冰积物（Q^{gl}）

凡是由冰川作用形成的堆积物，均称为冰积物。冰积物不仅在现代高纬度和高山地区（如喜马拉雅山、天山等）广为分布，而且由于第四纪某些时期的冰川分布范围比现代更为广泛，故在我国若干地方和河谷也有冰积物存在。冰积物可分为冰碛和冰水沉积物两种基本类型。

冰碛是由于冰川融化使冰川携带的物质直接堆积而形成的，其特点是分选性差，磨圆度差，不具层理，粒度极不均一，往往由漂砾、砾石、砂和黏土等混杂在一起。碎石土颗粒表面常有磨光面，且有条痕石。冰碛一般较密实，孔隙率较低，压缩性小，强度较高，作为一般建筑地基还是较好的。但是，必须注意冰碛结构的不均一性和厚度的变化，以及有时可能存在的空洞（冰夹层融化后留下的）和局部承压水，这些都将使工程地质条件复杂化。

冰水沉积物是经过冰水搬运的冰碛物发生沉积作用而形成的物质，存在于冰水河及冰水湖中。由于经过一段水流搬运，故冰水沉积具有明显的层理，其物质成分主要是黏性土，有时夹有薄层的砂或透镜体。冰水沉积在山麓地带常形成冰水扇，冰水扇扩大或多个冰水扇相连则形成冰水沉积平原。

3.1.3.5 黄土

黄土是一种具有特殊性状的黄色沉积土层，其主要特征为：①呈褐黄或淡黄、灰黄色；②颗粒成分均一，粉粒级颗粒（0.05～0.005mm）含量常为60％～70％以上；③富含碳酸钙等可溶盐，且碳酸钙有时以钙质结核出现，又称姜石；④结构疏松，孔隙比值较大（一般为0.85～1.24），并具有大孔隙；⑤层理不明显，垂直节理发育；⑥遇水浸湿后迅速崩解并可引起地基突然沉陷，即湿陷性。不完全具有上述特征者（缺少其中的一项或两项），则称为黄土状土。

黄土在欧洲、北美、中亚以及我国西北、华北、东北等较干旱地区都广泛分布，尤以黄河中游地区最为发育。黄土形成于第四纪，在我国北方按其形成时代可分为午城黄土（Q_1）、离石黄土（Q_2）、马兰黄土（Q_3）以及新近堆积黄土和黄土状土（Q_4）。关于黄土的成因一直是个争论的问题。较早的观点主要有风成说、水成说。1959年我国科学工作者提出了"多种成因"的观点，即在不同地区、不同地段有着不同的成因类型，其中包括风积、冲积、洪积、坡积、湖泊沉积、冰水沉积及其混合类型等。另外，对分布于河谷地带的黄土，目前基本上已一致认为是河流冲积形成的；但高原地区和高分水岭地段的黄土，则可能有不同的成因。

黄土除含有大量粉土颗粒外，其余主要为黏土颗粒和砂粒，含量分别为8％～26％及1％～29％。粗颗粒的矿物成分以石英、长石和碳酸盐矿物为主；细颗粒者则主要是各种黏土矿物，如水云母、高岭石、蒙脱石等。黏土矿物、碳酸盐和其他一些易溶盐类常构成胶结物，使颗粒间具有微弱的联结。

黄土的孔隙度常为33％～64％，且常具有肉眼可见的大孔隙。这些孔隙多呈直立管状排列，致使黄土中垂直节理特别发育。在野外常见到沿节理发育的直立边坡。大孔隙和垂直节理又使黄土具有透水性强的特点，渗透系数可达 1m/d，且沿垂直方向显著大于水平方向。

多数天然状态的黄土在一定压力作用下，浸水后会迅速发生较大的沉陷，称为"湿陷性"。在饱和自重压力作用下的湿陷称为自重湿陷，在自重和附加压力共同作用下的湿陷称为非自重湿陷。它可引起建筑地基和边坡的变形破坏，尤其渠道和库岸可发生大范围的严重坍塌。发生湿陷的原因主要是结构疏松，黏土和盐类胶结物质抗水性差，水渗入后颗粒间的胶结被破坏。大孔隙有利于水的渗入并使土粒有可以移动的空间。需指出，不同地区、不同时代的黄土，湿陷程度有较大差别，甚至有的不具有湿陷性。因此黄土又可分为湿陷性黄土与非湿陷性黄土两种类型，其湿陷程度常用湿陷系数（δ_s）来衡量，即

$$\delta_s = \frac{h_p - h_p'}{h_0} \qquad (3-1)$$

式中：h_p 为保持天然湿度和结构的土样，在一定压力时，下沉稳定后的高度；h_p' 为上述加压稳定后的土样，在浸水作用下，下沉稳定后的高度；h_0 为土样的原始高度。

当湿陷系数 δ_s 值等于或大于 0.015 时，定为湿陷性黄土；当 δ_s 值小于 0.015 时，则定为非湿陷性黄土。δ_s 越大，湿陷性越强。当 $0.015 \leqslant \delta_s \leqslant 0.03$ 时，湿陷性轻微；当 $0.03 \leqslant \delta_s \leqslant 0.07$ 时，湿陷性中等；当 $\delta_s > 0.07$ 时，湿陷性强烈。

我国早更新世（Q_1）的黄土不具湿陷性，中更新世（Q_2）的黄土上部部分土层具湿陷性，晚更新世（Q_3）及全新世早期（Q_4^1）的黄土一般具湿陷性，近期（Q_4^2）的黄土具强湿陷性。

3.2　地下水的特征

地下水是赋存和运动于地表以下岩层或土层空隙（包括孔隙、裂隙和溶隙等）中的水。它主要是由大气降水和地表水渗入地下形成的。在干旱地区，水汽也可以直接在岩石的空隙中凝成少量的地下水。

地下水的分布极其广泛，它密切地联系着人类生活和经济活动的各个方面。例如，地下水常为农业灌溉、城市供水及工矿企业用水提供良好的水源，地热资源广泛用于发电、工业锅炉和医疗卫生等方面，一些矿泉水具有良好的医疗和保健作用等。因此，地下水是一种宝贵的资源。但是，地下水也往往给国民经济建设带来一定的困难和危害。例如，过量开采地下水可能导致海水入侵、地面沉降等。

在水利建设中，地下水与建筑物地基的渗漏和稳定有很大关系：①地下水位低于库水位时，可能产生渗漏；②地下水在渗流压力作用下，有可能带走松散岩层、断层破碎带和其他软弱结构面中的细小颗粒（即潜蚀作用），使岩（土）体被淘空，引起地基破坏；③地下水还可使黏土质岩石软化、泥化；④有的岩石，由于地下水的渗入致使体积膨胀，产生较大的膨胀压力，引起工程失事；⑤地下水溶蚀可溶性岩石所产生的大量空洞，成为渗漏的通道；⑥在开挖基坑和地下洞室工程时，有时会发生大量地下水突然涌入，给施工带来很大困难。此外，地下水可能对混凝土具腐蚀性，可分

为分解类、分解结晶复合类及结晶类三种腐蚀性类型。所有这些，都是对水利工程不利的。因此，在分析水利工程建筑物的稳定和渗漏时，必须查明建筑地区地下水的形成、埋藏、分布和运动规律，即建筑地区的水文地质条件。

3.2.1 地下水的性质

3.2.1.1 地下水的物理性质

地下水的物理性质有温度、颜色、透明度、气味、味道、密度及导电性等。

1. 温度

地下水的温度受埋藏深度和所处的自然条件影响。根据温度将地下水分为以下几类：非常冷水（$<0℃$）、极冷水（$0\sim4℃$）、冷水（$4\sim20℃$）、温水（$20\sim37℃$）、热水（$37\sim42℃$）；极热水（$42\sim100℃$）、沸腾的水（$>100℃$）。

2. 颜色

地下水一般无色，在含某些离子或富集悬浮物质时则有色。地下水的颜色由所含化学成分及悬浮物决定。例如，含 Ca^{2+}、Mg^{2+} 的水为微蓝色；含 Fe^{2+} 的水为灰蓝色；含 Fe^{3+} 的水为褐黄色；含有机腐殖质时呈黄褐或浅黑色。

3. 透明度

地下水多半是透明的。当水中含有某种离子、悬浮物、有机质及胶体时，地下水的透明度就会改变。根据透明度可将地下水分为以下几种：透明的、微浑浊的、浑浊的和极浑浊的。

4. 气味

地下水含有气体或有机质时，具有一定的气味。如含腐殖质时，具腐草味或腐泥臭味；含硫化氢时有臭蛋味。一般水温在 $40℃$ 左右，气味最显著。

5. 味道

地下水的味道主要取决于地下水的化学成分及溶解的气体成分。地下水一般淡而无味，含 $NaCl$ 的水具咸味；含较多 CO_2 的水清凉爽口；含 $CaCO_3$ 和 $MgCO_3$ 的水味美可口，俗称"甜水"；当 $MgCl_2$ 和 $MgSO_4$ 存在时，地下水有苦味。一般水温在 $20\sim30℃$ 时，水的味道最明显。

6. 密度

地下水的密度与水中溶解盐类的数量成正比。一般地下水的密度接近于1。

7. 导电性

地下水的导电性决定于水中含有电解质的性质和含量。当然也受温度的影响。

3.2.1.2 地下水的化学性质

1. 化学成分

地下水的化学成分包括各种离子成分、气体成分、胶体成分和有机物等。自然界中存在的元素几乎都可在地下水中找到，只是含量不同而已。地下水中各元素的含量主要取决于其周围岩石的性质及其溶解度。主要气体成分有 CO_2、O_2、N_2、H_2S、CH_4；主要离子成分有 Cl^-、SO_4^{2-}、HCO_3^-、Na^+、K^+、Ca^{2+}、Mg^{2+}；胶体成分分布最广的有 $Fe(OH)_3$、$Al(OH)_3$ 和黏性胶体、腐殖质及 SiO_2 等；有机物多是以碳、氢、氧为主的高分子化合物。

2. 化学性质

地下水的化学性质主要包括：地下水的酸碱度、硬度和矿化度。

（1）地下水的酸碱度。地下水的酸性和碱性程度取决于水中 H^+ 浓度大小。为方便起见，H^+ 浓度一般用对数表示，并取其负号，以符号"pH"表示。

地下水按 pH 值可分为 5 类（表 3-1）。

表 3-1　　　　　　　　　　　　　地下水按 pH 值分类

地下水类型	强酸性水	弱酸性水	中性水	弱碱性水	强碱性水
pH 值	<5.0	5.0~6.0	6.0~7.5	7.5~9.0	>9.0

（2）地下水的硬度。硬度主要是由于水中含有 Ca^{2+}、Mg^{2+} 而具有的性质。含大量 Ca^{2+}、Mg^{2+} 的地下水，对生活和工业上的使用都很不利。地下水的硬度可分为总硬度、暂时硬度和永久硬度。

地下水的总硬度是指水中 Ca^{2+}、Mg^{2+} 的总量。暂时硬度指水加热沸腾后，由于脱碳酸作用，而从水中析出的那部分 Ca^{2+}、Mg^{2+} 的含量。水加热沸腾后，仍留在水中的 Ca^{2+}、Mg^{2+} 含量称为永久硬度。永久硬度在数值上等于总硬度和暂时硬度之差。

地下水硬度的大小我国采用德国制硬度来计量，以符号 H° 表示，1H° 相当于 1L 水中含 10mg CaO 或 7.2mg MgO，根据总硬度把地下水分为 5 类（表 3-2）。

表 3-2　　　　　　　　　　　　　地下水按总硬度分类

类别	极软水	软水	弱硬水	硬水	极硬水
德国度（H°）	<4.2	4.2~8.4	8.4~16.8	16.8~25.2	>25.2

（3）地下水的矿化度。地下水中所含有的各种离子、分子和化合物的总量（不包括游离气体）称为矿化度，单位为 g/L。它是评价水质的重要指标之一。习惯上用 105~110℃ 温度将地下水样品蒸干后所得的干涸残余物总量来表示矿化度。由于地下水中盐类的溶解度不同，使得离子成分与地下水矿化度之间有一定的规律。总体上看，氯盐的溶解度最大，硫酸盐次之，碳酸盐较小，钙的硫酸盐更小，钙、镁的碳酸盐溶解度最小。随着矿化度增大，钙、镁的碳酸盐首先达到饱和并沉淀析出，继续增大时，钙的硫酸盐也饱和析出。因此，高矿化水中以易溶的氯离子和钠离子占优势。

根据总矿化度的大小，地下水可分为以下类型（表 3-3）。

表 3-3　　　　　　　　　　　　　地下水按总矿化度分类

地下水类型	淡水	微咸水	咸水	盐水	卤水
总矿化度（g/L）	<1	1~3	3~10	10~50	>50

3.2.2　地下水的主要类型与特征

地下水的运动和聚集，必须具有一定的岩性和构造条件。空隙多而大的岩层能使水流通过，称为透水层。能够透过并给出相当数量水的岩层，称为含水层。不能透过并给出水或只是能通过与给出极少量水的岩层，称为隔水层。含水层和隔水层的不同组合，形成不同类型的地下水。

根据埋藏条件，地下水可分为包气带水、潜水和承压水三类（图3-11）。不论是哪种类型的地下水，均可按其含水层的空隙性质分为孔隙水、裂隙水和岩溶水。因此，地下水可以组合成9种不同的类型（表3-4）。

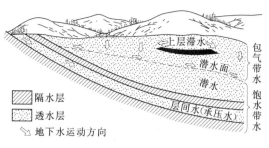

图 3-11 地下水埋藏示意图

包气带水的工程意义不大。潜水和承压水是地下水的基本类型。对于水利水电工程来说，广泛分布于山区、丘陵区的裂隙水和岩溶水，具有重要的意义。因此，下面将分别阐述潜水、承压水和裂隙水的特征，岩溶水则在下一节中介绍。

表 3-4 　　　　　　　　　　地 下 水 分 类 表

按埋藏条件划分	按含水层性质划分		
	孔隙水 （松散堆积物孔隙中的水）	裂隙水 （基岩裂隙中的水）	岩溶水 （岩溶化岩石空隙中的水）
包气带水 （潜水面以上未被水饱和的岩层中的水）	土壤水——土壤中未饱和的水 上层滞水——局部隔水层以上的饱和水	出露于地表的裂隙岩体中，季节性存在的水	垂直渗入带中的水
潜水 （地面以下，第一个稳定隔水层以上具有自由水面的水）	各种松散堆积物中的水	基岩上部裂隙中的水	岩溶化岩石溶蚀层中的水
承压水 （两个隔水层之间承受水压力的水）	松散堆积物构成的承压盆地和承压斜地中的水	构造盆地、向斜及单斜岩层中的层状裂隙水，断层破碎带中的深部水	构造盆地、向斜及单斜岩溶岩层中的水

3.2.2.1 潜水

1. 潜水及其特征

潜水是埋藏在地表以下第一个连续、稳定的隔水层以上，具有自由水面的重力水（图3-11及图3-12）。

潜水的主要特征如下：

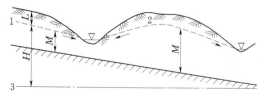

图 3-12 潜水埋藏特征示意图

L—潜水埋深；M—潜水层厚度；H—潜水水位；
1—潜水面；2—潜水分水岭；3—潜水位基准面

（1）潜水面以上无稳定的隔水层存在，大气降水和地表水可直接渗入补给，成为潜水的主要补给来源。因此，在大多数的情况下潜水的分布区与补给区是一致的，因而某些气象水文要素的变化能很快影响潜水的变化，潜水的水质也易于受到污染。

（2）潜水自水位较高处向水位较低

处渗流。在山脊地带潜水位的最高处可形成潜水分水岭（图 3 - 12），自此处潜水流向不同的方向。潜水面的形状是因时因地而异的，它受地形、含水层的透水性和厚度、隔水层底板的起伏、气象、水文等自然因素控制，并常与地形有一定程度的一致性。一般地面坡度越大，潜水面的坡度也越大，但潜水面坡度常小于当地的地面坡度（图 3 - 12）。

2. 潜水等水位线图及埋藏深度图

潜水面反映了潜水与地形、岩性、气象、水文等之间的关系，同时能表现出潜水的埋藏、运动和变化的基本特点。因此，为能清晰地表示潜水面的形态，通常采用平面图和剖面图两种图示方法，并互相配合使用。

平面图是根据潜水面上各测点（井、孔、泉等）的水位标高，标在地形图上，画出一系列水位相等的线，这种图称为等水位线图（图 3 - 13），其绘制方法与绘制地形等高线图一样。由于潜水面经常发生变化，因此在绘制等水位线图时，各测点水位资料的时间应大致相同，并应在等水位线图上注明。通过对不同时期等水位线图的对比，有助于了解潜水的动态。一般在一个地区应绘制潜水的最高水位和最低水位时期的两张等水位线图。

根据等水位线图可以了解以下情况：

（1）确定潜水的流向及水力梯度。垂直于等水位线，自高等水位线指向低等水位线的方向即为流向。图 3 - 13 中箭头方向即为潜水流向。在流动方向上，取任意两点的水位高差，除以两点间在平面上的实际距离，即为此两点间的平均水力梯度。

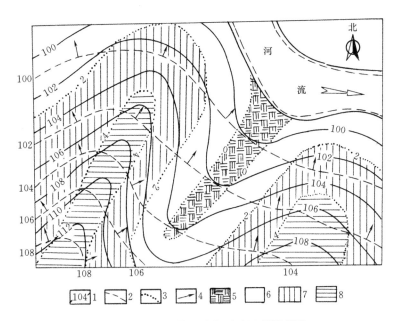

图 3 - 13   潜水等水位线图及埋藏深度图

1—地形等高线；2—等水位线；3—等埋深线；4—潜水流向；

5—埋深为零区（沼泽）；6—埋深为 0～2m 区；

7—埋深为 2～4m 区；8—埋深大于 4m 区

（2）确定潜水与河水的相互关系。潜水与河水一般有如下三种关系：

1）河岸两侧的等水位线与河流斜交，锐角都指向河流的上游，表明潜水补给河水［图 3-14（a）］。这种情况多见于河流的中、上游山区。

2）等水位线与河流斜交的锐角在两岸都指向河流下游，表明河水补给两岸的潜水［图 3-14（b）］。这种情况多见于河流的下游。

3）等水位线与河流斜交，表明一岸潜水补给河水，另一岸则相反［图 3-14（c）］。一般在山前地区的河流有这种情况。

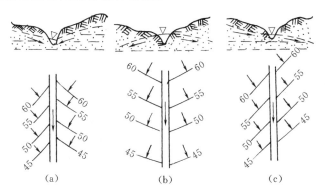

图 3-14 潜水与河水间不同关系的等水位线图

（3）确定潜水面埋藏深度。潜水面的埋藏深度等于该点的地形标高减去潜水位。根据各点的埋藏深度值，可绘出潜水等埋深线（图 3-13）。

（4）确定含水层厚度。当等水位线图上有隔水层顶板等高线时，同一测点的潜水水位与隔水层顶板标高之差即为含水层厚度。

水文地质剖面图（图 3-15）是在地质剖面图的基础上，绘制出有关水文地质特征的资料（如潜水水位和含水层厚度等）。在水文地质剖面图上，潜水埋藏深度、含水层厚度、岩性及其变化、潜水面坡度、潜水与地表水的关系等都能清晰地表示出来，它是水利水电工程中常用的图件之一。

3.2.2.2 承压水

1. 承压水及其特征

承压水是指存在于两个隔水层之间的含水层中，具有承压性质的地下水。由于隔水顶板的存在，能明显地分出补给区、承压区和排泄区三部分。补给区大多是含水层出露地表的部分，比承压区和排泄区的位置为高；承压区是隔水顶板以下，被水充满的含水层部分；排泄区是承压水流出地表或流向潜水的地段（图 3-16）。

承压区中地下水承受静水压

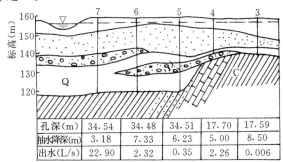

	7	6	5	4	3
孔深（m）	34.54	34.48	34.51	17.70	17.59
抽水降深（m）	3.18	7.33	6.23	5.00	8.50
出水（L/s）	22.90	2.32	0.35	2.26	0.006

图 3-15 水文地质剖面图

1—黏土；2—砂土；3—砂砾石土；4—砂岩；

5—页岩；6—石灰岩；7—地下水位

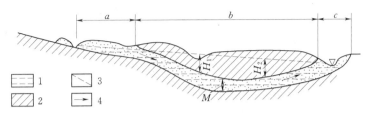

图 3 - 16　承压水剖面示意图

a—补给区；b—承压区；c—排泄区；H_1—正水头；H_2—负水头；
M—承压水层厚度；1—含水层；2—隔水层；3—承
压水位线；4—流向

力，当钻孔打穿隔水顶板时所见的水位，称为初见水位。随后，地下水上升到含水层顶板以上某一高度稳定不变，这时的水位（即稳定水面的标高）叫做承压水位。承压水位如高出地面，则地下水可以溢出或喷出地表，如图 3 - 16 中 H_1 的位置。所以，通常又称承压水为自流水。承压水位与隔水层顶板的距离称为水头（图 3 - 16），水头高出地面者称为正水头 H_1，低于地面者称为负水头 H_2。

由于承压水的补给区和承压区不一致，故承压水的水位、水量、水质及水温等受气象、水文因素的影响较小。

基岩地区承压水的埋藏类型，主要决定于地质构造，即在适宜的地质构造条件下，孔隙水、裂隙水和岩溶水均可形成承压水。最适宜于形成承压水的地质构造有向斜构造和单斜构造两类。

向斜储水构造又称为承压盆地，它由明显的补给区、承压区和排泄区组成（图 3 - 16）。

单斜储水构造又称为承压斜地，它的形成可能是含水层岩性发生相变或尖灭（图 3 - 17），也可能是含水层被断层所切（图 3 - 18）。

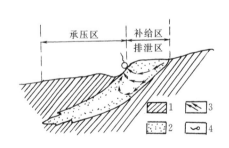

图 3 - 17　岩性变化形成的承压斜地

1—隔水层；2—含水层；3—地下水
流向；4—泉

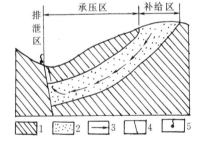

图 3 - 18　断层构造形成的承压斜地

1—隔水层；2—含水层；3—地下水流向；
4—导水断层；5—泉

2. 等水压线图

等水压线图就是承压水面的等高线图（图 3 - 19），它是根据观测点的承压水位绘制的。在图中也可同时绘出含水层顶板及底板等高线。这样就和等水位线图一样，可从图中确定：承压水的流向，并可计算其水力梯度；承压水位的埋深；承压水含水层的埋深；承压水的水头大小及含水层的厚度等。例如，据图 3-19 可确定 A、C、E 点的数据如下：

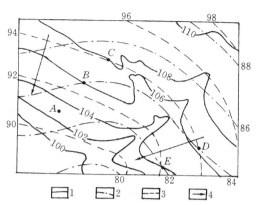

A	C	E
103	108	104
91	94	92
83	85.1	82
20	22.9	22
12	14	12
8	8.9	10

①地面绝对标高（m）

②承压水位（m）

③含水层顶板绝对标高（m）

④含水层距地表深度（m）（第①项减第③项）

⑤稳定水位距地表深度（m）（第①项减第②项）

⑥水头（m）（第②项减第③项）

图 3-19　承压水等水压线图
1—地形等高线；2—含水层顶板等高线；
3—等水位线；4—地下水流向

3. 承压水的补给、径流及排泄

承压水的补给方式一般有：当承压水补给区直接出露于地表时，大气降水是主要的补给来源；当补给区位于河床或湖沼地带，地表水可以补给承压水；当补给区位于潜水含水层之下，潜水位高于承压水位时，潜水便可直接补给到承压含水层中。此外，在适宜的地形和地质构造条件下，承压水之间还可以互相补给。

承压水的排泄有多种形式：若含水层某些区段或其排泄区出露在地表，则承压水泄流成泉或者补给地表水（图 3-16）；若含水层被断层切割且断层是导水的，则沿断层线承压水以泉的方式排出（图 3-18）。此外，还有其他排泄形式。

承压水径流条件决定于地形、含水层透水性和地质构造，以及补给区与排泄区的承压水位差。补给区与排泄区的地形高差和水位差越大，含水层透水性越好，构造挠曲程度越小，承压水径流便越通畅，水交替便越强烈；相反，承压水径流缓慢，水交替微弱。承压水径流条件的好坏、水交替强弱，决定了水的矿化度高低及水质好坏。

3.2.2.3　裂隙水

裂隙水是指赋存于基岩裂隙中的地下水。岩石中的裂隙是地下水运移、储存的场所，它的发育程度和成因类型影响着地下水的分布和富集。在裂隙发育的地区，含水丰富；反之，甚少。所以在同一构造单元或同一地段内，含水性有很大的变化，因而形成裂隙水分布的不均一性。

岩层中的裂隙常具有一定的方向性，即在某些方向上，裂隙的张开程度和连通性比较好，因而其导水性强，水力联系好，常成为地下水的主要径流通道。在另一些方向，裂隙闭合或连通性差，其导水性和水力联系也差，径流不通畅。因而，裂隙岩石的导水性具有明显的各向异性。裂隙水的这些特征常使相距很近的钻孔中的水头、水量相差数十倍，甚至一孔有水，另一孔无水，给设计和施工带来一些复杂问题。而裂隙水又是山区主要的和广泛分布的地下水，与水利工程的关系密切。

裂隙水储存于各种成因类型的裂隙中，它的埋藏分布与裂隙的发育特点相适应。根据埋藏分布的特征，可将裂隙水划分为面状裂隙水、层状裂隙水和脉状裂隙水三种。

1. 面状裂隙水

指分布于各种基岩表部风化裂隙中的地下水，又称风化裂隙水。其上部一般没有连续分布的隔水层，因此，它具有潜水的基本特征。风化裂隙常是广泛分布、均匀密集的，因而，储存于其中的水能相互贯通，构成统一的水动力系统，并具有统一的水面。

风化裂隙含水和透水性的强弱，随岩石的风化程度、风化层物质等因素的不同而各异。在全风化带及一些强风化带中因富含黏土物质，含水性和透水性反而减弱。一般将微风化带视为面状裂隙水的下限。

2. 层状裂隙水

指赋存于成岩裂隙或富含裂隙的夹层中的水，其埋藏和分布一般与岩层的分布一致，因而常有一定的成层性。由于各种裂隙交织相通构成了地下水运动和储存的网状通道，所以裂隙中的水相互之间有一定的水力联系，通常具有统一的水面。虽然如此，层状裂隙水在不同的部位和不同的方向上，因裂隙的密度、张开程度和连通性不同，其透水性和富水性仍有较大的差别，具有不均一的特点。在岩层出露的浅部，它可以形成潜水，当层状裂隙水被不透水层覆盖时，则形成承压水。

3. 脉状裂隙水

指赋存于构造断裂中的地下水（图3-20），其主要特征是：①沿断裂带呈带状或脉状分布；②多为承压水；③埋藏于大断裂带中者，补给来源较远，循环深度较大，水量丰富，水位及水质均较稳定，而埋藏于规模小、延伸不远、连通性差的断层或裂隙中者，则相反；④脉状含水带可以穿过数个不同时代、不同岩性的地层和不同的构造部位，因此，在同一含水带中地下水的分布具有不均匀性。例如，断层带通过脆性岩石时，岩石破碎、裂隙发育，通常是强含水的；当通过塑性岩石时，裂隙不很发育，且多被泥质充填，而形成微弱的含水带或不含水。

脉状裂隙水水量丰富者，常常是良好的供水水源，但它对隧洞工程往往造成危害，在施工中可产生突然的涌水事故，以及对衬砌产生较高的外水压力。

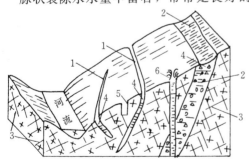

图3-20 脉状承压水示意图
1—大裂隙；2—断层破碎带；3—闭合裂隙；
4—脉状承压水水面；5—干孔；6—喷水孔

3.2.2.4 泉

泉是地下水出露于地表的天然露头，是地下水的一种重要排泄方式。因此，它是反映岩层富水性和地下水的分布、类型、补给、径流、排泄条件和变化的一个重要标志。

泉是在一定的地形、地质和水文地质条件的结合下出现的。山区及丘陵区的沟谷中和坡脚，常可以见到泉，而在平原地区很少有泉。我国有不少的泉流量超过 $1m^3/s$，甚至超过 $10m^3/s$。水量丰富、动态稳定、水质适宜的泉，是宝贵的水源，有的还可用于发电。

按照泉的含水层性质，可将泉分为上升泉及下降泉两大类。上升泉由承压含水层补给，水流在压力作用下呈上升运动。下降泉由潜水或上层滞水补给，水流作下降运动。

根据泉的出露原因又可分为：侵蚀泉、接触泉、溢出泉和断层泉四类。侵蚀泉是沟谷切割到含水层时形成的，含水层若为潜水则形成侵蚀下降泉 [图 3 - 21 (a)]；若为承压水则形成侵蚀上升泉 [图 3 - 21 (b)]。接触泉是地下水自含水层和其下面隔水层的接触处涌出地表，或在侵入体与围岩接触带，地下水沿裂隙上升至地表形成的 [图 3 - 21 (c)、(d)]。溢出泉是指地下水在运动过程中，由于前方岩层的透水性变弱，或隔水层隆起以及阻水断层等因素，水流受阻而溢出地表形成的泉 [图 3 - 21 (e)]。断层泉是承压水沿导水断层上升，在地面标高低于承压水位处，涌出地表形成的 [图 3 - 21 (f)]，这类泉常沿断层成串分布。

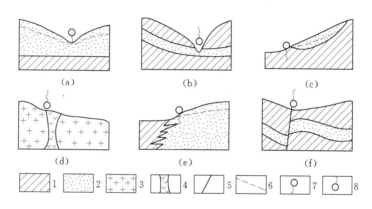

图 3 - 21　泉形成条件示意图
1—隔水层；2—透水层；3—花岗岩；4—岩脉；5—导水断层；
6—地下水位；7—下降泉；8—上升泉

3.2.3　环境水对混凝土的腐蚀性

环境水主要指天然地表水和地下水。环境水对混凝土的腐蚀性是指环境水所含的特定化学成分对混凝土产生的不同类型的腐蚀，从而降低了混凝土的整体性、耐久性和强度的过程和结果。

为评价环境水对混凝土的腐蚀性而进行的水化学成分分析试验中，除特殊需要外，一般只进行水质简易分析。分析项目主要有：K^+、Na^+、Ca^{2+}、Mg^{2+} 等阳离子；Cl^-、SO_4^{2-}、HCO_3^- 等阴离子；溶于水的侵蚀性 CO_2、游离 CO_2 气体；以及水的酸碱度的重要衡量指标 pH 值等。

1. 环境水对混凝土的腐蚀性类型

据 GB 50287—99《水利水电工程地质勘察规范》，环境水对混凝土可能产生的腐蚀性分为 3 类。

(1) 分解类腐蚀。水中某些化学成分使混凝土表面的碳化层与混凝土中固态游离石灰质溶于水，降低混凝土毛细孔中的碱度，引起水泥结石的分解，导致混凝土的破坏，此为分解类腐蚀。如溶出型腐蚀、一般酸性型腐蚀和碳酸型腐蚀。

（2）结晶类腐蚀。由于水中某些离子与混凝土中的固态游离石灰质或水泥结石作用，形成结晶体，体积增大，如生成 $CaSO_4 \cdot 2H_2O$ 时，体积增大 1 倍；生成 $MgSO_4 \cdot 7H_2O$ 时体积增大 4.3 倍，产生膨胀力而导致混凝土破坏，此为结晶类腐蚀，如硫酸盐型腐蚀。

（3）分解结晶复合类腐蚀。水中含某些弱碱硫酸盐，如 $MgSO_4$，$(NH_4)_2SO_4$ 等，既使混凝土发生分解，又在混凝土中形成结晶体，而导致混凝土破坏。此为分解结晶复合类腐蚀，如硫酸镁型腐蚀。

2. 环境水对混凝土的腐蚀程度分级

环境水对混凝土的腐蚀程度分级是指混凝土在没有防护条件下水对其所产生的破坏程度，以混凝土使用 1 年后的抗压强度与其养护 28d 的标准抗压强度相比较，按强度降低的百分比 F（%）划分为四个等级：无腐蚀（$F=0$）、弱腐蚀（$F<5$）、中等腐蚀（$5 \leqslant F < 20$）、强腐蚀（$F \geqslant 20$）。环境水腐蚀判定标准详见 GB 50287—99《水利水电工程地质勘察规范》附录 G。

3.3   岩 溶 及 岩 溶 水

3.3.1   岩溶的形态特征和研究意义

在可溶性岩石地区，地下水和地表水对可溶岩进行的以化学溶蚀为主、机械侵蚀、搬运、堆积作用为辅的地质作用及其形成各种独特地貌形态的地质现象，总称为岩溶，又称为喀斯特（Karst）。岩溶形态多种多样（表 3-5），常见的有以下几种（图 3-22）：

（1）溶蚀漏斗。是一种上大下小的漏斗状或碟状凹地，平面形态呈圆形或椭圆形，直径和深度一般均有数米至十余米。它的底部常有落水洞与地下暗河相通。

（2）落水洞。是地表水流入地下的通道，其形态各异，大小不一。有垂直的、倾斜的和弯曲的，主要受裂隙控制。其中直径较大、洞壁近于直立的，称为竖井。

（3）溶蚀洼地。是近似圆形或椭圆形的封闭盆状凹地，四周为低山围绕，底部较平坦，其上覆盖着黏性土和碎石。当洼地内发育有落水洞或漏斗时，就可大量吸收地表水。若其通道被堵塞，则可形成岩溶湖。溶蚀洼地进一步发展，则形成规模更大的溶蚀谷（或称为坡立谷）。

表 3-5   岩 溶 形 态 类 型 表

形成部位		岩 溶 形 态
地表		溶沟、石芽、峰丛、峰林、孤峰、干谷、盲谷、溶蚀洼地、溶蚀平原、岩溶湖
地下	垂直溶蚀形态	溶蚀漏斗、落水洞及竖井
	水平溶蚀形态	溶洞、暗河、地下湖、溶隙、溶孔
	堆积物形态	石柱、石钟乳、石笋、残积红土

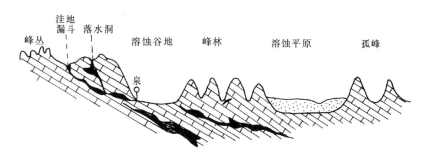

图 3-22　各种岩溶形态示意剖面图

（4）溶隙和溶孔。溶隙是水流沿岩石的裂隙溶蚀而成，宽度一般小于 50cm，形态极不规则，延伸较长且具方向性。溶孔是孔径小于 2cm 的溶蚀孔隙，多呈蜂窝状或网格状。

（5）溶洞。是地下水对可溶性岩层进行溶蚀和冲蚀而形成的地下洞穴，溶洞规模各不相同，形态也多种多样，如管状、长廊状和大厅状等。若溶洞位于地下水位以下，则形成地下河（暗河）。

（6）石钟乳、石笋、石柱及残积红土。石钟乳、石笋、石柱是岩溶洞穴化学堆积的产物。其中，石钟乳生长于洞顶，石笋形成于洞底。当向下长的石钟乳与向上长的石笋连成一体时，即成为石柱。残积红土是碳酸盐岩溶蚀后残留的富含 Al_2O_3 和 Fe_2O_3 的黏性土。

（7）盲谷、伏流与干谷。岩溶地区地表河流有时注入地下，河谷的末端总是为陡崖所阻挡，这种河谷称为盲谷。潜入地下的水流称为伏流。岩溶地区的干涸河谷叫做干谷。

（8）峰丛、峰林、孤峰与残丘。山体顶部呈锥状，底部相连的溶蚀峰群叫做峰丛。相对高差可达数百米。当山峰上部挺立高大，底部几乎不相连接时，称为峰林。耸立于岩溶地区平原上的孤立山峰称为孤峰。其相对高差一般为 50～100m。山体顶部呈浑圆状，相对高差较小的溶丘叫做残丘。

（9）溶沟、石芽和石林。溶沟是发育在石灰岩表面的沟槽。其宽深不一，常为数厘米到数米，形态各异。沟槽之间凸起的脊称为石芽。形态高大，坡壁近于直立，成群发育，远观宛若森林的石芽叫做石林。如我国云南路南县的石林，部分石芽（柱）高达 30m 以上。

可溶性的岩石在我国分布十分广泛，其中尤以碳酸盐类岩石分布最广。碳酸盐类岩石分布面积约占我国国土面积的 36%，在地表出露面积约占全国国土面积的 9.4%。主要分布于广西、贵州、湘西、鄂西、滇东和川东等地。在山西、河北、辽宁和山东等省也有较多分布。

岩溶现象对建筑工程的危害常是严重的、多方面的。首先，在岩溶地区修建水库、运河、渠道，常会发生严重渗漏。我国在岩溶地区修建的中小型水库，有许多都不同程度地发生过岩溶渗漏问题，有的甚至不能蓄水。其次，岩溶洞穴、裂隙等会降低岩体的强度和稳定性，容易引起地下洞室、坝基、边坡等岩体坍塌和失稳破坏。此外，在基坑开挖和隧洞施工时，有可能出现大量涌水，造成事故。

在岩溶分布区，岩溶水是一种极为丰富的地下水资源，其水量充沛，水质良好，适用于饮用、灌溉和发电。另外，在我国黄河、长江、珠江三大流域内，岩溶地区的水能资源蕴藏量约为 7000 万 kW 以上，占三大江河的 30% 左右。

我国在岩溶地区兴建了许多大、中、小型水利工程，如乌江渡、鲁布革、天生桥二级、岩滩、隔河岩、观音阁、东风、普定等，取得了丰富的经验。实践证明，只要掌握了岩溶的形成条件和发育规律，认识不同地区岩溶所具有的特点，充分利用其有利条件，对不利因素采取有效措施，就可变害为利，成功地修建各种水利工程。

3.3.2 岩溶发育的基本条件

岩溶是在各种自然条件的共同作用下发生和发展起来的，其中，可溶的透水岩层和具侵蚀性的水流是岩溶发育的基本条件。

1. 岩石的可溶性

可溶性岩石是岩溶发育的物质基础，按其成分可分为碳酸盐类岩石（石灰岩、白云岩和大理岩等）、硫酸盐类岩石和氯化盐类岩石。这三类岩石中碳酸盐类岩石溶解度最小，氯化盐类岩石的溶解度最大。但是，碳酸盐类岩石分布最广，并且厚度大，故常见的岩溶现象均分布在这类岩石中。常见碳酸盐岩岩溶发育程度由强到弱为：石灰岩＞白云岩＞硅质灰岩＞泥灰岩。岩石的结构也影响其可溶性，通常晶粒愈小相对溶解速度就愈大；不等粒结构比等粒结构相对溶解速度大。一般岩层愈厚，岩溶就愈发育。

2. 岩层的透水性

岩层的透水性是岩溶发育的另一个必要条件。岩层的透水性越高，岩溶发育也越强烈。而岩层的透水性又决定于裂隙和孔洞的多少和连通情况。所以岩层中裂隙的发育情况往往控制着岩溶的发育情况。在断裂交汇部位，由于岩石破碎，裂隙连通性好、透水性强，因而岩溶发育。此外，在地表附近由于风化裂隙增多，有利于地下水的运动，故岩溶一般比深部发育。

3. 水的溶蚀性

碳酸钙在纯水中的溶解度是很小的。水对碳酸盐类岩石的溶解能力，主要取决于水中侵蚀性 CO_2 的含量。水中侵蚀性 CO_2 的含量越多，则溶解能力越强。水中 CO_2 的来源主要是雨水溶解空气中所含 CO_2 形成的。土壤和地表附近强烈的生物化学作用也是水中 CO_2 的重要来源之一。当水呈酸性时或含有氯离子（Cl^-）和硫酸根离子（SO_4^{2-}）时，对碳酸盐类岩石的溶解能力也将增强。此外，随着水温的升高，水的溶解能力也将增大。

此外，两种或两种以上已经丧失其侵蚀性的饱和溶液，在岩层中混合后重新变成不饱和溶液，从而对碳酸盐岩进行新的溶蚀作用，称为混合溶蚀效应。

4. 水的流动性

水的流动性是指水在岩层中的循环与交替情况。它控制了岩溶水的流动途径、交替强度和水动力学特征以及水的化学特性。如果水循环交替条件好，就能不断地将溶解下来的物质带走，同时，又不断地补充新的具有侵蚀性的水，因此，岩溶发育速度快；反之，则慢，甚至处于停滞状态。一般在地表附近，水循环交替作用强烈，随着深度的增加，水交替作用变慢，甚至停止。故岩溶在地表及浅部较发育，而随着深度的增加越来越弱。

除上述基本条件外，岩层产状、地质构造、地壳运动以及气候、地形、植被和覆盖层等对岩溶的发育也有很大的影响。

3.3.3 岩溶的类型和发育程度分级

岩溶类型的划分，主要有以下几种。

1. 按可溶岩的出露条件分

（1）裸露型岩溶。可溶岩出露于地表，仅洼地中有零星小片第四纪松散堆积物覆盖。无论地表、地下，岩溶的各种形态均较发育，地表水与地下水能很快地互相转化，地下水位变幅大。我国大部分岩溶均属于此类。此外，如果岩溶岩层以裸露为主，在谷地、大型洼地及河谷附近有较大面积覆盖，则称为半裸露型岩溶。

（2）覆盖型岩溶。可溶岩上部大面积覆盖有较厚的（一般为几十米以上）第四纪松散堆积物；其中覆盖厚度小于 30m 的为浅覆盖。当覆盖较薄时，地表常出露石芽、石针；当覆盖较厚时，若下伏基岩中岩溶强烈发育，则在覆盖层中常形成土洞，在地表形成漏斗、洼地或浅水塘。

（3）埋藏型岩溶。可溶岩大面积埋藏于非可溶岩以下。岩溶发育在地下深处，甚至深达千余米的碳酸盐岩中。岩溶形态以溶孔、溶隙为主，也有形成较大洞穴者。如我国四川盆地和华北平原深处的岩溶。

2. 按气候带划分

我国主要位于温带和亚热带，也有少数地方位于热带地区，南北气候差异很大，岩溶发育的特征很不相同。比如广西中部的岩溶率（单位体积中岩溶体积的百分率）比长江流域大 2～5 倍，比华北大 7～10 倍。因此，岩溶又可划分为如下 5 种：

（1）南部热带岩溶。岩溶发育形成于气温高、雨量充沛、植被繁茂的湿热气候条件下，在我国大致以南岭北坡为界。以云南的石林、贵州、广西的峰丛、峰林等岩溶地貌为其特征，大气降雨大部分通过洼地潜入地下河系，岩溶普遍强烈发育。

（2）中部亚热带岩溶。如我国川、渝、鄂、湘、浙、皖一带，大致以秦岭、淮河为界。这里气温较高，雨量中等，植被较好，碳酸盐岩分布较零星，岩溶的发育主要受地形的影响，不如南部普遍，大气降雨大部分由地表水系排泄，岩溶地貌以丘陵洼地为其特征。

（3）北部温带岩溶。如我国晋、冀、鲁、豫一带，由于气温较低，降雨量较小，仅因碳酸盐岩中裂隙发育，使小部分降雨向深部下潜，故岩溶常在深部发育，或在断裂带附近形成较大溶洞；而地表岩溶形态一般不发育，以干谷和岩溶泉为其特征。如山西娘子关大泉、山东济南泉群。

（4）寒带岩溶。指高寒地区的岩溶。地表和地下岩溶发育强度弱，岩溶规模小。

（5）干旱地区岩溶。如我国内蒙古、新疆，年降雨量均在 300mm 以下，植被稀少，气温变化大。因此，岩溶非常微弱，仅发育一些溶隙和窄小的溶沟、溶斗。

此外，根据岩溶发育时代，可分为古岩溶和近代岩溶。前者指中生代及中生代以前发育的岩溶；后者则指新生代以来发育的岩溶。根据水动力特征，分为近河谷排泄基准面岩溶、远排泄基准面岩溶和埋藏的古岩溶。

3. 岩溶发育程度分级

在岩溶地区进行工程建设时，为了能对工程场地和地基的岩溶发育程度做定性的评价，通常可根据该地区的岩溶现象、岩溶密度（每平方公里内的岩溶洞穴个数）、钻孔岩溶率（单位长度内溶隙、溶孔、溶洞所占长度的百分率）以及暗河与泉的流量作为划分岩溶发育程度的指标，分为极强、强烈、中等及微弱 4 个等级，见表 3-6。

表 3-6   岩溶发育程度分级表

岩溶发育程度	岩溶层组	岩溶现象	岩溶密度（个/km²）	最大泉流量（L/s）	钻孔岩溶率（%）
极强	厚层块状石灰岩及白云质灰岩	地表及地下岩溶形态均很发育，地表有大型溶洞，地下有大规模暗河，以管道水为主	>15	>50	>10
强烈	中厚层石灰岩夹白云岩	地表有溶洞、落水洞、漏斗、洼地密集，地下有较小暗河，以管道水为主，兼有裂隙水	5～15	10～50	5～10
中等	中薄层石灰岩、白云岩与不纯碳酸盐岩或呈夹层、互层	地表有小型溶洞、漏斗，地下发育裂隙状暗河，以裂隙水为主	1～5	5～10	2～5
微弱	不纯碳酸盐岩与碎屑岩互层或为夹层	以裂隙水为主，少数漏斗、落水洞和泉水，发育以裂隙水为主的多层含水层	0～1	<5	<2

注 据《岩溶工程地质》，陈国亮，中国铁道出版社，1984 年。

3.3.4 岩溶发育及其分布规律

从上面的分析可知，岩溶的发育，受多种因素的控制和影响，不同地区自然条件差别很大，即使在同一地区的不同部位，其水的交替条件和水的溶蚀能力也不完全一样。因此，岩溶的发育和空间分布十分复杂。从目前国内外研究的成果来看，岩溶发育和分布大致有以下一些规律。

3.3.4.1 岩溶发育的垂直分带性

地表附近，由于岩石风化裂隙发育，地下水直接受含有大量 CO_2 的大气降水补给，并沿地表水文网排泄，因此，水的循环交替和溶蚀作用强烈，有利于岩溶的发育。越向地下深处，岩层的裂隙逐渐减少，水循环交替作用变慢，水中侵蚀性 CO_2 不断消耗，水的溶蚀能力逐渐减小，岩溶发育程度越来越弱。在厚层质纯的可溶岩中，岩溶发育随着深度的增加和岩溶水的运动而变化，其发育特征可分为四个带（图3-23）。

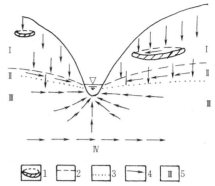

图 3-23　岩溶垂直分带示意图
1—上层滞水；2—地下水最高水位线；
3—地下水最低水位线；4—地下水流向；
5—分带编号

1. **垂直岩溶发育带**

位于地表以下，最高地下水位以上，大气降水通过各种裂隙渗入岩层内部后，主要作垂直运动。因此，促使近垂直岩溶形态发育，如溶蚀漏斗、落水洞和竖井等。如遇局部隔水层，也可形成局部水平岩溶形态，该带厚度取决于当地气候与地形条件，最大厚度可达数百米。此带岩溶之间的连通性较差，见图3-23中Ⅰ带。

2. **水平和垂直岩溶交替发育带**

位于地下水最高水位和最低水位之间。地下水位上升时期，地下水呈水平方向流动，而水位下降时期，则地下水作垂直方向运动。因此，这一带的岩溶形态既有垂直的落水洞，也有近水平方向的溶洞，此带厚度取决于地下水位变化幅度，由几米至数十米，见图3-23中Ⅱ带。

3. **水平岩溶发育带**

位于地下水最低水位以下，其下限为地方性侵蚀基准面（如河水或河床底部附近）。该带地下水主要作水平方向运动，大量的溶洞、暗河、地下湖泊等都产生于此带。此外，河谷底部减压带水流自下向上排泄于河床之中。因此，在河床下部可有呈放射状的岩溶分布，见图3-23中Ⅲ带。

在河床和两岸洪枯水位变动带以下岩溶地下水循环带内的岩溶也叫做河谷深岩溶。在此带以上则称为浅部岩溶，即图3-23中的Ⅰ、Ⅱ带。有人将河床和暗河底部以下的岩溶称为谷底岩溶。在水利水电工程中常遇到这种类型的岩溶，它对工程的稳定和渗漏可造成较大的影响，并常是设计防渗帷幕下限的决定因素。

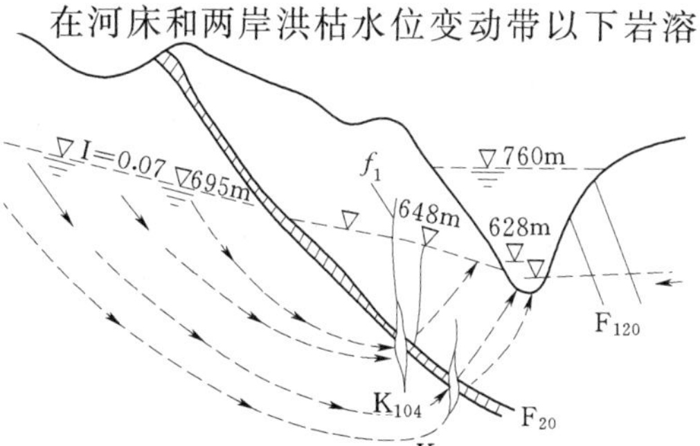

河谷深岩溶的形成主要受地层岩性、地质构造及地下水循环运动的控制。质纯的碳酸盐岩、断层破碎带、向

图 3-24　乌江渡深循环地下水及
深岩溶发育示意图

斜轴部及地下水循环良好的地区，常有河谷深岩溶发育。例如，乌江渡水电站坝址发育的深岩溶就是在三叠纪较纯的玉龙灰岩（T_1^2）中分布有一断层（F_{20}），在地下水渗透穿过的位置处，形成了两个较大的溶洞，见图 3-24。其中 K_{104} 洞在河水面以下 105m，洞高 34.6m；K_{37} 洞在河水面以下 220m，洞高 9.35m，都对坝基稳定和渗漏有不良影响。

河谷深岩溶多为小型洞穴、溶孔，一般高几厘米至 2m。据 20 个工程统计，在 1154 个洞穴中，仅有 12 个高度达 5m。洞穴埋深一般在 30~80m 之内，少数超过 100m。最深的是黄河万家寨坝址右岸，达 470 余米。河谷深岩溶洞穴中常有砂、砾石及黏土充填，大约有 65% 以上为全充填，35% 以下为半充填或无充填。

4. 深部岩溶发育带

在水平岩溶带以下，地下水的流动方向不受当地侵蚀基准面的影响，水循环交替在地质构造的控制下，向更远更低的区域运动。由于埋藏较深，水循环交替缓慢，故岩溶发育很弱，其形态多为溶隙和溶孔，见图 3-23 中Ⅳ带。

这一带的岩溶也叫做区域深岩溶。我国北方地表浅部岩溶远不如南方发育，但在一些地区区域深岩溶相当发育，以至带来复杂的水文地质工程地质问题，如 1984 年开滦范各庄煤矿，深部岩溶塌陷造成特大涌水，涌水量达 12300m³/h。由于区域深岩溶埋深较大，地下水溶蚀能力降低，所以规模通常较小，分布也不广，故对水利水电工程的影响较河谷岩溶为小。

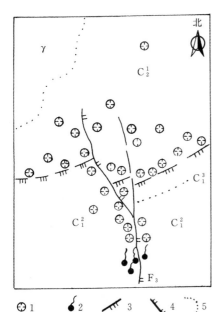

区域深岩溶的发育和分布规律也是受质纯的碳酸盐岩、地质构造（特别是向斜构造）以及深部循环水的控制，发育深度一般为 1000~2000m，最深可达 3000m，如贵州安龙参兴矿井深达 2900m 以下，在海平面以下 1482m。

上述岩溶垂直分带现象是有局限性的，一是仅在厚层质纯的碳酸盐岩中表现明显，在成层条件复杂地区，由于不透水层的隔水作用，因而不一定存在。二是仅适用于峡谷型河谷的浅部地区，对于深部的岩溶不一定都是发育微弱的溶孔、溶隙，由于深部承压水的循环，也可发育有强烈的、规模较大的岩溶现象。三是适用于近期发育的岩溶，而不能包括地壳变动幅度较大的古岩溶（古近纪以前形成的）分布规律。例如天津的地下热水，主要赋存于海平面以下 1300m 的奥陶纪灰岩的洞穴中。又如广西来宾县合山煤田，在 −700m 标高处仍有溶洞发育等。

图 3-25   粤西某地落水洞与断层分布关系

1—落水洞；2—上升泉；3—压扭性断层；4—张扭性断层；5—岩层界线；C_2^1—灰岩；C_1^3—砂页岩；C_1^2—灰岩；γ—石英闪长斑岩

3.3.4.2   岩溶分布的不均匀性

岩溶分布地带主要受下列因素控制。

1. 岩溶分布受地质构造控制

断层和裂隙是地下水在岩层中流动的良好通道，特别是区域性断裂，对岩溶发育常起控制作用，图 3-25 中表示出粤西某地落水洞沿断层发育的情况。再如辽宁观音阁水库，坝址为寒武纪石灰岩，右岸有 20 多条断层，地表溶洞有 53 个，据 39 个钻孔统计，共钻到溶洞达 90 个之多，仅 F_8 断层就遇到 30 多个，并呈串珠状分布。

另外，褶皱与岩溶关系也十分密切。褶皱的核部和转折端部位，因为多是张性裂隙，常常是岩溶最发育的地带，而褶皱的翼部岩溶发育微弱。

2. 岩溶分布受岩层及其组合控制

岩层组合是指可溶岩层与非可溶岩层的比例和互相组合关系。岩溶的发育与否，与岩层的组合类型十分密切。质纯厚层的石灰岩层，岩溶发育，并且比较均匀。如我国北方主要发育在寒武、奥陶纪灰岩中，南方则主要是寒武、奥陶、石炭、二叠及三叠纪的石灰岩中。在可溶岩和非可溶岩互层地带，由于非可溶岩起阻水作用，有利于地下水在其上部聚集和流动，因此常常在分界面的上部形成集中的岩溶带（图 3-26）。

3.3.4.3 溶洞发育的成层性

溶洞是重要的岩溶形态之一，岩溶地区有时可以看到溶洞成层出现。例如，桂林地区漓江河床以上有四层溶洞分布，有时在河床以下也有成层的溶洞存在。

溶洞成层分布的现象和层数的多少，和该地区地壳的升降运动有关。当地壳处于稳定时期，饱水带中的地下水，进行着旁侧溶蚀和机械侵蚀，可以发育成规模巨大和数量众多的水平溶洞和地下暗河，形成一个近于水平的溶洞层。当地壳上升时，地下水位和饱水带的位置相对下降，这时原来已形成的溶洞层，就相对上升。如果后来地壳又处于暂时稳定时期，则在新的饱水带中形成一层新的溶洞。反之，当地壳下降时，已形成的溶洞层即下降到地下深处，而在上部又会形成新的溶洞层。这样，由于地壳的多次变动，在一个地区，可形成不同高程的若干层溶洞（图 3-27）。

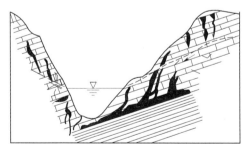

图 3-26 岩溶沿不透水层发育示意图
1—河水位；2—地下水位及流向；3—溶洞；
4—石灰岩；5—页岩

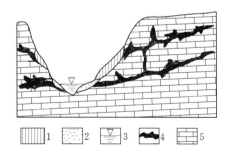

图 3-27 溶洞成层分布示意图
1—坡积物；2—砂；3—河水位；
4—溶洞；5—石灰岩

3.3.5 岩溶水

储存和运动于溶蚀洞隙中的地下水称为岩溶水。岩溶水按埋藏条件，可能是潜水，也可能为承压水。

1. 河谷岩溶水动力类型

在岩溶河谷区，水动力条件主要取决于河谷岩溶水文地质结构和地表水与地下水的相互作用。结合水利水电工程实际，按河水与地下水的补排关系，可将岩溶区河谷水动力条件划分为5种类型（表3-7）。

表 3-7   河谷岩溶水动力条件基本类型表

河谷水动力类型	剖面图式	水动力特征	形成条件	实例
补给型		两岸地下水补给河水	①本河谷就是当地的或区域的最低排水基准面；②本河谷的岩溶层不延伸到邻谷；③两岸有地下水分水岭	乌江渡、天生桥、猫跳河大部分河段、隔河岩等
补排型		河流的一侧地下水补给河水，另一侧却是河水补给地下，向下游或邻谷排泄	一侧有地下水分水岭；另一侧有岩溶层延伸到低邻谷，且无地下水分水岭	黄河万家寨河段、贵州红岩电站库首、云南绿水河、齐齐河、以礼河披戛河段
补排交替型		洪水期，地下水补给河水；枯水期，河水从一侧或两侧补给地下水，向外排泄	①两岸和河床岩溶发育，且有较近期发育的岩溶管道通往比本河段更低的排水基准面；②本河段地下水位变动幅度大，洪水期为补给型河谷，枯水期为排泄型	篆长河高桥河段、南斯拉夫特列比什尼察河中下游河段
排泄型		河水从两岸向外排泄，补给地下水	①两侧有低邻谷，并有岩溶层延伸分布，且无地下水分水岭；②两岸有强岩溶带或岩溶管道顺河通向下游，地下水位低于河水位	怒江明子山水库、窄巷口电站水库
悬托型		河床处，地下水位埋藏在河床以下深处；地下水与河水完全脱离分开，两者无直接水力联系	①河床岩溶发育，透水性强；②岩溶地下水排水基准面低；③河床表层透水性弱。此种类型多见于高原河谷	水槽子河段、罗平大于河湾子河段。漆水河羊毛湾河段、石川河桃曲坡河段、泾河动庄河段

2. 岩溶水的特征

（1）岩溶水分布的不均一性。岩溶水在空间的分布变化很大，甚至比裂隙水更不均匀。有的地方地下水汇集于溶洞孔道中，形成地下水很丰富的地区；而另一些地方水可沿溶洞孔隙流走，形成在一定范围内严重缺水的现象。有的钻孔打到溶洞，则涌水量可能很大，但是就在附近几米范围内的另一钻孔，没有打到溶洞时就可能完全无水。

（2）岩溶水的运动特征。岩溶水由于流动条件的差异，其运动性质也截然不同。在大的孔洞中，岩溶水常呈无压水流；而在断面小的裂隙处，则呈有压水流，即在同一含水层中有压水流和无压水流可以并存。同时，在大断面的孔洞地段，地下水流速快而出现紊流状态；在裂隙中渗流的水由于阻力大、流速小而处于层流状态。此外，岩溶地区既存在一些与周围联系极差的孤立水流，也存在具有统一地下水面的岩溶水流。前者常出现在岩溶山地；后者主要在岩溶发育的河谷地带和岩溶平原。在一定条件下，两者也可同处于一个含水层。另外，在强烈岩溶化地区，地表河流常常被地下暗河所袭夺潜入地下；当它在地下流动一段距离后，受通道发育条件的限制又流至地表并继续以河流形式流动。这就是明流与伏流并存。

（3）岩溶水的补给、动态及排泄特征。大气降水是岩溶水的主要补给来源，它通过各种岩溶通道，迅速地补给地下水。因此，岩溶水的动态与大气降水关系十分密切，其主要特点：一是水位、水量变化的幅度大，水位变化幅度可达80m，流量的变化更大。如广西合山某泉最大流量 $4.34m^3/s$，最小流量仅 $0.1m^3/s$，相差 40 多倍。二是有些岩溶水对大气降水的反应极为灵敏，有的在下雨后一昼夜甚至几小时就出现流量高峰，如四川红岩某泉，一般流量为 $0.14m^3/s$，暴雨 $6\sim12h$ 后，流量达 $1.04m^3/s$。但是，并非所有的岩溶泉动态都不稳定，在我国某些大的岩溶泉，流量相当稳定，如山西广胜寺泉流量就恒定在 $4\sim5m^3/s$ 之间。这是由于这些泉的补给区远、补给面积大、含水层容积大等因素对大气降水起着调节作用的缘故。

岩溶水排泄的最大特征是集中和排泄量大。岩溶水在排泄时常常形成一些特殊的泉，如反复泉和多潮泉。反复泉是只有下雨时才有泉水流出，而平时或干旱时则起消水作用（地表水流入地下）。多潮泉是泉的涌水量呈潮汐变化，有时水量大，有时几乎干涸，呈周期性的变化。

3.4 水库与坝区渗漏的工程地质条件分析

3.4.1 水库蓄水后的主要工程地质问题概述

水库蓄水以后，由于水文条件发生剧烈变化，使得库区及邻近地带的地质环境受到一定影响，从而产生各种工程地质问题，如水库坍岸或岩质边坡失稳、水库浸没、库区淤积、水库诱发地震、水库渗漏等。

3.4.1.1 水库库岸稳定

水库建成后，水库回水使沿岸地区的自然条件发生显著的变化。水位的升高造成河流局部侵蚀基准面和地下水位的抬高，原来处于干燥状态的岩土体遭受库水的浸湿或浸泡，并引起水文动态和水文地质条件的变化，使原本自然稳定的边坡在库水的作用下，稳定条件恶化，形成各种边坡破坏现象。如雅砻江锦屏一级水电站坝址区为顺向谷，岩层近直立，两岸页岩层向河床倾倒，范围达 400m 以上。锦屏一级普斯罗沟坝址左岸反向坡深部卸荷裂隙达岸坡以内 200m 左右。二滩水电站库区中段滑坡成群发育。

1. 水库滑坡

水库蓄水后，库周岸线长，涉及的天然滑坡很多，是水库岸坡稳定性研究中的重要内容。水库滑坡可造成水库周边的环境条件发生较大改变，不仅对库区人民生命财产带来直接危害，有时还会对枢纽工程造成威胁。近坝库岸的大规模滑坡如快速进入水库，可能造成巨大的涌浪，对工程造成严重的危害。关于滑坡的特征、分类、稳定影响因素、评价方法等，详见第六章。

2. 水库坍岸

水库坍岸也称水库边岸再造，是由于水库蓄水对库岸地质环境的影响，使原来结构疏松的库岸在库水，特别是波浪的作用下坍塌，形成新的相对稳定的岸坡的过程。影响水库坍岸的因素如下。

（1）水文因素。水库回水，促使地下水位上升引起库岸岩土体的湿化和物理、力学、水理性质的改变，破坏了岩土体的结构，从而大大降低其抗剪强度和承载力，易于坍岸的发生。随着库水上升，地下水壅高，地下水的坡降减缓，动水压力降低，暂时有利于库岸的稳定。当库水再度消落时，却又增加了地下水的动水压力，库岸的稳定性又显著降低。

水库蓄水水面变宽、水深增大，风速兴起的波浪作用成为水库坍岸的主要动力。波浪对坍岸的影响主要表现为击岸浪对岸壁的淘刷和磨蚀，以及对塌落物的搬运，从而加速坍岸过程。此外，库水位的变化幅度与各种水位持续的时间对水库坍岸也有较大的影响。

（2）地质因素。组成库岸的岩土类型和性质是决定水库坍岸速度及宽度的主要因素。坚硬岩石抗冲蚀能力强，能维持较大的稳定坡角，水库坍岸不严重。半坚硬岩石与水接触后性能显著改变，强度降低很多，坍岸问题比较严重。松散土特别是黄土类土组成的库岸，遇水易于软化、湿化，强度极低，坍岸问题严重。三门峡水库分布在两岸二、三级阶地上的黄土状粉质黏土、粉砂土、砂土层或卵石土层与坍岸密切相关，在水库蓄水最初一年内，坍岸宽度一般为 30～90m，最大达 290m，单宽坍岸量一般为 200～2000m³，最大达 7000m³。官厅水库黄土类土岸在蓄水最初两年内，库岸因坍岸平均后退 34m。

地质构造和岩体结构是控制基岩库岸稳定的重要因素。要特别注意各种软弱结构面的产状和组合关系、分布高程，结合库水位高程和变化幅度进行具体分析。

（3）库岸形态。库岸形态指的是岸坡高度、坡度、库岸的沟谷切割及岸线弯曲情况等，它们对坍岸也有很大影响。库岸愈高、愈陡，坍岸就愈严重；反之，则轻微。水下岸形陡直、岸前水深的库岸，波浪对库岸的作用强烈，塌落物被搬运得快，因此加快了坍岸过程。一般当地形坡度小于 10°时，不易发生坍岸。在平面形态上，支沟发育，地形切割严重且岸线弯曲的库岸，坍岸严重，特别是突嘴、凸岸三面临水，坍塌严重，平直岸和凹岸则较轻微。

此外，库岸有良好的植被和库尾的淤积作用，可保护岸壁和减弱水库坍岸。风化作用、滑坡、崩塌、地表水流的冲刷作用等，在一定程度上加速了坍岸的过程。

3.4.1.2　水库浸没

水库蓄水后使库区周围地下水相应壅高而接近或高于地面，导致地面农田盐渍化、沼泽化及建筑物地基条件恶化,这种现象称为浸没。丘陵地区、山前洪积冲积扇及平原水库,由于周围地势低缓,最易产生浸没。山区水库可能产生宽阶地浸没以及库水向低邻谷洼地渗漏的浸没。严重的水库浸没问题影响到水库正常蓄水位的选择,甚至影响到坝址选择。

水库周边地区是否产生浸没,应通过工程地质勘察进行评价。浸没评价宜分初判和复判两个阶段进行。浸没的初判应在调查水库区的地质与水文地质条件的基础上,排除不会发生浸没的地区,对可能浸没地区,可进行稳定态潜水回水预测计算,初步圈定浸没范围。经初判圈定的浸没地区应进行复判,并应对其危害做出评价。

(1) 浸没评价应依据当地浸没临界值与潜水回水位埋深之间的关系确定,当预测的潜水回水位埋深值小于浸没的临界地下水位埋深时,该地区即应判定为浸没区。

(2) 下列标志之一可作为不易浸没地区的判别标志:①库岸或渠道由相对不透水岩土层组成,或调查地区与库水间有相对不透水层阻隔,且该不透水层的顶部高程高于水库设计正常蓄水位;②调查地区与库岸间有经常水流的溪沟,其水位等于或高于水库设计正常蓄水位。

(3) 下列标志之一可作为易浸没地区的判别标志:①平原型水库的周边和坝下游,顺河坝或围堤的外侧,地面高程低于库水位地区;②盆地型水库边缘与山前洪积扇、洪积裙相连的地区;③潜水位埋藏较浅,地表水或潜水排泄不畅,补给量大于排出量的库岸地区,封闭或半封闭的洼地,或沼泽的边缘地区。

(4) 下列条件之一可作为次生盐渍化、沼泽化的判别标志:①在气温较高地区,当潜水位被壅高至地表,排水条件又不畅时;可判为涝渍、湿地浸没区;对气温较低地区,可判为沼泽地浸没区。②在干旱、半干旱地区,当潜水位被壅高至土壤盐渍化临界深度时,可判为次生盐渍化浸没区。

3.4.1.3 库区淤积问题

水库为人工形成的静水域,河水流入水库后流速顿减,水流搬运能力下降,所携带的泥沙就沉积下来,堆于库底,形成水库淤积。淤积的粗粒部分堆于上游,细粒部分堆于下游,随着时间的推延,淤积物逐渐向坝前推移。

当淤积层的渗透系数远小于库盆岩层的渗透系数时,水库淤积虽然可起到天然铺盖以防止库水渗漏的良好作用,但是大量淤积物堆于库底,将减小有效库容,降低水库效益;水深变浅,妨碍航运和渔业,影响水电站运转。严重的淤积,将使水库在不长的时间内失去有效库容,缩短使用寿命。在坝下游,由于清水下泄,冲刷作用增强,底蚀显著,河道下切,河流变直,可导致部分河段岸坡稳定性下降,出现裂缝、坍塌等现象,河道还可能出现负比降,影响汛期行洪等。

影响水库淤积的环境因素很多,主要是上游入库的泥沙量(决定于流域上游的地质构造、地形、地貌以及水土保持、水利设施等),库岸地带的崩塌、滑坡、泥石流发育状况,水库的形状特征以及水库调度特性等。在厚层第四纪松散堆积物地区(主要是黏土地区),特别是黄土地区修建水库,容易发生水库区的淤积问题。

防止淤积的工程措施有:设法减少入库的泥沙;设法排除库区的淤积物质。减少泥沙量的办法包括水土保持、加固库岸不稳定地段、整治冲沟、植树造林等。排除淤积可采用"底孔排淤",即洪水季节适当大开底孔闸门使混浊洪水畅通流至库外,并根据情况适当拦蓄较清的水或在枯水季节关闸蓄水。

3.4.1.4　水库诱发地震

因蓄水而引起库盆及其邻近地区原有地震活动性发生明显变化的现象，称为水库诱发地震，简称水库地震。它是诱发地震中震例最多、震害最重的一种类型。详见第 2 章 2.7 节。

3.4.1.5　水库渗漏

水库蓄水后，在适宜的地形、岩性、地质构造和水文地质条件下，库水将通过地下通道向库外渗漏，从而影响工程效益或大坝的安全。库水向外渗漏的途径通常有两种：其一是通过库岸的分水岭向邻谷（或相邻洼地），或经由河湾部分渗向坝下游的河道，以及通过库盆底部渗向远处低洼地区；其二是通过坝基或绕过坝肩渗向坝下游（图 3 - 28）。前者称为库区渗漏，后者称为坝区渗漏。

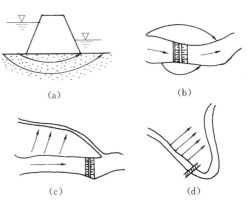

图 3 - 28　库、坝区渗漏途径示意图

(a) 坝下渗漏；(b) 绕坝渗漏；(c) 向邻谷渗漏；(d) 河湾间的渗漏

3.4.2　库区渗漏的地质条件分析

库区渗漏分暂时性渗漏和永久性渗漏两种。暂时性渗漏是指水库蓄水初期，因饱和库水位以下的岩土孔隙、裂隙和洞穴而暂时损失的水，这部分损失水量没有流出库区以外，对水库永久蓄水和运行没有威胁。永久性渗漏则是指库水沿某些地下渗漏通道流向库外的邻谷、洼地或坝下游的现象。这种渗漏是长期的，因而对水库蓄水效益影响极大，轻者削弱了水库调节径流的能力，重者可使水库不能蓄水而失去作用。还可能因大量渗漏带来其他环境地质问题。

库区永久性渗漏，必须具备适宜的地形、构造、岩性和水文地质条件。判断库区是否会发生渗漏，应从下述几方面进行综合分析研究。

3.4.2.1　地形地貌条件

山区水库若四周山体单薄，邻近又有低谷或洼地，且其底面标高低于水库正常水位，当有渗漏通道时，库水将不断地流向邻近低谷（或洼地）。邻谷切割越深，与库水位高程相差越大，渗漏的水量也越大［图 3 - 29 (a)］。反之，如邻谷切割不深，谷底高程高于正常水位时，则不会产生向邻谷的渗漏［图 3 - 29 (b)］。所以，在沟谷切割密度与深度大的山区，容易具备有利于渗漏的地形条件。如库区与坝下游河道之间的单薄分水岭河湾地段，坝上、下游的支沟间单薄分水岭地段，水库一侧或两侧

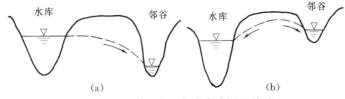

图 3 - 29　邻谷高程与水库渗漏的关系

与邻谷有横向支流相对发育的垭口地段等。

3.4.2.2　岩性和地质构造条件

　　基岩地区可能产生大量渗漏的条件，主要是在分水岭或河湾地带有岩溶通道［图3-30（b）］、宽大的断层破碎带［图3-30（c）］、褶曲转折部位、不整合面、层面以及某些节理发育、透水性强的岩层［图3-30（a）］。此外，分水岭单薄、基岩风化壳较厚的地带，或分水岭地区有古河道或冰水沉积的卵砾石层和砂土层分布［图3-30（c）］，也会产生严重的渗漏。在这些渗漏通道中，岩溶渗漏是值得特别重视的，参见本章3.4.4部分。

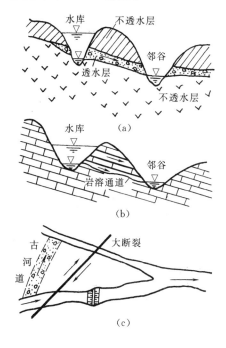

图3-30　适宜于库水向邻谷渗漏的
岩性及地质构造条件

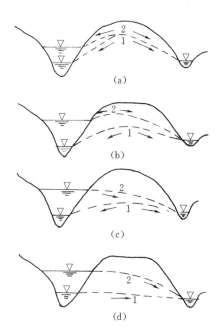

图3-31　分水岭地带水库渗漏示意图
1—水库蓄水前地下水分水岭；
2—水库蓄水后地下水分水岭

3.4.2.3　水文地质条件

　　库区地下水埋藏与运动的特点，是判断库水外渗的重要标志。

　　（1）分水岭地带的地下水为潜水时：根据地下水分水岭的位置或泉水在地表出露的高程与水库正常水位的关系，可以判断库水是否会向邻谷渗漏。它们的关系大致有以下几种情况：①建库前，地下水分水岭高于水库正常水位，则不会产生渗漏［图3-31（a）］；②水库蓄水前，若地下水分水岭的水位低于水库正常水位，水库蓄水后是否产生渗漏则取决于下列条件，若地下水分水岭低于库水位不多，而河间地块宽厚，正常库水位以下没有强烈的渗漏通道存在，蓄水后由于库水的顶托作用，地下水分水岭可能升高，并高于库水位，库水将不会产生渗漏［图3-31（b）］；地下水分水岭若低于库水位甚多，水库蓄水后地下水分水岭可能消失，库水将产生渗漏［图3-

31（c）]。③如果水库蓄水之前该河段就向邻谷渗漏，分水岭地区无地下水分水岭，则必然加剧渗漏［图 3 - 31（d）]。此外，如果建库前邻谷地下水流向库区河谷，河间地区无地下水分水岭，但邻谷水位低于水库正常蓄水位，则建库后水库仍将向邻谷渗漏。总之，地下水分水岭是地形、地质构造和岩体中地下水相互作用的综合表现，是判断库区是否渗漏的直接标志，只要地下水分水岭的高程高于水库正常水位，则无论其他条件如何恶劣，均不会渗漏。

（2）当分水岭地区有承压水存在时：只要承压含水层穿过了分水岭并在库内外两侧岸坡上出露，且其出露高程均低于水库正常蓄水位，则库水就能沿透水层以承压水形式流向邻谷。

上述几个条件是库水向邻谷或相邻洼地渗漏所必需的。因此，在判断水库是否会发生渗漏时，首先对河谷两岸的地形地貌，即单薄分水岭、垭口、河湾及库外相邻沟谷（或洼地）等的高程，应加以特别注意。然后了解这些地带有无渗漏通道，即透水岩层、断裂破碎带和岩溶通道等的存在，并结合地质构造判断其连通性。最后，再根据水文地质条件，如地下分水岭的高程及其与库水位的关系等加以综合分析，从而做出对库区渗漏的评价。

3.4.3　坝区渗漏的地质条件分析

大坝建成后，坝上游水位抬高，在上、下游水位差的作用下，库水可能通过坝基或坝肩岩层中的孔隙、裂隙、破碎带向下游渗漏。前者称为坝基渗漏，后者称为绕坝渗漏。对于坝区渗漏应当特别重视，因坝区水头高，渗透途径短，渗漏量可能很大。同时，渗透水流还可能破坏坝基岩体或使其强度降低，从而危及大坝的安全。

坝区渗漏形式分为均匀渗漏和集中渗漏两种。前者指通过砂砾石层和基岩中较为均布的风化裂隙等的渗漏；后者指通过较大的断裂破碎带和各种岩溶通道的渗漏。下面将分别对松散岩层和裂隙岩层的坝区渗漏条件进行分析（岩溶渗漏将另行讨论）。

3.4.3.1　松散岩层坝区的渗漏条件

在松散岩层地区建坝，渗漏主要是通过透水性强的砂砾石层发生的。砂砾石层有的属于现代河床沉积，有的位于阶地之上，也可能是古河道沉积。古河道砂砾石沉积可能是埋藏在河岸一侧，也可能分布于阶地之上。有时砂砾石层与不透水层成互层结构，对此，应给予充分注意（图 3 - 32）。一般在河谷狭窄、谷坡高陡的坝区，砂砾石层仅分布于谷底，因此，坝区渗漏主要发生在坝基。而在宽谷区当谷坡上分布有多级阶地时，库水除沿坝基渗漏外，还可能发生绕坝渗漏。如果砂砾石层上有足够厚的而且分布稳定的黏土层，则有利于防渗。但是，当黏土层较薄或其连续性遭到破坏时，仍将产生渗漏。例如，河南某水库副坝坝基下部为砂砾石层，其上覆盖有 5～10m 厚的黏性土，似可起防渗作用，但由于冲沟和河流

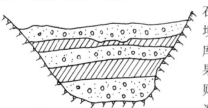

图 3 - 32　河床多层透水结构
示意剖面图

的冲刷，使黏性土层在有的地方变得很薄，当水库蓄水后，库水大量渗漏。另外，此类坝区当其两肩地形受侵蚀切割严重时，容易发生严重的绕坝渗漏。

3.4.3.2 裂隙岩层坝区的渗漏条件

在裂隙岩层分布区,由于岩层中各种结构面的透水能力的不同,以及河谷地貌和地质构造的差异,使建坝所导致的渗漏在不同地区或地段内有显著的不同。

1. 岩层中结构面及其透水性对坝区渗漏的影响

坝基与坝肩岩层中的各种结构面,常构成渗漏的通道,例如,顺河断层、跨河缓倾断层、岸坡卸荷裂隙、纵谷陡倾岩层和横谷倾向下游的缓倾岩层及层面裂隙等。其中,顺河向张开的(无充填或充填差的)、大而密集的并贯通坝基(肩)上、下游的断裂破碎带,常是造成大量渗漏的通道。但是,在同一断层带内其构造岩不同,渗漏条件也有明显的差别:一般碎块岩是强烈透水的;压碎岩是中等透水的;断层角砾岩是弱透水的;糜棱岩和断层泥则是不透水或微弱透水的。表 3-8 是几个坝址构造岩的透水率,从中可以看出这一规律。

各种原生结构面,其透水性很不一致。沉积结构面的层面、不整合面、假整合面等,延续性强、分布广,有时透水性较强;喷出岩的柱状节理、气孔构造和间隙喷发的熔岩接触面,往往因无充填或接触不良,容易构成集中渗漏的通道。例如,黑龙江某水电站坝基的玄武岩系多次喷发,勘探中发现透水最强的层位均位于每一喷出岩层的顶部或底部位置。风化裂隙、卸荷裂隙等的透水性强烈,但随深度的增加而减弱。

表 3-8 各种构造岩的透水率 单位:Lu*

坝址	破碎带的透水率 q			影响带的透水率 q
	断层泥	糜棱岩	断层角砾岩	碎块岩
1	0.18~0.49			10~40
2		<0.1	0.5~1	1~5
3		<1		深度 20m 统计,一般 2~5,最大 17
4			18	23~133

* Lu 即吕荣,为透水率的单位,以 L/min 计,详见 3.4.5 节。

各种结构面的透水性还取决于被充填的情况:当其被方解石或各种岩脉充填时,透水性最弱;被风化岩屑、黏土或粉土充填时,透水性较弱;无充填的张开裂隙,透水性最强。

2. 河谷地貌与地质结构条件对坝区渗漏的影响

河谷地貌特征在一定程度上控制着坝区的渗漏条件。根据河谷平面形态对渗漏条件的影响,可分为三种类型(图 3-33):

(1)平直形河谷。坝址上下游库水渗入和排泄条件一般较差。

(2)喇叭形河谷。当坝址上游为窄谷,下游为宽谷时,库水渗入条件差,排泄条件好。反之,渗入条件好,排泄条件差。

(3)弯曲形河谷。当坝建于河曲地段时,凸岸库水渗入和排泄条件比凹岸好。

以上三类河谷当坝址处的上下游支流沟谷发育时,坝肩地形遭受不同程度的切割破坏,常造成坝上游迎水或坝下游泄水的临空面,为库水渗入和排泄创造了有利条件。

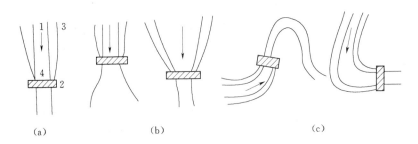

图 3-33   河谷平面形态类型示意图

(a) 平直形河谷；(b) 喇叭形河谷；(c) 弯曲形河谷

1—河道；2—坝体；3—水库回水线；4—河流流向

在倾斜岩层地区，如不考虑断层裂隙，在相同地形条件下的纵谷、横谷和斜谷具有不同的渗入和排泄条件（图3-34）：

（1）纵谷。河流沿岩层走向发育，而上下游沟谷与岩层走向垂直。在河谷纵剖面上，沿层面渗流途径最短，易于库水的渗漏；而在河谷横剖面上，一岸利于入渗，而

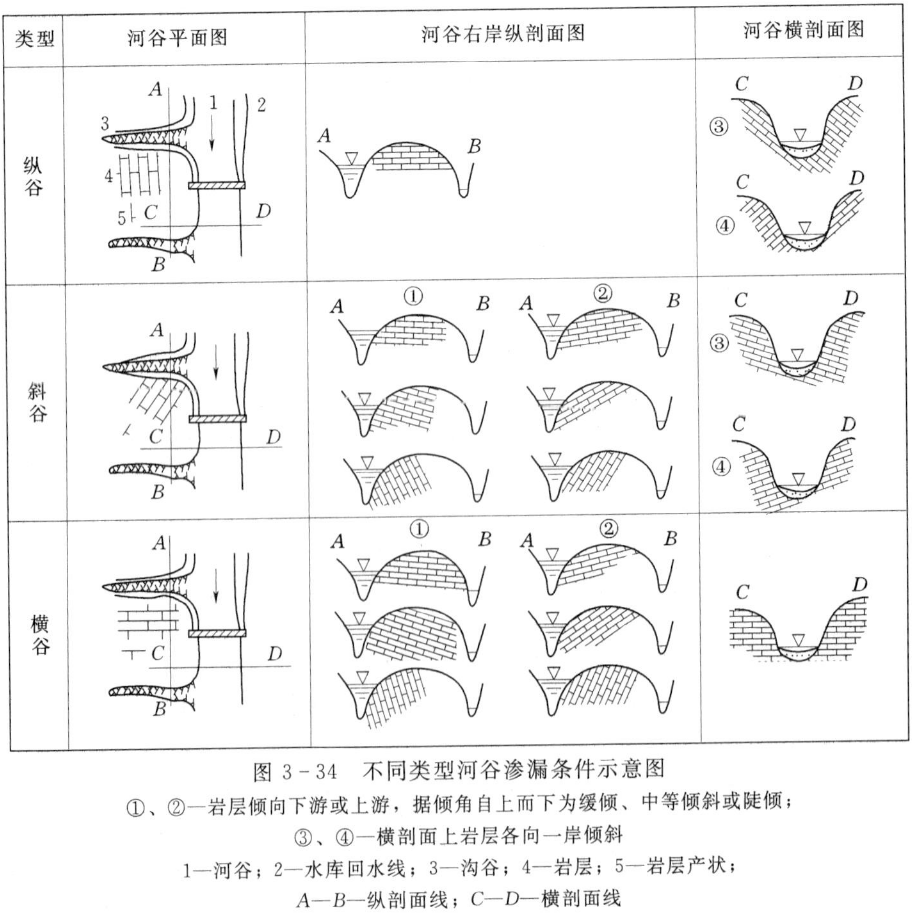

类型	河谷平面图	河谷右岸纵剖面图	河谷横剖面图
纵谷			
斜谷			
横谷			

图 3-34   不同类型河谷渗漏条件示意图

①、②—岩层倾向下游或上游，据倾角自上而下为缓倾、中等倾斜或陡倾；

③、④—横剖面上岩层各向一岸倾斜

1—河谷；2—水库回水线；3—沟谷；4—岩层；5—岩层产状；

A—B—纵剖面线；C—D—横剖面线

排泄不利，另一岸则相反。

（2）斜谷。河流和上下游沟谷与岩层走向斜交。在河谷纵剖面上可看出，沿层面渗流途径较长。当岩层倾向下游时，缓倾或中等倾斜岩层易渗漏，陡倾则渗入有利，而排泄不利；当岩层倾向上游时，缓倾、中等倾斜和陡倾岩层都不易渗漏。而在河谷横剖面上，排泄条件与纵谷相似。

（3）横谷。河流与岩层走向垂直，而上下游的沟谷与岩层走向平行。在河谷的纵剖面上渗透途径更长，故渗漏条件均较前两种为差；而在横剖面上，其顺层排泄条件两岸基本相同。

3.4.4 水库岩溶渗漏的分析与评价

岩溶区河谷一般断面狭窄，岩石硬度中等，边坡稳定，有质量较优的人工砂石骨料料源，为良好的筑坝兴库地区，却存在着影响其兴建的至关重要的工程地质问题——岩溶渗漏问题。

新中国成立以来，我国在岩溶区兴建的大部分大、中型水电站和水库的岩溶渗漏问题情况如下：①我国在岩溶区兴建的水利水电工程，由于采取了正确的防渗措施，绝大部分不漏水，或在初期出现漏水以后补作了处理，从而发挥了巨大的效益；②出现漏水的工程大部分是 20 世纪 50～60 年代勘察的中型以下的工程，如永定河官厅、以礼河水槽子、猫跳河二级、黄河青铜峡、沮水河桃曲坡、猫跳河六级、猫跳河四级、龙江拉浪等，这些工程多处于岩溶极其复杂的排泄型河谷，反映当时我国对岩溶地区筑坝的勘察和认识水平较低；③从 20 世纪 70 年代，特别是 20 世纪 80 年代以后，所兴建的乌江乌江渡、红水河大化、黄泥河鲁布革、红水河岩滩、南盘江天生桥、清江隔河岩、三岔河普定、乌江东风、太子河观音阁等一大批高坝大库工程，没有一个出现岩溶渗漏，即使是复杂的堵洞成库也是成功的。这充分说明我国对岩溶基本理论的认识、岩溶渗漏的勘察手段与处理方法，均达到了较高的水平。

水库岩溶渗漏应根据岩溶发育规律和空间分布、邻谷的位置和下切深度、河间地块岩层的透水性、岩溶化程度，以及岩溶水的补给、径流、泄排条件与动态变化和地下水分水岭的高程等岩溶水文地质条件以及非岩溶化岩层的封闭条件和隔水性能等综合判定。

有下列情况之一者，一般不存在水库向邻谷渗漏问题：

（1）邻谷的河水位（不是悬托型河流）高于水库设计蓄水位。如乌江，南、北盘江为当地最低排泄基准面，各支流均高于各梯级水库正常蓄水位，因此无向邻谷渗漏问题。

（2）水库周边有连续、稳定可靠的隔水层或相对隔水层阻隔，构造封闭条件良好。参见图 3-35（a）、（b）、（c）。如赤水河五马河口水电站，北盘江光照水电站在库首地区有厚数百米的页岩绵延 10km 以上，下游虽分别有支流五马河与光照小河存在也不会出现渗漏。

（3）河间地块存在高于水库设计蓄水位的岩溶地下水分水岭（双层或多层水文地质结构的河间地块，各层的地下水分水岭均高于设计蓄水位）。如东风水电站坝址上游支流三岔河罗圈岩河段与下游乌江的沙田河段，形成一个渗径长 19.5km 的河间地

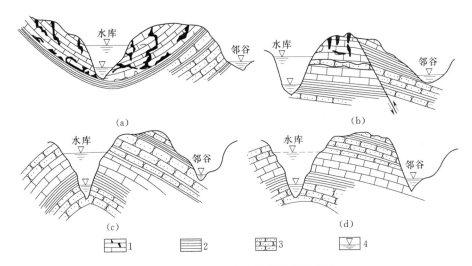

图 3-35　岩溶区水库渗漏分析示意图

(a) 库区位于纵向河谷向斜部位有隔水层包围而不致渗漏；(b) 断层切断渗漏通道；

(c) 岩层倾角较大水库不致渗漏；(d) 库水可能通过灰岩层向邻谷渗漏

1—灰岩（含溶洞）；2—页岩；3—砂岩；4—水位

块，有灰岩和白云岩贯穿分布。通过对勘探线上的钻孔水位进行长期观测，证明地下水分水岭高于设计蓄水位，故结论认为不漏，经蓄水后检验，证实此结论是正确的。

有下列情况之一者，一般存在水库向邻谷或下游渗漏问题：

(1) 库水位高于邻谷河水位，河间地块既无地下水分水岭，又无隔水层，或隔水层已被断裂破坏不起隔水作用，参见图 3-35 (d)。

(2) 库水位高于邻谷河水位，河间地块虽有岩溶地下水分水岭存在，但低于库水位，且设计正常蓄水位以下岩溶发育，有通向库外的岩溶通道。如猫跳河二级水电站右岸的黄家山垭口，岩溶地下水分水岭低于库水位 20m 左右，有通向下游的枇杷洞管道存在，蓄水后出现渗漏，漏水量估计为 $1\sim2m^3/s$ 以上，经处理后才不漏。

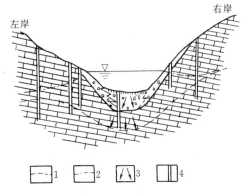

图 3-36　以礼河水槽子河段渗漏示意剖面图

1—蓄水前地下水位；2—蓄水后地下水位；

3—蓄水前河水渗流方向；4—钻孔

(3) 水库蓄水前即有明显的漏失现象：河流上下游的流量出现反常现象，河水补给地下水，两岸或一岸有地下水凹槽，存在贯通上下游的纵向岩溶通道。如云南以礼河二级电站的水库——水槽子水库有 800m 长的一段石炭、二叠系灰岩、白云岩，岩溶发育，两岸灰岩中的地下水位均低于河水位，最低的低于河水位 $22\sim25m$。河水补给地下水，原河床漏水量 $0.5m^3/s$，系穿过一向斜，从距水库 $2.5\sim3.0km$，高程低 $90\sim150m$ 的那姑盆地排出。1958 年 6 月 7 日蓄水，76 天后库外那姑盆地白雾三村一带地下水涌出地表，不久库水又漏至 13km 以外的蒙姑。通过4年的长期观测，石炭、二叠系灰岩区，漏水点逐年增加，至1962年5月共有出水点70余个，漏水量也有增大趋势。最大漏水量达1.8m³/s，参见图3-36。

岩溶区的坝址，在没有封闭条件良好的隔水层时，一般都存在坝基渗漏问题。例如，湖北某坝坝基岩层倾向下游，倾角29°～40°，并有近平行于岩层面的大逆断层穿过（图3-37），断层上盘裂隙密集，岩溶发育，其下虽有黏土岩、页岩隔水层，但无助于减少渗漏。又如，河北官厅水库坝址由硅质灰岩和白云质灰岩组成，且存在纵、横两组断层，沿断裂带溶孔、溶隙十分发育，由北沟断层带进入的渗透水流，经由连通库外的北东20°小断层组而发生绕坝渗漏（图3-38）。

有下面情况之一者，将存在较严重的坝基或绕坝渗漏问题：

（1）坝肩岩溶发育，没有封闭条件良好的隔水层。

（2）河水补给地下水，河床或两岸存在纵向地下水径流或有纵向地下水凹槽。例如，猫跳河四级水电站坝址区蓄水后

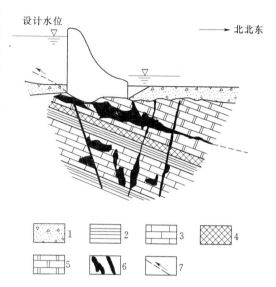

图 3-37　湖北某坝址纵剖面示意图
1—砂卵石层；2—页岩；3—石灰岩；4—黏土岩（层间错动）；5—硅质白云质灰岩；6—溶洞及岩溶化断层；7—哈牛逆断层

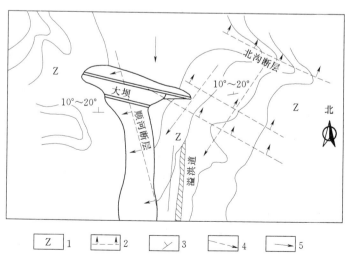

图 3-38　官厅水库坝址地质平面示意图
1—震旦系硅质灰岩组；2—断层；3—岩层产状；
4—地下水流向；5—河流流向

即漏水，漏水量初期为 $20m^3/s$，为此当时有一台 15MW 的发电机不能发电。

（3）坝区顺河向的断层、裂隙带、层面裂隙或埋藏古河道发育，并有与之相应的岩溶系统。如拉浪、温峡口、南川等水库漏水严重，只得降低水位运行。

总之，对有无岩溶渗漏，首先应从地形地貌条件上分析有无低于库水位的邻谷或河湾。而后是分析有无可靠的隔水层或相对隔水层连续封闭阻隔。如果没有隔水层，就要看地下水位高低，地下水位高于库水位则不漏；反之，则取决于岩溶化程度，如果没有管道存在或管道未贯通上、下游也不致有严重渗漏（如猫跳河六级水电站库首右岸与隔河岩水电站罗家坳河间地块就没有发生岩溶渗漏），如果岩溶发育就会出现渗漏（如猫跳河二级水电站右岸黄家山垭口等）。

3.4.5　岩层渗透性指标及防渗措施

3.4.5.1　岩层渗透性指标

岩层渗透性指标是判断工程地区水文地质条件的主要依据之一。表征岩层渗透性的指标有两个，即渗透系数 K 和透水率 q。这两个指标是评价坝、库是否渗漏或估算渗漏量的重要参数，也是地基防渗处理设计的水文地质依据。

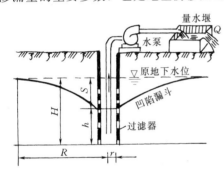

图 3-39　抽水试验简图

1. 渗透系数（K）

法国水力学家达西曾通过大量的试验，发现地下水层流的渗透速度 v 与水力梯度 I 成正比，写成公式为

$$v = KI \qquad (3-2)$$

式中：v 为渗透速度，m/d 或 cm/s；I 为水力梯度；K 为比例系数，称为渗透系数。

由上式可见，当 $I=1$ 时，则 $K=v$。即，当水力梯度为 1 时，渗透系数等于渗透速度。渗透系数的单位一般以 m/d 或 cm/s 表示。

在生产实践中，多采用抽水试验方法确定岩体的 K 值（图 3-39）。钻孔抽水试验是从钻孔中抽水并根据其出水量与降深的关系，确定含水层渗透性及了解相关水文地质条件的一种原位试验方法。

根据抽水过程中出水量和动水位是否同时出现相对稳定，并延续一定时间，可分为稳定流抽水试验和非稳定流抽水试验。根据抽水孔进水段是否完全穿透含水层，可分为完整孔抽水试验及非完整孔抽水试验。另外，还可分为潜水孔抽水试验与承压水孔抽水试验，以及单孔抽水试验与多孔抽水试验。

计算渗透系数的公式应根据试验地段的地质、水文地质条件及钻孔结构进行选择。

潜水含水层单孔完整井稳定流运动时的渗透系数计算公式为

$$K = \frac{0.732Q}{H^2 - h^2} \lg \frac{R}{r} \qquad (3-3)$$

式中：K 为渗透系数，m/d；Q 为井的出水量，m^3/d；R 为影响半径，m；r 为井的半径，m；H 为含水层厚度，m；h 为井中水位降落后水层厚度，即含水层厚度 H 与降深 S 之差，m。

2. 透水率（q）

透水率是在不含水或含水的岩层中进行钻孔压水试验所测得的岩层渗透性指标。

压水试验是用栓塞将钻孔隔离出一定长度的孔段，并向该孔段压水，根据压力与流量的关系确定岩体渗透特性的一种原位渗透试验（图 3-40）。透水率的单位为吕荣（Lu），反映当试验段压力为 1MPa 时，每米试段的平均压入流量，以 L/min 计。有的学者认为，1Lu 大致相当于渗透系数 $K = 1.5 \times 10^{-4} \sim 2 \times 10^{-5}$ cm/s。

需要指出的是，20 世纪 90 年代之前我国采用的压水试验指标为单位吸水量 ω，它是指在单位压力下每米试验段、每分钟压入岩层中的水量，以 L/（min·m·10^4Pa）计。

据 K 值和 q 值对岩土渗透性的分级见表 3-9。

渗透系数 K 值是代表整个降水漏斗较大范围内岩层的平均透水性。而透水率 q 值则是代表钻孔中某个试验段岩层的透水性。它代表的范围较小，但可说明岩层不同部位的渗透性和岩层渗透性的不均一程度。这有助于分析水库蓄水后水工建筑物地基岩层内水动力网的性质。由 q 值还可间接了解岩层中裂隙发育和破碎的程度。在进行压水试验时，可根据大坝设计的水头压力进行压水，这样有助于预测水库蓄水后坝基渗漏情况。

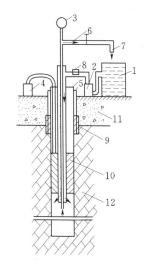

图 3-40 压水试验装置图
1—水箱；2—水泵；3—压力表；4—气泵；5—套管；6—调压计；7—回水管；8—流量计；9—黏土；10—止水栓塞；11—砂砾层；12—裂隙岩体

表 3-9 岩土体渗透性分级

渗透性等级	标 准		岩 体 特 征	土 类
	渗透系数 K（cm/s）	透水率 q（Lu）		
极微透水	$K < 10^{-6}$	$q < 0.1$	完整岩石，含等价开度 < 0.025mm 裂隙的岩体	黏土
微透水	$10^{-6} \leqslant K < 10^{-5}$	$0.1 \leqslant q < 1$	含等价开度 0.025～0.05mm 裂隙的岩体	黏土—粉土
弱透水	$10^{-5} \leqslant K < 10^{-4}$	$1 \leqslant q < 10$	含等价开度 0.05～0.1mm 裂隙的岩体	粉土—细粒土质砂
中等透水	$10^{-4} \leqslant K < 10^{-2}$	$10 \leqslant q < 100$	含等价开度 0.1～0.5mm 的岩体	砂—砂砾
强透水	$10^{-2} \leqslant K < 10^{0}$	$\geqslant 100$	含等价开度 0.5～2.5mm 裂隙的岩体	砂砾—砾石、卵石
极强透水	$K \geqslant 10^{0}$		含连通孔洞或等价开度 > 2.5mm 裂隙的岩体	粒径均匀的巨砾

注 等价开度：假定试段内每条裂隙都是平直、光滑、壁面平行，开度均相同时，裂隙的平均开度。表列数据是假定裂隙间距 1m 时，相应的等价开度范围值。

长期以来，q 值被当作坝区防渗处理——帷幕灌浆设计的主要依据和质量鉴定标准，即认为 q 值小于 1、3 或 5 时，就被视为不透水层，不需进行防渗处理。表 3-10 是我国目前所采用的标准。实践证明，作为防渗帷幕设计的依据，还应考虑影响坝体稳定的渗透压力、流速、流量等因素，而不仅仅是 q 值。帷幕的质量除考虑 q 值外，还应结合施工灌浆资料（例如耗浆量）、渗透压力降低情况和排水孔涌水量的减少等来全面分析，综合评价。因此，无论设计帷幕深度，还是鉴定帷幕质量，q 值是一个重要指标，但不是唯一的指标。

3.4.5.2　防渗措施

防渗处理的技术措施应在查清渗漏边界条件的前提下，因地制宜选定，主要有以下几种：

表 3-10　坝基（肩）防渗控制标准

岩体分类	水头 (m)	透水率 q (Lu)
抗水岩体	>70	1～3
	<70	3～5
非抗水岩体	>70	1
	<70	3

（1）堵洞。对集中漏水的通道如落水洞、溶洞及溶缝使用浆砌块石、混凝土或级配料进行封堵（图 3-41）。如猫跳河四级水库对 F_{K3} 溶洞用块石、碎石填塞后再浇一层混凝土，然后铺上黏土。右岸发电洞进口地带 1982 年堵了一个漏水口，1996 年在进水口底板和下游又发现了 $K96^1$、$K96^2$ 两个洞，均进行开挖回填混凝土并作了接触灌浆。对深度较大的漏水口则用混凝土盖板，其上再设反滤层并夯填黏土。但是，对于受地下水位升降影响产生巨大气压和水压的洞口，在进行堵塞时必须同时采取排水措施，防止气、水冲破堵体。

（2）围井或隔离。对河床边缘漏水口或反复泉周围用混凝土或浆砌石筑成圆筒形建筑物，以拦截漏水口，如广西香梅水库在反复泉出口处修一烟筒状围井，井口略高于库水位，起到了良好的隔水作用（图 3-42）。若库内个别地段落水洞集中分布，或溶洞较多，分布范围较大，采用铺、堵、围的方法处理均较困难，则可采用隔离法。用隔堤把渗漏地带与水库隔开。如云南某水库库区漏水，即采用隔离法处理，如图 3-43 所示，收到良好效果。

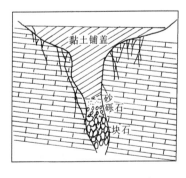

图 3-41　落水洞处理示意图

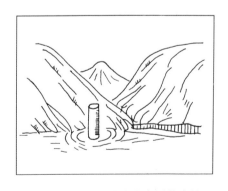

图 3-42　广西香梅水库围井素描

（3）铺盖。在坝上游或水库的某一部分，以黏土、土工布、混凝土板或利用天然淤积物组成铺盖，覆盖漏水区以防止渗漏。铺盖防渗主要适用于大面积的孔隙性或裂隙性渗漏。库底大面积渗漏，常用黏土铺盖；对于库岸斜坡地段的局部渗漏，用混凝土铺盖。为防止坝基、坝肩渗漏而设置的铺盖，最好使坝体与上游的隔水岩层相衔接，或铺盖的范围扩大使绕过铺盖的水流比降和流量均控制在允许限度以内。一般情况下，铺盖工程应在蓄水前或水库放空以后施工，以保证质量。铺盖厚度，黏土厚可为 $1/8\sim 1/10$ 水头，最小 $1m$。有承压水时，不宜用黏土做铺盖。黏土铺盖所用土的渗透系数一般应小于 $1\times 10^{-5}\,cm/s$。水槽子水库淤积物的黏土粒径均小于 $0.002mm$，渗透系数为 $n\times 10^{-6}\,cm/s$，隔水性能好。水槽子水库经过 30 多年运行，淤积厚度超过

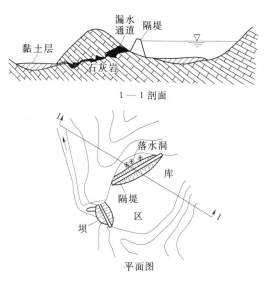

图 3-43 云南某水库采用隔离法处理渗漏示意图

10m，形成了全面的天然铺盖，渗漏基本停止。

（4）截水墙。适用于坝基下面松散岩层透水性强，抗管涌能力差，而又分布深度不大的情况。以及坝基岩溶不很发育，相对隔水层埋藏较浅的情形。墙体必须设置到不透水岩层。截水墙根据使用的墙体材料分为黏土截水墙和混凝土防渗墙。前者多用于土石坝，后者用于混凝土重力坝等。

（5）灌浆帷幕。通过钻孔向地下灌注水泥或其他浆液，填塞岩土体中的渗漏通道，形成阻水帷幕，以达到防渗的目的。灌浆帷幕适用于很厚的砂砾石地基、裂隙发育的岩基以及岩溶透水层。对裂隙性岩溶渗漏具有显著的防渗效果。对规模不大的管道性岩溶渗漏采用填充性灌浆也有一定的效果。灌浆帷幕广泛应用于我国已建工程中，其造价甚至占工程总造价的 10% 以上。

一般在坝基和坝肩部位都设置灌浆帷幕，以防止绕坝渗漏。坝肩帷幕应布置在无相对隔水层分布的坝址，以垂直（或有较大的交角）谷坡地下水等水位线及岸坡地形线为宜。在利用相对隔水层防渗的坝址，帷幕在深入岸坡一定距离后，即转向相对隔水层，与相对隔水层连接。帷幕深度及向两岸的延伸范围则根据防渗处理范围确定。

帷幕的灌浆压力、孔距、排距、排数等，根据壅水高度、建筑物特点、岩溶发育程度和灌浆试验结果确定。

（6）排水。将建筑物基础下及其周围的承压地下水或泉水通过有反滤设备的减压井、导管及排水沟（廊道）等将承压地下水引导排泄至建筑物范围以外，以降低渗透压力。排水孔、减压井或其他排水设施一般布置在防渗帷幕后面和两岸边坡。

复 习 思 考 题

3-1 河流的地质作用有哪些？其结果怎样？

3-2　河谷地貌由哪些部分组成？绘图说明。

3-3　河谷可分为哪些类型？其基本特征是什么？

3-4　河流阶地有几种类型？其特征和成因如何？

3-5　试述第四纪松散沉积物的主要成因类型和基本特征。试述泥石流及其特征。

3-6　潜水的主要特征是什么？据潜水等水位线图可了解哪些情况？

3-7　承压水的主要特征是什么？据等水压线图可了解哪些情况？

3-8　裂隙水有几种类型？特征如何？泉水有哪些类型？

3-9　地下水的物理性质及化学性质有哪些？

3-10　地下水的腐蚀性有哪些类型？

3-11　岩溶现象的常见形态有哪些？

3-12　岩溶的类型有哪些？主要特征是什么？

3-13　岩溶发育和分布有何规律？

3-14　岩溶水的主要特征是什么？

3-15　水库建成后可能出现哪些地质问题？

3-16　如何分析水库和坝区是否会发生渗漏？

3-17　岩层渗透性指标的定义及用途是什么？

3-18　主要的防渗方法和措施有哪些？

第 4 章

岩体的工程地质特性

在 20 世纪以前，由于生产规模和科学水平的限制，人们对于在岩基上修建建筑物，只注意研究岩石的软硬以区别场地的好坏、很少怀疑其整体稳定性。近百年来，随着生产和科学技术的发展，修建在岩基上的工程日益增多，规模也愈来愈大，对岩基提出了严格的要求。由于圣·弗兰西斯坝、马尔帕赛拱坝和瓦依昂水库出现了灾难性事故，使人们认识到，岩石地基的好坏不仅取决于岩石本身的强度，而且还与岩石的完整性、地下水的作用等多种因素有关，从而提出了工程岩体的概念。

岩体的定义在第 1 章 1.2 节已作了介绍。工程岩体是指人类工程活动影响范围内的岩体，包括地下工程岩体、工业与民用建筑地基、大坝基岩、边坡岩体等。工程岩体的规模大小，可视所研究的工程地质问题所涉及的范围和岩体的特点而定。

岩体和岩石的概念是不同的。岩石是矿物的集合体，其特征可以用岩块来表征。岩体则是由一种岩石或多种岩石组成，甚至可以是不同成因岩石的组合体。岩体在形成过程中，还经受了构造变动、风化作用及卸荷作用等各种内外力地质作用的破坏与改造，因此，岩体经常被节理、断层、层面及片理面等所切割，使其成为具有一定结构的多裂隙体。

一般把切割岩体的这些地质界面称为结构面，这些界面经常是开裂的或易于开裂的，它导致岩体力学性质的不连续性、不均一性及各向异性。岩体在工程荷载作用下的变形与破坏特性——岩体稳定性，主要受各种结构面性质及其组合关系的控制。因此，研究岩体的工程地质性质，首先必须研究岩体的结构特征。

影响岩体稳定的因素，包括：地形地貌条件、岩性、地质构造、岩体的结构特征、地应力、地下水的作用等地质因素，以及建筑物的规模、类型和施工方法等工程因素。在多数情况下，岩体的结构特征往往成为控制性因素。

4.1 岩体的结构特征

岩体是由结构面和结构体两部分组成的（图 4-1）。结构面也称不连续面，切割岩体的各种地质界面统称为结构面。它们是一些具有一定方向、延展较广、厚度较薄

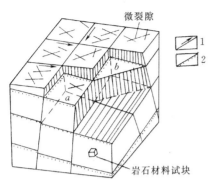

图 4-1　岩体结构示意图
1—剪节理；2—层面；
a—方块状结构体；b—三棱柱状结构体

的二维地质界面，如层面、沉积间断面、节理、断层等，也包括厚度较薄的软弱夹层。结构面在空间按不同组合，可将岩体切割成不同形状和大小的块体，这些被结构面所围限的岩块称为结构体。岩体的结构特征，就是指岩体中结构面和结构体的形状、规模、性质及其组合关系的特征。

4.1.1　结构面的成因类型

结构面是在岩体形成过程中或生成以后漫长的地质历史时期中产生的。由于岩体的成因、时代和形成以后所处的自然环境不同，结构面的类型和特征也不同。根据成因，结构面有原生结构面和次生结构面两大类，其基本类型见表 4-1。

表 4-1　　　　　　　　　　　　　结 构 面 的 基 本 类 型

成因类型	原生结构面			次生结构面		
	沉积结构面	火成结构面	变质结构面	内动力形成的结构面	外动力形成的结构面	综合形成的结构面
地质类型	层理、层面、沉积间断面、沉积软弱夹层	侵入体与围岩的接触面、流面、流线、冷凝节理、多次喷出的岩浆岩体间的接触面	板理、片理、片岩软弱夹层	节理、断层、破劈理、层间错动面（剪切带）	风化裂隙、卸荷裂隙、爆破裂隙、次生充填软弱夹层	泥化夹层

4.1.1.1　原生结构面

原生结构面是在岩石成岩过程中形成的，有以下三类。

1. 沉积结构面

沉积岩的层理、层面、沉积间断面及沉积软弱夹层等都属于沉积结构面。一般说来，沉积结构面延展性强，产状随岩层变化而变化。海相沉积结构面分布稳定而清晰。在陆相岩层中沉积结构面常发生尖灭或相互交错。一般层理和层面的强度不一定很低，但由于构造作用产生的层间错动或后期的风化作用会降低其强度。

沉积间断面包括假整合面和角度不整合面，这些结构面一般起伏不平，并有古风化残积物，常构成形态多变的软弱带。

沉积岩中常夹有页岩、泥岩及泥灰岩等沉积软弱夹层，表现为强度低，遇水易软化。

2. 火成结构面

岩浆侵入、喷溢、流动、分异及冷凝过程中形成的结构面，如流层、冷凝节理、侵入体与围岩的接触面及岩浆间歇喷溢所形成的软弱接触面等。

冷凝节理一般具有张性特征，对岩体稳定和渗漏有重要影响。侵入体与围岩的接触面，有时形成破碎带或围岩蚀变带，成为一种软弱结构面。有时侵入体与围岩间熔合得很好，强度高，可不作结构面看待。

3. 变质结构面

变质结构面可分为残留的变余结构面和变成的重结晶结构面两种。前者为沉积岩经浅变质后所具有，层面仍保留，但在层面上有绢云母、绿泥石等鳞片状矿物密集并呈定向排列。重结晶结构面主要有片理和片麻理等，由于片状或柱状矿物富集并高度定向排列，对岩体特性常起控制性作用。

变质岩中的云母片岩、绿泥石片岩和滑石片岩等，由于片理发育、岩性软弱、易于风化，常构成相对的软弱夹层。

4.1.1.2 次生结构面

1. 内动力形成的结构面

内动力形成的结构面包括节理、劈理、断层、层间剪切带等，也称构造结构面。

这类结构面除已胶结者外，绝大部分都是开裂的。其中的断层及由于层间错动所造成的层间剪切带，规模大，并充填有厚度不等、性质各不相同的充填物，有的已泥化，其工程地质性质很差。节理、破劈理等一般无充填或有厚度较薄的充填，它们主要影响岩体的完整性及力学性质。

2. 外动力形成的结构面

外动力形成的结构面主要是由风化作用、卸荷及人类活动所形成的结构面，其共同特点是只分布在地表或地表以下数十米的范围内。

风化裂隙一般呈无序状、连续性不强并多为碎屑或泥质充填。风化有时还沿原生或构造结构面发育，可形成风化夹层、风化槽或风化囊等。

卸荷裂隙是由于岩体受到剥蚀或人工开挖，引起垂直方向卸荷和水平应力释放所形成的破裂面，如在河谷斜坡上发育的顺坡向裂隙及谷底的近水平裂隙等，其成因和特征详见第 6 章。

次生充填软弱夹层，主要是由流水或重力搬运的黏土物质充填在已有裂隙中形成的。

爆破裂隙分布范围有限，其分布密度通常随距爆破点的距离增加而迅速降低。

4.1.2 结构面的特征

由于结构面是控制岩体工程地质性质的重要因素，因此，在工程实践中非常重视对结构面规模及特征的研究。

结构面的规模大小相差悬殊。大者可延展数十公里以上，宽度可达数十米。规模小者延展仅数十厘米或数十米，甚至可以是很微小的不连续裂隙。很明显，结构面规模不同，它们对岩体稳定和渗漏的影响是不一样的。

结构面的特征是影响结构面强度及其他性能的重要因素。国际岩石力学学会实验室和野外试验标准化委员会于 1978 年提出了《岩体不连续面定量描述的建议方法》，规定从方位、间距、延续性、粗糙度、侧壁强度、张开度、充填物、渗流、节理组数、块体大小十个方面进行研究。现结合我国水利水电建设的实际情况，简述如下。

（1）方位。即结构面的产状。

（2）间距。系指相邻结构面间的垂直距离，通常节理裂隙发育程度的划分是指一组结构面的平均间距。它是反映岩体的完整程度和岩块大小的重要指标。据 SL 299—2004《水利水电工程地质测绘规程》，根据节理裂隙间距（d，m），可将裂隙发育程度分为四级：不发育（$d \geqslant 2$）、较发育（$2 > d \geqslant 0.5$）、发育（$0.5 > d \geqslant 0.1$）和极发育（$d < 0.1$）。

反映结构面密集程度的指标还有线密度（k_d）及面密度（A_d）。线密度是指结构面法向方向单位测线长度上交切结构面的条数（条/m）。线密度与间距互为倒数。面密度是指单位测量面积中结构面面积所占的百分率。

（3）延续性。它是表征结构面延伸长度和展布范围的指标。我国水利水电工程地质测绘实践中将延伸长度（i，m）分为五级：很差（$i < 1$）、差（$1 \leqslant i < 3$）、中等（$3 \leqslant i < 10$）、好（$10 \leqslant i < 30$）和很好（$i \geqslant 30$）。在隧洞或地下洞室的围岩中，如果存在延伸长度为 5～10m 的平直结构面，对于围岩稳定就有很大的影响。然而，这样规模的结构面，对于边坡或坝基的稳定则影响很小。所以，在实际工作中应注意查明结构面的延续性，再结合工程的类型评价其对岩体稳定的影响程度。

（4）结构面的形态。结构面的平整光滑程度不同，抗剪强度也不同。结构面的形态有平直的、波状的、锯齿状的、台阶状的和不规则状的五种。结构面的起伏程度可用起伏差 h（mm）及起伏角 i（度）表示。结构面据表面粗糙状态一般分为明显台阶状、起伏粗糙、起伏光滑、平直粗糙、平直光滑五级。结构面的粗糙程度可用粗糙度系数（JRC）表示。详见本章结构面的抗剪强度部分。

（5）结构面侧壁强度。它可以反映结构面经受风化的程度，可用施密特回弹仪或点荷载仪测定结构面侧壁的强度。

（6）张开度。指结构面两壁间的垂直距离。结构面的张开度通常不大，一般小于 1mm。国际岩石力学学会按张开度分成闭合的、裂开的、张开的三类九个等级。我国水利水电工程地质测绘工作据张开缝宽（w，mm）将张开度分为三级：闭合（$w \leqslant 0.5$）、微张（$0.5 < w < 5.0$）、张开（$w \geqslant 5.0$）。

（7）充填物。结构面内常见的充填物有砂、黏土、角砾、岩屑及硅质、钙质、石膏质沉淀物。结构面经胶结后强度会提高，其中以铁或硅质胶结者强度最高，泥质及易溶盐类胶结者强度低、抗水性差。未胶结的充填物强度低，充填物厚度不同时，结构面的变形与强度也不同。

（8）渗流。结构面内有无渗流及流量的大小，对结构面的力学性质、有效应力的大小及施工的难易程度等均有重要的影响。

（9）节理组数。节理组数指交叉节理系统的节理组数目。节理组数的多少，决定了岩石块体的大小及岩体的结构类型。

（10）块体大小。由数组结构面切割而成的岩石块体，一般称为结构体。严格说来，结构体已不属于结构面的特征。自然界中结构体的形状非常复杂，它们的基本形状有块状、柱状、板状、楔形、菱形及锥形等六种（图 4-2）。有时由于岩体强烈变形和破坏，也可形成片状、碎块等形状。一般板状、柱状结构体的稳定性比块状结构体差，锥形、楔形结构体当具有临空条件时稳定性很差。

定量表示块体大小的指标之一是由 A. 帕尔姆斯特拉姆提出的体积节理数 J_v，它

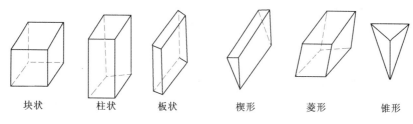

| 块状 | 柱状 | 板状 | 楔形 | 菱形 | 锥形 |

图 4-2 结构体的基本形状

的定义是单位体积通过的总节理数（裂隙数/m^3）。根据体积节理数 J_v 可对块体大小进行分类（表 4-2）。

表 4-2　　　　　　　　　　　　　　岩 石 块 体 大 小 分 类　　　　　　　　　　单位：裂隙数/m^3

块体描述	很大的块体	大块体	中等块体	小块体	很小的块体
体积节理数 J_v	<1	1～3	3～10	10～30	>30

4.1.3　软弱夹层

一般认为，软弱夹层是指在坚硬的层状岩层中夹有强度低、泥质或炭质含量高、遇水易软化、延伸较广和厚度较薄的软弱岩层。通过对大量实际工程资料的统计分析表明，软弱夹层自身的强度与夹持它的上、下坚硬岩层相比较，其强度和变形模量均低于上、下硬岩层的 1/5～1/50。

软弱夹层，特别是其中的泥化夹层是一种非常软弱的结构面，它们是控制岩体稳定性的极端重要的因素，国内外一些工程的失事均与此有关。据不完全统计，在我国已建成或正在设计、施工的 90 余座大坝中，由于软弱夹层而改变设计、降低坝高或在后期加固的共有 30 余座。因此，在水利水电工程建设中，非常重视对软弱夹层的调查与研究。

4.1.3.1　软弱夹层的成因与分类

1. 软弱夹层的成因

软弱夹层的成因类型一般有以下三种：

（1）构造型（亦称综合型）。这类软弱夹层在自然界中占多数，为岩体中某种软弱岩石或软弱面，经过地质构造的作用，岩石原始结构被破坏，原生颗粒重新分布并定向排列，经地下水活动和物理化学作用而形成软弱夹层或泥化夹层，如页岩、泥灰岩与板岩等层状地层中的层间错动夹泥，块状岩体中的破碎夹泥。这类软弱夹层分布面积大，连续性强，具有节理带、劈理带和光滑泥面等分带现象，各带的颗粒组成、结构与力学强度差别很大，其中以光滑泥面的强度最低。一般在陡倾角压性或压扭性结构面两侧，尤其是上盘部位多发育缓倾角断裂；在单斜、平缓褶曲或两个扭性断层间的地块部位，经常产生层间错动或反倾向、缓倾角断裂。

（2）原生型。这类软弱夹层在自然界中占次多数。软弱夹层与两侧非软弱夹层的物质组成在成岩过程中就存在差异，表现在软弱夹层中的石英含量与起胶结作用的碳酸盐类含量少，黏土矿物总量与黏粒含量高，力学强度低，如沉积岩的沉积韵律层面上的泥化物质，侵入岩体两侧的蚀变带，不同时期喷发物质的接触面，变质岩中变质矿物富集带以及泻湖相、陆相、滨海相层间可溶盐类夹层等。

（3）次生型。是原生型的软弱夹层经水与风化作用的产物，或为地下水淋滤而充填于裂隙中的泥及碎屑。一般含以铝硅酸盐为主的矿物，经过物理、化学风化作用后，产生含水铝硅酸盐的黏土类矿物，多分布在地表浅层地下水循环带内。

2. 软弱夹层的分类

据 GB 50287—99《水利水电工程地质勘察规范》，软弱夹层可分为岩块岩屑型、岩屑夹泥型、泥夹岩屑型、泥型四种。其黏粒（粒径小于 0.005mm）的百分含量分别为少或无、小于 10%、10%～30%、大于 30%。据 SL 55—2005《中小型水利水电工程地质勘察规范》，软弱夹层工程地质分类如表 4-3 所示。

表 4-3　　　　　　　　　　　软弱夹层工程地质分类

软弱夹层类型	黏粒含量（%）	基本特征	抗剪强度参考值		抗剪断强度参考值	
			摩擦系数 f	凝聚力 c（MPa）	摩擦系数 f'	凝聚力 c'（MPa）
破碎夹层（岩块岩屑型）	极少	薄层软弱岩层因构造挤压、错动而破碎，碎块形成层间骨架，碎块间很少有泥质物，碎块多成序排列	$0.45 < f$ ≤ 0.50	$0.050 < c$ ≤ 0.150	$0.45 < f'$ ≤ 0.55	$0.100 < c'$ ≤ 0.250
破碎夹泥层Ⅰ（岩屑夹泥型）	<10	以碎块、岩屑为主，在碎块骨架间填有少量泥浆或次生泥质物，厚度常有变化	$0.35 < f$ ≤ 0.45	$0.025 < c$ ≤ 0.050	$0.35 < f'$ ≤ 0.45	$0.050 < c'$ ≤ 0.100
破碎夹泥层Ⅱ（泥夹岩屑型）	10～30	碎块岩屑间填充泥质物较多，呈泥包碎块状，有时上、下层面附有断续的泥化层	$0.25 < f$ ≤ 0.35	$0.015 < c$ ≤ 0.025	$0.25 < f'$ ≤ 0.35	$0.020 < c'$ ≤ 0.050
泥化夹层（全泥型）	>30	薄层软弱岩石全部或大部分泥化而成，可塑状，以泥质物为主，夹于上、下硬岩之间，有时有次生泥质物充填	$0.15 < f$ ≤ 0.25	$0.010 < c$ ≤ 0.015	$0.18 < f'$ ≤ 0.25	$0.002 < c'$ ≤ 0.005

4.1.3.2　泥化夹层的形成与特征

黏土岩类岩石经一系列地质作用变成塑泥的过程称为泥化，泥化的标志是其天然含水量等于或大于塑限。因此，泥化夹层具有结构松散、密度小、含水量大、黏粒含量高（一般大于 30%）、强度低、变形大等特点，其峰值摩擦系数为 0.15～0.30，多数为 0.2，变形模量一般小于 50MPa。

泥化夹层是软弱夹层中性质最坏的一类，对岩体的抗滑稳定往往起控制作用。长江葛洲坝水利枢纽是泥化夹层研究的成功范例。葛洲坝工程泥化夹层的成因和后期演变，夹层的类型划分，矿物、化学成分和结构、构造的分析研究，为此后众多工程的泥化夹层的研究打下了基础。泥化夹层通常都是综合成因的，一般认为泥化夹层的形成必须具备下述三个条件：

（1）物质基础。黏土岩类夹层是泥化夹层形成的物质基础，而且原岩中黏粒含量愈高、蒙脱石组黏土矿物愈多愈有利于泥化。

（2）构造作用。构造作用可以破坏原来黏土岩夹层的完整性，为地下水的渗入提供通道；同时，原岩的矿物颗粒连接也会受到严重的破坏，为泥化提供重要的有利条件。许多工程实例表明，由层间错动形成的层间剪切带是形成泥化夹层的重要条件。发育完善的层间剪切带，一般可进一步分为泥化错动带、劈理带和节理带（图4-3）。泥化错动带与层间错动的主滑动面相一致，由于主滑面上、下岩层错动

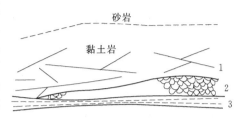

图4-3　某工程层间剪切带示意图
（据长江水利委员会）
1—节理带；2—劈理带；3—泥化错动带

时的研磨作用，使黏土矿物和水分沿错动面富集，因而形成泥膜或泥化带，并可见镜面及擦痕等剪切滑动的痕迹。劈理带由于片状黏土颗粒沿劈理面定向排列，水极易沿劈理侵入，故劈理带也常易形成泥化。节理带岩石的结构基本未遭受破坏，因此，一般不能形成泥化带。

（3）地下水的作用。黏土岩夹层经层间错动使原岩结构遭受强烈破坏后，水在黏粒周围形成结合水膜，使颗粒进一步分散，颗粒间连接力减弱，含水量增加，使岩石处于塑态甚至接近流态，即产生了泥化。水在泥化夹层形成过程中，还有溶解盐类、水化和水解某些矿物等复杂的物理、化学作用。

4.1.4　岩体的结构类型

为概括岩体的变形破坏机理及评价岩体稳定性的需要，可根据岩体的节理化程度，划分岩体的结构类型。GB 50287—99《水利水电工程地质勘察规范》将岩体结构划分为4个大类和12个亚类，其基本特征见表4-4。

表4-4　　　　　　　　　　岩　体　结　构　分　类

类型	亚类	岩体结构特征
块状结构	整体状结构	岩体完整，呈巨块状，结构面不发育，间距大于100cm
	块状结构	岩体较完整，呈块状，结构面轻度发育，间距一般100～50cm
	次块状结构	岩体较完整，呈次块状，结构面中等发育，间距一般50～30cm
层状结构	巨厚层状结构	岩体完整，呈巨厚层状，结构面不发育，间距大于100cm
	厚层状结构	岩体较完整，呈厚层状，结构面轻度发育，间距一般100～50cm
	中厚层状结构	岩体较完整，呈中厚层状，结构面中等发育，间距一般50～30cm
	互层状结构	岩体较完整或完整性差，呈互层状，结构面较发育或发育，间距一般30～10cm
	薄层状结构	岩体完整性差，呈薄层状，结构面发育，间距一般小于10cm

续表

类型	亚　类	岩 体 结 构 特 征
碎裂结构	镶嵌碎裂结构	岩体完整性差，岩块镶嵌紧密，结构面较发育到很发育，间距一般 30～10cm
	碎裂结构	岩体较破碎，结构面很发育，间距一般小于 10cm
散体结构	碎块状结构	岩体破碎，岩块夹岩屑或泥质物
	碎屑状结构	岩体破碎，岩屑或泥质物夹岩块

4.2　岩体的主要力学特性

　　由于岩体中存在各种软弱结构面，所以岩体的力学性质与岩块的力学性质有很大的差别。一般来说，岩体较岩块易于变形，并且其强度显著低于岩块的强度。关于岩体变形与强度理论，在岩石力学课程中讲述。这里，主要介绍一些最基本的概念和岩体变形与破坏的特征。

4.2.1　岩体的变形特征
4.2.1.1　岩体的压缩变形特征
　　岩体变形是评价工程岩体稳定性的重要指标，无论是工程施工（施工方案及施工速度），还是正常运营均要求岩体变形不超过某一极限值，地下洞室工程及高坝等构筑物对于岩体变形量的要求尤其严格，所以变形控制是岩体工程设计的基本准则之一。因为岩体中存在各种结构面，所以岩体变形是结构体、结构面及充填物三者变形的综合反映，一般情况下后两者的变形对于岩体变形具有控制作用。岩体变形特征通常是由现场岩体变形试验所测量的压力—变形曲线及相应的变形指标来描述。现场岩体变形试验方法很多，包括静力法及动力法两大类。

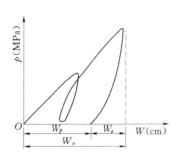

图 4-4　岩体弹性变形及
塑性变形示意图
W_e—弹性变形；W_p—塑性变形；
W_o—总变形

　　在岩体（半无限体）变形试验中，对岩体试件进行逐级循环加载，并记录每一次加载、卸载后岩体变形稳定时的变形值 W 及与之对应的荷载压力 p，然后分别以荷载压力 p 为纵坐标，以变形值 W 为横坐标在直角坐标系中绘制出岩体的压力—变形曲线，即 $p-W$ 曲线，如图 4-4 所示。逐级循环加载包括逐级一次循环加载及逐级多次循环加载两种方式。

　　由图 4-4 可知，对应于每一级荷载压力 p 的总变形值 W_o 均包括弹性变形值 W_e 及塑性变形值或残余变形值 W_p 两部分。

　　刚性承压板试验变形参数按式（4-1）计算

$$E = \frac{\pi}{4} \frac{(1-\mu^2)pD}{W} \tag{4-1}$$

式中：E 为变形模量或弹性模量，MPa，当以全变形 W_o 代入式（4-1）中计算时为变形模量 E_o，当以弹性变形 W_e 代入式（4-1）中计算时为弹性模量 E_e；μ 为岩体泊松比；p 为按承压板单位面积计算的压力，MPa；D 为承压板直径；W 为岩体表面变形。

岩体的变形模量也是表征岩体质量好坏的一种指标，在水电工程建设中可根据表 4-5 划分岩体质量等级。

表 4-5　　　　　　　　　　岩体根据变形模量的分级

岩体类型	I	II	III	IV	V
	好岩体	较好岩体	中等岩体	较坏岩体	坏岩体
变形模量（GPa）	>20	10~20	2~10	0.3~2	<0.3

由于岩体中结构面发育情况、充填情况及岩石性质的差异，岩体在加载变形过程中，其压力 p 与变形 W 的关系曲线通常有下列三种类型：①直线型 [图 4-5（a）]，当岩体节理不发育，岩体坚硬完整时，其 $p-W$ 曲线呈直线型；②上凹型 [图 4-5（b）]，它反映出岩体中节理发育且充填不好，在加载初期节理逐渐压密闭合，$p-W$ 曲线斜率较缓，随着荷载增加，结构面闭合后则压力与变形曲线变陡，最后呈直线关系；③上凸型 [图 4-5（c）]，当荷载较低时，$p-W$ 呈直线关系，随荷载增加，$p-W$ 呈曲线关系，它反映了岩性软弱或深部埋藏有软弱岩层。

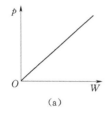
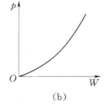
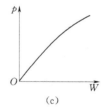

图 4-5　岩体变形曲线的三种基本类型
(a) 直线型；(b) 上凹型；(c) 上凸型

岩体在地震、爆破、水流振动或机械振动等动荷载作用下的变形特性与静荷载作用下的变形特性情况不同。岩体在动荷载作用下的变形特性可用动弹性模量 E_d 来表示。岩体中的一点受到动荷载冲击后将产生振动，这种振动以弹性波的形式向外扩散。根据弹性理论可导出动弹性模量 E_d（GPa）与波速间有下列关系

$$E_d = \rho V_p^2 \frac{(1+\mu_d)(1-2\mu_d)}{1-\mu_d} \tag{4-2}$$

或
$$E_d = 2\rho V_s^2(1+\mu_d) \tag{4-3}$$

式中：V_p 为纵波波速，m/s；V_s 为横波波速，m/s；ρ 为岩体密度，g/cm³；μ_d 为动泊松比。

由于弹性波法的作用力小（10^{-2} N/cm² 范围内）和作用时间短暂（秒范围内），因而岩体的变形是弹性的。而静力法的荷载大，作用时间长而缓慢，岩体的变形包含有非弹性部分。因此，一般用动力法测得的动弹性模量 E_d 比静力法测得的静弹性模量 E_e 要高。根据国内外 175 个对比资料的统计，E_d 与 E_e 的比值在 1~20 之间，其中为 1~10 的占 85% 以上。因此，在应用由岩体变形实验测得的弹性模量时，必须考

虑这一点。

动力法的优点是简便、快速、经济，能在现场大量量测并能反映较大范围内岩体的变形特性。因此，寻求不同类型岩体的动、静弹性模量之间的关系有很大的生产实践意义。有了这种关系，就可以用动弹性模量推算静弹性模量。但是，由于自然界岩体的复杂性，至今尚未获得一个公认的、能普遍适用的关系式。

目前，对于一些不能进行大量现场静弹性模量试验的中小型工程，可通过动力法求得岩体的动弹性模量 E_d，利用下式估算设计用的岩体静弹性模量 E_e。

$$E_e = jE_d \tag{4-4}$$

式中：j 为折减系数，与岩体的完整性有关，可按表 4-6 选取。

表 4-6   岩体完整性系数与折减系数的关系

岩体完整性系数 $(V_m/V_r)^2$	1.00~0.90	0.90~0.80	0.80~0.70	0.70~0.65	<0.65
折减系数 j	1.00~0.75	0.75~0.45	0.45~0.25	0.25~0.20	0.20~0.10

注 V_m 为岩体的纵波波速；V_r 为岩石的纵波波速。

对于大型水电工程，应根据某一工程地质单元或某一岩类，进行现场动、静弹性模量对比试验，建立 $E_e = f(E_d)$ 的关系式。我国石门双曲拱坝，动、静弹性模量比值为 1.5~2.0。将这一比值推广到整个坝区，大大地减少了静力试验工作量，节省了工程费用。

4.2.1.2 岩体剪切变形特征

岩体的剪切变形是许多岩体工程中最常见的一种变形模式，如坝基岩体滑动、边坡滑动等。原位岩体剪切试验研究表明，岩体的剪切变形曲线十分复杂。沿结构面剪切和剪断岩体的剪切曲线明显不同；沿平直光滑结构面和粗糙结构面剪切的剪切曲线也有差异。根据剪应力—剪位移（$\tau - u$）曲线的形状及残余强度 τ_f 与峰值强度 τ_p 的比值，可将岩体剪切变形曲线分为如图 4-6 所示的 3 类。

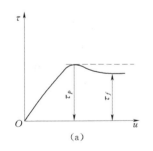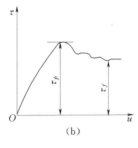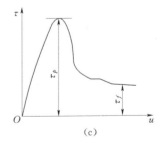

图 4-6   岩体剪切变形曲线类型示意图

（1）峰值前变形曲线的平均斜率小，破坏位移大，一般可达 2~10mm；峰值后随位移增大强度损失很小或不变，$\tau_f/\tau_p \approx 1.0~0.6$。沿软弱结构面剪切时，常呈这类曲线 ［图 4-6 (a)］。

（2）峰值前变形曲线平均斜率较大，峰值强度较高。峰值后随剪位移增大强度损失较大，有较明显的应力降。$\tau_f/\tau_p \approx 0.8~0.6$。沿粗糙结构面、软弱岩体及强风化岩体剪切时，多属这类曲线 ［图 4-6 (b)］。

（3）峰值前变形曲线斜率大，曲线具有较明显的线性段和非线性段，比例极限和屈服极限较易确定。峰值强度高，破坏位移小，一般约 1mm 左右。峰值后随位移增大强度迅速降低，残余强度较低，$\tau_f/\tau_p \approx 0.8 \sim 0.3$。剪断坚硬岩体时的变形曲线多属此类 [图 4-6（c）]。

4.2.2 岩体的流变特性

材料在外部条件不变的情况下，应力或变形随时间而变化的性质称为流变性。流变有蠕变和松弛两种表现形式。蠕变是指在应力一定的条件下，变形随时间的持续而逐渐增长的现象；松弛是指在变形保持一定时，应力随时间的增长而逐渐减小的现象。

试验和工程实践表明，岩石和岩体均具有流变性。特别是软弱岩石、软弱夹层、碎裂及散体结构岩体，其变形的时间效应明显，蠕变特征显著。有些工程建筑的失事，往往不是因为荷载过高，而是在应力较低的情况下岩体即产生了蠕变破坏。

对一组试件，分别施以大小不同的恒定荷载，测定各试件在不同时间的应变值，则可得到一组如图 4-7 所示的蠕变曲线。

由图 4-7 可见，岩体的蠕变曲线，因恒定荷载大小不同可分为两种类型：一类是在较小的恒定荷载作用下（$\sigma < \sigma_\infty$），随着时间的增长，变形速率递减，最后趋于稳定，是一种趋于稳定的蠕变；另一类为趋于非稳定的蠕变，即当恒定荷载超过某一极限值后（$\sigma > \sigma_\infty$），变形随时间不断增长，最终导致破坏。

软弱岩石的典型蠕变曲线可分为以下三个阶段：

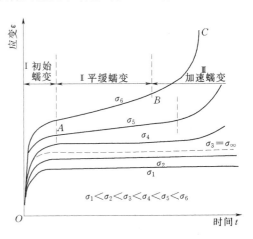

图 4-7 不同应力条件下岩体的蠕变曲线

（1）初始蠕变阶段，如图 4-7 中的 OA 段。其特点是变形速率逐渐减小，所以又称为减速蠕变阶段。

（2）等速蠕变阶段，如图 4-7 中的 AB 段。其变形缓慢平稳，应变随时间呈近于等速的增长。

（3）加速蠕变阶段，如图 4-7 中的 BC 段。本阶段的特点是变形速率加快，直至岩体的破坏。

在岩石流变试验基础上建立反映岩石流变性质的流变方程，通常分为经验方程法和微分方程法。前者包括幂函数方程、指数方程以及幂函数与对数函数混合方程等。后者又叫流变模型理论法，模型由理想化的具有基本性能的弹性、塑性和黏性元件组合而成。这些经验方程，主要是模拟前两个阶段的，对于加速蠕变，至今尚未找到简单的公式。

图 4-7 表明，当岩体所受的长期应力超过某一临界应力值时，岩体才经蠕变发展至破坏，这一临界应力值称为岩体的长期强度，以 τ_∞ 或 σ_∞ 表示。

岩体的长期强度取决于岩石及结构面的性质、含水量等因素。根据原位剪切试验资料，软弱岩体和泥化夹层的长期剪切强度 f_∞ 与短期剪切强度 f_c 的比值约为 0.8，大体相当于快剪试验的屈服强度与峰值强度的比值。

4.2.3　岩体的强度性质

岩体强度是指岩体抵抗外力破坏的能力。由于岩体是由结构面和各种形状岩石块体组成的，所以，其强度同时受二者性质的控制。在一般情况下，岩体的强度既不等于岩块的强度，也不等于结构面的强度，而是二者共同影响表现出来的强度。但在某些情况下，可以用岩块或结构面的强度来代替。例如，当岩体中结构面不发育，呈完整结构时，岩体的强度即为岩石强度；如果岩体沿某一结构面产生整体滑动，则岩体强度完全受结构面强度控制。岩体沿结构面产生剪切滑动时强度最低，完全剪断岩石时强度最高，岩体的抗剪强度介于两者之间。

因此，岩体的强度受结构面的产状、结构面的密度及围压大小等因素影响。岩石的抗剪强度已在第 1.5 节讲述，下面重点介绍结构面的抗剪强度。

4.2.3.1　平直光滑无充填结构面的抗剪强度

这类结构面以光滑结构面及磨光面为代表，如剪切节理、金刚石锯片切开的平面等。这类结构面的抗剪强度接近于人工磨光面的摩擦强度，即

$$\tau = \sigma\tan\varphi_j \qquad (4-5)$$

式中：σ 为结构面的法向应力；φ_j 为结构面的内摩擦角。

一般来说，因多数天然平直结构面多具有细微的起伏或凹凸，其粗糙度比人工磨光面大。因此，其抗剪强度通常由摩擦阻力和凝聚力 c_j 两部分组成。

4.2.3.2　粗糙起伏无充填结构面的抗剪强度

结构面的粗糙起伏增加了结构面的抗剪强度。对于规则锯齿状结构面的抗剪强度，帕顿（F. D. Patton，1966）曾进行了理想化石膏模型试验（图 4-8），在法向应力 σ 和剪应力 τ 作用下，锯齿凸起面上受到的法向应力 σ_n 和剪应力 τ_n 为

$$\sigma_n = \tau\sin i + \sigma\cos i$$

$$\tau_n = \tau\cos i - \sigma\sin i$$

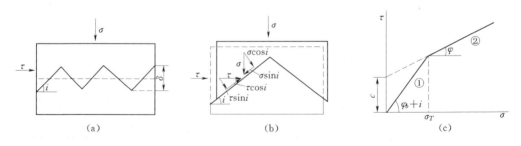

图 4-8　锯齿状结构面的剪切机理
(a) 理想化模型；(b) 锯齿受力情况；(c) 抗剪强度包络线

设产生滑动时，服从库仑强度准则，则可推导出结构面的抗剪强度为

$$\tau = \sigma\tan(\varphi_b + i) \qquad (4-6)$$

式中：φ_b 为结构面的基本摩擦角；i 为齿面的起伏角。

库仑强度准则是库仑于 1773 年提出的内摩擦准则，该准则规定：若用 σ 和 τ 代表受力单元体某一平面上的正应力和剪应力，当 τ 的数值与 $\tau_f(\tau_f = \sigma\tan\varphi + c)$ 相等时，该单元就会沿此平面发生剪切破坏。

由式（4-6）可知，在正应力较低时，锯齿状起伏结构面的抗剪强度，随起伏角 i 的增加而加大，即所谓的爬坡效应，其强度包络线如图 4-8（c）中的①所示。当正应力 σ 较大时，将限制试块沿齿面向上滑动，使锯齿在剪应力作用下被剪断。这时，结构面的抗剪强度不单取决于剪切面的摩擦阻力，而主要是由锯齿处的岩石的抗剪强度决定，即

$$\tau = \sigma\tan\varphi + c \tag{4-7}$$

式中：φ 为凸起岩石的内摩擦角；c 为该部分岩石的凝聚力。其抗剪强度包络线如图 4-8（c）中的②所示。

如上所述，啃断锯齿的条件是当法向应力 σ 达到一定值 σ_T 时，上滑运动所做的功达到并超过了剪断凸起部分岩石所需的功。从式（4-6）和式（4-7）可求得剪断凸起体时的法向应力条件为

$$\sigma_T = \frac{c}{\tan(\varphi_b + i) - \tan\varphi} \tag{4-8}$$

自然界绝大多数粗糙结构面都是不规则起伏的，因此，不能用一个简单的起伏角来描述结构面的粗糙情况。对于不规则起伏的结构面，巴顿（N. R. Barton）于 1973 年提出用下式计算结构面的抗剪强度

$$\tau = \sigma\tan\left[\text{JRC}\log\left(\frac{\text{JCS}}{\sigma}\right) + \varphi_b\right] \tag{4-9}$$

式中：σ 为结构面上的正应力；φ_b 为岩石的基本摩擦角，即岩石平滑锯开面的摩擦角；JCS 为结构面两壁岩石的抗压强度；JRC 为结构面的粗糙系数，由最光滑到最粗糙分别为 $0\sim20$，可通过实测的结构面剖面与图 4-9 所示的标准剖面对比求得。

4.2.3.3 有充填物结构面的抗剪强度

有充填物结构面的抗剪强度，主要取决于充填物的成分、结构、厚度及充填程度等。

充填物的成分和粒度不同时，结构面的强度也不同。如表 4-3 所示，一般结构面的强度随充填物中黏土含量增加而降低，随碎屑成分粒度加大而增加。

结构面的抗剪强度，一般还随充填物厚度增加而降低。对于起伏结构面，其强度还受充填厚度 t 与起伏差 h 之间关系的控制。将 t/h 称为充填度。一般随充填度增加结构面的强度逐渐降低，当充填物的厚度 t 大于起伏差 h 后，充

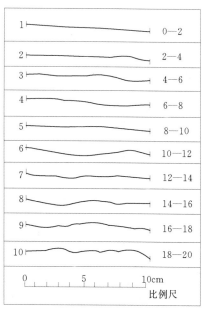

图 4-9 确定 JRC 值的
标准剖面（据巴顿）

填物逐渐起控制作用。朱庄水库试验资料表明（详见第5章），当充填度达到200%以后，结构面的摩擦系数 f 值趋于稳定。

4.3　岩体的天然应力状态

工程施工前存在于岩体中的应力，称为天然应力、初始应力或地应力。地应力的方向及大小对地震、水库诱发地震及区域地壳稳定性评价均有非常重要的影响。

4.3.1　天然应力的组成

地应力的形成主要与地球的各种动力运动过程有关，其中包括：板块边界受压、地幔热对流、地心引力、岩浆侵入、地温梯度、地球内应力、地球旋转和地壳非均匀扩容等。一般认为，天然应力主要是由自重应力和构造应力两部分组成的，它们叠加起来就组成了天然应力的主体。

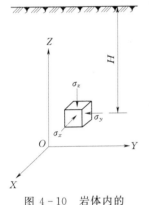

图 4-10　岩体内的自重应力

1. 自重应力

在地表近于水平的情况下，重力场在岩体内任一点上形成相当于上覆岩层重量的垂直应力 σ_z（图4-10），即

$$\sigma_z = \gamma H \qquad (4-10)$$

式中：H 为该点的深度，m；γ 为上覆岩石的平均重度，kN/m^3。

由于泊松效应，造成的侧向水平应力为

$$\sigma_x = \sigma_y = \frac{\mu}{1-\mu}\sigma_z = \lambda \sigma_z \qquad (4-11)$$

式中：μ 为岩石的泊松比；λ 为侧压力系数。

对于大多数坚硬岩体，$\mu = 0.2 \sim 0.35$，故自重应力场造成的水平应力约等于垂直应力的 $25\% \sim 54\%$。

2. 构造应力

构造应力是由构造运动所引起的地应力。构造应力场是随构造形迹的发生发展而变化的非稳定应力场。但就人类工程活动的时间与构造形迹形成的时间相比，可以近似地、相对地把构造应力场看成是不随时间而变化、只随空间变化的应力场。

一般构造应力场的特点是：最大主应力为水平应力，具有很强的方向性；构造应力的分布具有区域性；构造应力不严格随深度增加而增加；有时构造应力比自重应力大很多。

关于构造应力的起源，目前有两种观点：一种是李四光提出的，认为由于地球自转速度变化产生了离心惯性力和纬向惯性力而引起的；另一种是用板块运动的观点解释，如中国大陆的构造应力，一是印度板块从西南向北北东方向推移，在我国西部地区形成强烈挤压带，现在印度板块仍以每年5cm的速度向北北东方向推进，它是我国西部构造应力场的决定因素。另外，太平洋板块与菲律宾板块分别从北北东和南东方向向中国大陆挤压，影响到我国华北和华南的构造应力场。

4.3.2 天然应力的分布规律

通过理论研究、地质调查和大量的地应力测量资料的分析研究，已初步认识到浅部地壳应力分布的一些基本规律。

（1）地应力是时间和空间的函数。地应力在绝大部分地区是以水平应力为主的三向不等压应力场。三个主应力的大小和方向是随着空间和时间而变化的，因而它是个非稳定的应力场。例如，在某些地震活动活跃的地区，地应力的大小和方向随时间的变化是很明显的。

（2）实测垂直应力基本等于上覆岩层形成的重力。对全世界实测垂直应力 σ_v 的统计资料的分析表明，在深度为 $25\sim2700\mathrm{m}$ 的范围内，σ_v 呈线性增长，大致相当于按平均重度 γ 等于 $27\mathrm{kN/m^3}$ 计算出来的重力 γH。

（3）水平应力普遍大于垂直应力。实测资料表明，在绝大多数（几乎所有）地区均有两个主应力位于水平或接近水平的平面内，其与水平面的夹角一般不大于 $30°$，最大水平主应力 $\sigma_{h,\mathrm{max}}$ 普遍大于垂直应力 σ_v；$\sigma_{h,\mathrm{max}}$ 与 σ_v 之比值一般为 $0.5\sim5.5$，在很多情况下该比值大于 2；如果将最大水平主应力与最小水平主应力的平均值 $\sigma_{h,\mathrm{av}}$ 与 σ_v 相比，总结目前全世界地应力实测的结果，得出 $\sigma_{h,\mathrm{av}}$ 与 σ_v 的比值一般为 $0.5\sim5.0$，大多数为 $0.8\sim1.5$，这说明在浅层地壳中平均水平应力也普遍大于垂直应力。这再次说明，水平方向的构造运动如板块移动、碰撞对地壳浅层地应力的形成起控制作用。

（4）平均水平应力与垂直应力的比值随深度增加而减少，但在不同地区，变化的速度很不相同。

（5）最大水平主应力和最小水平主应力也随深度呈线性增长关系。

（6）最大水平主应力 $\sigma_{h,\mathrm{max}}$ 和最小水平主应力 $\sigma_{h,\mathrm{min}}$ 之值一般相差较大，$\sigma_{h,\mathrm{min}}$ 与 $\sigma_{h,\mathrm{max}}$ 的比值一般为 $0.2\sim0.8$，多数情况下为 $0.4\sim0.8$。

（7）地应力的上述分布规律还会受到地形、地表剥蚀、风化、岩体结构特征、岩体力学性质、温度、地下水等因素的影响，特别是地形和断层的扰动影响最大。

地形对原始地应力的影响是十分复杂的。在具有负地形的峡谷或山区，地形的影响在侵蚀基准面以上及其以下一定范围内表现特别明显。参见第 6.1 节。近地表或接近谷坡的岩体，其地应力状态和深部及周围岩体显著不同，并且没有明显的规律性。随着深度不断增加或远离谷坡则地应力分布状态逐渐趋于规律化，并且显示出和区域应力场的一致性，见图 4-11。

在断层和结构面附近，地应力分布状态将会受到明显的扰动。断层端部、拐角处及交汇处将出现应力集中现象。由于断层带中的岩体一般都比较软弱和破碎，不能承受高的应力和不利于能量积累，所以成为应力降低带，其最大主应力和最小主应力与周围岩体相比均显著减小。

4.3.3 地应力研究的工程意义

地应力的大小、方向和分布、变化规律，除了影响到工程场地的区域稳定性外，还对工程建筑的设计与施工有直接的影响。例如，在低应力区岩体松弛、易漏水、风化带深；在高地应力地区，由于开挖卸荷会引起岩体的变形与破坏。但有时高地应力也会对工程起有利的作用。关键在于充分认识地应力的分布与变化规律，认识地应力

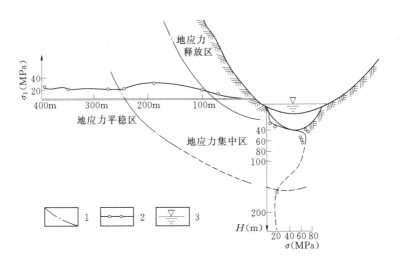

图 4-11　雅砻江二滩坝址地应力空间分布特征

1—地应力分区界线；2—地应力实测值及拟合曲线；3—江水面

（据白世伟、李光煜，1982）

对岩体变形与破坏的影响。

　　在工程上，关于地应力的高低不是以其绝对值大小来划分的，而是相对于围岩强度而言的。目前，国内外均以岩石饱和单轴抗压强度 R_b 与最大水平主应力 σ_{max} 的比值来区分地应力的高低。如法国隧道协会、日本应用地质协会及前苏联顿巴斯煤矿均规定：$R_b/\sigma_{max}<2$ 为高应力区；$2<R_b/\sigma_{max}<4$ 为中等应力区；$R_b/\sigma_{max}>4$ 为低应力区。我国 GB 50218—94《工程岩体分级标准》中提出：强度应力比（R_b/σ_{max}）小于 4 为极高应力区；等于 4～7 时为高应力区。关于低地应力，一般是指水平地应力小于由于自重所形成的水平应力的地区。下面主要介绍高地应力对工程建筑设计与施工的影响。

　　1. 基坑底部的隆起、剥离破坏

　　在大坝基坑开挖过程中，由于卸荷引起应力释放，当初始的水平应力较高时，会造成基坑底部岩层呈水平状开裂。如美国的 Ground Coulee 混凝土重力坝，坝基为花岗岩，在基坑开挖过程中，花岗岩呈水平状层层爆裂剥离，一直挖到较大深度，还有这种水平开裂情况。后来决定停止开挖，迅速浇筑坝体，并用高压灌浆固结开裂的岩石。我国的青石岭水电站坝基开挖时也发生了类似的现象。

　　2. 基坑边坡的剪切滑移

　　葛洲坝二江电站厂房地基开挖过程中，基坑上、下游的岩层沿软弱夹层产生了向基坑方向的滑动（图 4-12）。该地岩性为白垩系的黏土质粉砂岩夹砂岩并有多层软弱夹层，岩层产状近水平，倾角只有 4°～8°。基坑开挖深度为 40～50m，坡度很缓，仅 15°～20°。在基坑开挖过程中，首先是沿最上层的软弱夹层产生向临空面（基坑）的滑动，应力释放后位移停止。当开挖到下一个软弱夹层时，由于卸荷又出现沿下一层产生的位移，而它以上的岩体像坐车一样，产生整体位移。当基坑开挖深度达 50m 后，沿 212 夹层产生的最大位移达 88mm。

　　经量测，该地区初始的最大水平主应力方向为 NE20°～30°，应力值为 2～3MPa。

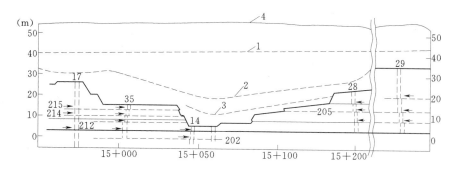

图 4-12　基坑开挖沿软弱夹层位移剖面图

1—基岩高程；2—第 1 年 8 月的施工高程；3—第 2 年 6 月的施工高程；4—原地面高程；

14、17、28、29、35—钻孔编号

基坑边坡位移方向与最大水平主应力方向一致。边坡滑动的原因是残存的水平构造应力大于软弱夹层的抗剪强度，在开挖切穿软弱夹层后，就造成了沿软弱夹层向临空面的滑动。应力释放后位移逐渐停止，是一种减速变形。

3. 地下洞室产生大的收敛变形

在高地应力地区开挖地下洞室时，当洞室轴线与最大的水平应力方向垂直时，边墙会产生特别大的收敛变形，尤其是软岩地区更为显著，甚至可以使软岩向洞内挤出，产生"吐舌头"现象。例如，我国金川矿矿区最大水平主应力方向为NE35°，最大值达 20～30MPa，位于地表下 400m 深的西风井巷道走向为 NW30°，与最大水平主应力方向交角较大，结果巷道产生了严重的变形和破坏，巷道断面明显减小。因此，一般认为地下洞室轴线最好与最大水平应力方向近于平行才有利于边墙的稳定。如上述的金川矿，将 500m 深的巷道改为与最大水平应力方向近于平行（NE23°），则围岩的稳定性得到显著改善，即使通过断层破碎带，也未发生明显的破坏。

4. 地下洞室施工过程中产生岩爆

在高地应力地区坚硬完整的岩体中开挖地下洞室时，由于应力的突然释放，产生的洞壁岩石爆裂、剥落或岩片弹射出来的现象称为岩爆。我国水电工程最早在渔子溪Ⅰ、Ⅱ级及映秀湾隧洞发生岩爆。此后，在白鹤滩、太平驿，大岗山水电站、二滩水电站、天生桥二级的引水隧洞均出现过岩爆现象。

岩爆一般发生在洞室开挖后数小时或数天内，也有的持续数月甚至一年以上。一般而言，比较激烈的岩爆多发生在开挖后的数小时内。岩爆危及人员安全，影响施工。例如天生桥二级水电站引水隧洞在施工时，于 1985 年 6 月当掘进机在 2 号支洞中掘进到桩号 0+367～0+381 洞段时，发生了第一次岩爆，规模较小，爆裂的岩体约 2m³。随后在桩号 0+648～0+936 洞段，先后又发生了 6 次岩爆，其中最大爆落方量达 22m³，最大爆深 1.1m，最大爆落面积为 84m³。当岩爆部位用钢拱支撑后再次发生岩爆，并打伤了施工人员。当掘进机进入主洞后，岩爆有愈来愈严重的趋势。

此外，地应力对坝型选择和边坡的倾倒变形等也可能有显著的影响。

4.4　岩体的工程分类

岩体质量评价与岩体的工程分类是联系在一起的，根据岩体质量的好坏划分岩体的类别，是工程建设中一个重要的研究课题。一般认为，岩体的质量主要是指岩体的变形与强度特性。针对不同的工程（如坝基、边坡、地下洞室等）进行岩体质量评价与分类时，还包括对岩体稳定性作出评价。影响岩体质量的地质因素主要有岩性、岩体的完整性、结构面的性状、地下水及地应力等。影响岩体稳定性的因素则很复杂，除包括上述的地质因素外，还有工程因素（如工程类型、断面形状及大小、轴线与结构面方位之间的关系等）、施工因素（开挖爆破方法等）及时间因素等。下面介绍几种国内外应用比较广泛的岩体分类方案。

4.4.1　岩石质量指标（RQD）分类

岩石质量指标 RQD（rock quality designation）是美国伊利诺伊大学迪尔（D. U. Deer）于 1964 年提出的。它是利用外径为 75mm 的双层岩芯管金刚石钻机钻进，提取直径为 54mm 的岩芯。用大于 10cm 长的岩芯之和与钻孔进尺长度之比的百分数表示 RQD 值。

迪尔按 RQD 值的高低，将岩体的质量分成表 4-7 所示的五级。

表 4-7　　　　　　　　　　　　　　RQD　分　类　表

等级	RQD 值（%）	岩体质量	等级	RQD 值（%）	岩体质量
1	90～100	很好	4	25～50	差
2	75～90	好	5	<25	很差
3	50～75	一般			

RQD 值不仅能反映岩体的完整性，而且还能反映岩石的风化程度。据统计，RQD 值还与岩体的弹性波纵波速度及体积节理数等有一定的关系。因此，在西方用 RQD 值评价岩体的质量已得到广泛的应用。但是，RQD 值不能反映结构面的形态、充填及产状等因素，也不能反映对岩体质量有重要影响的地下水的作用等。

4.4.2　工程岩体分级

按照 GB 50218—94《工程岩体分级标准》的方法，工程岩体分级分两步进行。首先从定性判别与定量测试两个方面分别确定岩石的坚硬程度和岩体的完整性，并计算出岩体基本质量指标 BQ，然后结合工程特点，考虑地下水、初始应力场以及软弱结构面走向与工程轴线的关系等因素，对岩体基本质量指标 BQ 加以修正，以修正后的岩体基本质量指标作为划分工程岩体级别的依据。

《工程岩体分级标准》是在总结分析现有岩体分级方法及大量工程实践的基础上，根据对影响工程稳定性诸多因素的分析，并认为岩石的坚硬程度和岩体完整程度所决定的岩体基本质量，是岩体所固有的属性，是有别于工程因素的共性。岩体基本质量好，则稳定性好；反之，稳定性差。

4.4.2.1 岩体基本质量分级

岩体基本质量指标 BQ 用下式表示

$$BQ = 90 + 3R_c + 250K_v \qquad (4-12)$$

式中：BQ 为岩体基本质量指标；R_c 为岩石饱和单轴抗压强度，MPa；K_v 为岩体的完整性系数，即岩体声波纵波速度 V_{pm} 与岩石纵波速度 V_{pr} 之比的平方。在应用式（4-12）时，为使权重合理，当 $R_c > 90K_v + 30$ 时，应以 $R_c = 90K_v + 30$ 代入式（4-12）计算。当 $K_v > 0.04R_c + 0.4$ 时，应以 $K_v = 0.04R_c + 0.4$ 代入式（4-12）计算。

按式（4-12）求得 BQ 值后，可按表 4-8 确定岩体基本质量的级别。该表还可根据岩石强度和岩体的完整性定性地确定岩体类别。表中所描述的岩石强度和岩体完整性分级见表 4-9 和表 4-10。

表 4-8 　　　　　　　　　　　岩 体 基 本 质 量 分 级

基本质量级别	岩体基本质量的定性特征	岩体基本质量指标 BQ
Ⅰ	坚硬岩，岩体完整	＞550
Ⅱ	坚硬岩，岩体较完整； 较坚硬岩，岩体完整	550～451
Ⅲ	坚硬岩，岩体较破碎； 较坚硬岩或软硬岩互层，岩体较完整； 较软岩，岩体完整	450～351
Ⅳ	坚硬岩，岩体破碎； 较坚硬岩，岩体较破碎～破碎； 较软岩或软硬岩互层，且以软岩为主，岩体较完整～较破碎； 软岩，岩体完整～较完整	350～251
Ⅴ	较软岩，岩体破碎； 软岩，岩体较破碎～破碎； 全部极软岩及全部极破碎岩	≤250

表 4-9 　　　　　　　　　　　岩 石 坚 硬 程 度 分 级

岩石饱和单轴抗压强度 R_c（MPa）	＞60	60～30	30～15	15～5	＜5
坚硬程度	坚硬岩	较坚硬岩	较软岩	软岩	极软岩

表 4-10 　　　　　　　　　　　岩 体 完 整 程 度 分 级

岩体完整性系数 K_v	＞0.75	0.75～0.55	0.55～0.35	0.35～0.15	＜0.15
完整程度	完整	较完整	较破碎	破碎	极破碎

4.4.2.2 地下工程岩体级别的确定

对地下工程岩体进行分级时，应在岩体基本质量分级的基础上，考虑地下水状态、工程轴线方位与主要软弱结构面产状的组合关系及初始应力状态对岩体基本质量指标进行修正。

1. 岩体基本质量指标的修正

其修正值（$[BQ]$）按下式计算

$$[BQ] = BQ - 100[K_1 + K_2 + K_3] \tag{4-13}$$

式中：$[BQ]$ 为岩体基本质量指标修正值；BQ 为岩体基本质量指标；K_1 为地下水影响修正系数；K_2 为主要软弱结构面产状影响修正系数；K_3 为初始应力状态影响修正系数；上述的修正系数 K_1、K_2、K_3 可分别按表 4-11～表 4-13 确定。

表 4-11　　　　　　　　地下水影响修正系数 K_1

K_1 ＼ BQ 地下水出水状态	>450	450～351	350～251	≤250
潮湿或点滴状出水	0	0.1	0.2～0.3	0.4～0.6
淋雨状或涌流状出水，水压不大于 0.1MPa 或单位出水量不大于 10L/（min·m）	0.1	0.2～0.3	0.4～0.6	0.7～0.9
淋雨状或涌流状出水，水压大于 0.1MPa 或单位出水量大于 10L/（min·m）	0.2	0.4～0.6	0.7～0.9	1.0

表 4-12　　　　　主要软弱结构面产状影响修正系数 K_2

结构面产状及其与洞轴线的组合关系	结构面走向与洞轴线夹角<30° 结构面倾角 30°～75°	结构面走向与洞轴线夹角>60° 结构面倾角>75°	其他组合
K_2	0.4～0.6	0～0.2	0.2～0.4

表 4-13　　　　　初始应力状态影响修正系数 K_3

K_3 ＼ BQ 初始应力状态	>550	550～451	450～351	350～251	≤250
极高应力区	1.0	1.0	1.0～1.5	1.0～1.5	1.0
高应力区	0.5	0.5	0.5	0.5～1.0	0.5～1.0

当确定了 $[BQ]$ 之后，综合定性的分级仍根据表 4-8 确定最终工程岩体的级别。

对大型的或特殊的地下工程岩体，除应按本标准确定基本质量级别外，详细定级时，尚可采用有关标准的方法，进行对比分析，综合确定岩体级别。

2. 各级围岩的自稳能力

各级围岩的自稳能力见表 4-14。对跨度等于或小于 20m 的地下工程，当已确定级别的岩体，其实际的自稳能力与表 4-14 相应级别的自稳能力不相符时，应对岩体级别作相应调整。

表 4-14　　　　　　　　地下工程岩体自稳能力

岩体级别	自 稳 能 力
I	跨度不大于 20m，可长期稳定，偶有掉块，无塌方
II	跨度 10～20m，可基本稳定，局部可发生掉块或小塌方； 跨度小于 10m，可长期稳定，偶有掉块

岩体级别	自 稳 能 力
Ⅲ	跨度 10～20m，可稳定数日至 1 月，可发生小～中塌方； 跨度 5～10m，可稳定数月，可发生局部块体位移及小～中塌方； 跨度<5m，可基本稳定
Ⅳ	跨度>5m，一般无自稳能力，数日至数月内可发生松动变形、小塌方，进而发展为中～大塌方。埋深小时，以拱部松动破坏为主，埋深大时，有明显塑性流动变形和挤压破坏； 跨度≤5m，可稳定数日至 1 月
Ⅴ	无自稳能力

注 1. 小塌方：塌方高度<3m，或塌方体积<30m³；
　　2. 中塌方：塌方高度 3～6m，或塌方体积为 30～100m³；
　　3. 大塌方：塌方高度>6m，或塌方体积>100m³。

4.4.2.3 各级岩体的物理力学参数

各级岩体的物理力学参数可按表 4－15 选用。

表 4－15　　　　　　　　　岩 体 物 理 力 学 参 数

岩体基本质量级别	重力密度 γ（kN/m³）	抗剪断峰值强度		变形模量 E_0（GPa）	泊松比 μ
		内摩擦角 φ（°）	凝聚力 c（MPa）		
Ⅰ	>26.5	>60	>2.1	>33	<0.2
Ⅱ		60～50	2.1～1.5	33～20	0.2～0.25
Ⅲ	26.5～24.5	50～39	1.5～0.7	20～6	0.25～0.3
Ⅳ	24.5～22.5	39～27	0.7～0.2	6～1.3	0.3～0.35
Ⅴ	<22.5	<27	<0.2	<1.3	>0.35

4.4.3 其他工程岩体分级代表性方案

20 世纪 70 年代以来，国内外提出了许多工程岩体的分级方法，其中影响较大的有 RMR 系统和 Q 系统（表 4－16）等。

表 4－16　　　　　　　　工程岩体分级代表性方案

分级方案	计 算 公 式	参 数	等 级 划 分
RMR 系统	$RMR=A+B+C+D+E+F$ （T. Bieniawski，1973）	A—岩石强度，分数 15～0； B—RQD（岩石质量指标），分数 20～3； C—不连续面间距（2～0.06m），分数 20～5； D—不连续面性状（粗糙到夹泥），分数 30～1； E—地下水（干燥到流动），分数 15～0； F—不连续面产状条件（很好到很差），分数 0～－12	Ⅰ很好 RMR＝100～81； Ⅱ好 RMR＝80～61； Ⅲ中等 RMR＝60～41； Ⅳ差 RMR＝40～21； Ⅴ很差 RMR≤20

续表

分级方案	计 算 公 式	参 数	等 级 划 分
Q 系统	$Q=\left(\dfrac{RQD}{J_n}\right)\left(\dfrac{J_r}{J_a}\right)\left(\dfrac{J_w}{SRF}\right)$ （巴顿，1974）	RQD—岩石质量指标，$0\sim100$； J_n—裂隙组数（无到碎裂），$0.5\sim20$； J_r—裂隙粗糙度（粗糙到镜面），$4\sim0.5$； J_a—裂隙蚀变系数（新鲜到蚀变夹泥），$0.75\sim20$； J_w—裂隙水折减系数（干燥到特大水流），$1\sim0.05$； SRF—应力折减系数（高应力状态趋于流动的岩石到接近地表的坚固岩石），$20\sim2.5$	特好 $Q=400\sim1000$； 极好 $Q=100\sim400$； 很好 $Q=40\sim100$； 好 $Q=10\sim40$； 一般 $Q=4\sim10$； 坏 $Q=1\sim4$； 很坏 $Q=0.1\sim1$； 极坏 $Q=0.01\sim0.1$； 特坏 $Q=0.001\sim0.01$

复 习 思 考 题

4-1　试述岩体的特征和影响岩体稳定的地质因素。

4-2　简述结构面及结构体的概念，何谓岩体的结构特征？

4-3　结构面的成因类型如何划分？结构面的特征有哪些？

4-4　试述软弱夹层的定义和分类、特征。

4-5　试述岩体的变形特征。

4-6　试述泥化夹层的特征及其形成条件。

4-7　试述岩体结构类型划分的依据及其工程意义。

4-8　试述平直结构面及粗糙起伏结构面的抗剪强度计算公式。

4-9　试述岩体天然应力的组成、分布规律及其对工程的影响。

4-10　试述河谷区地应力场的特点。

4-11　试述 RQD 的概念和分级标准。

4-12　试述岩体基本质量指标 BQ 的计算及其修正方法。

第 **5** 章

坝基岩体稳定性的工程地质分析

拦河大坝是水利水电工程中最重要的挡水建筑物，它拦蓄水流，抬高水位，承受着巨大的水平推力和其他各种荷载。为了维持平衡稳定，坝体又将水压力和其他荷载以及本身的重量传递到地基或两岸的岩体上，因而岩体所承受的压力是很大的。通常 100m 高的混凝土重力坝，传到地基岩体上的自重压力即可达 2MPa 以上。另外，水还可渗入岩体，使某些岩层软化、泥化、溶解以及产生不利于稳定的扬压力。因此，岩体的稳定性常是坝体稳定的关键因素。在绪论中已经谈到，在大坝发生毁坏的事故中，因地质问题而引起的事故最多。圣·弗兰西斯坝、马耳帕赛坝等，都是典型的实例。所以在大坝的设计和施工中，对坝基或坝肩的岩体进行工程地质条件的分析研究是非常重要的。

不同的坝型对地质条件的要求，或说不同坝型对地质条件的适应性有很大的差别，差别最大的是土石坝与混凝土坝两种类型。土石坝包括土坝、堆石坝等。它们的特点是由散体材料（黏性土、砂、碎石、砾石等）堆积而成，坝高多在 60m 以下，超过 100m 者较少。坝体上下游斜坡平缓（多为 1∶1～1∶3），故体积庞大。与混凝土坝相比，它传到地基上的荷载较低，坝体适应变形的能力较强。所以，它对地质地形条件要求较低，在土质地基上不挖至基岩即可修建。在河床有深厚覆盖层的地区，其优点特别突出。但对坝基下有强透水层和软弱土层时，需妥善处理。

混凝土重力坝或拱坝是采用较多的坝型，它们对地质地形条件要求很高，本章就以这种坝型为主进行讲述。

5.1 坝基岩体的压缩变形与承载力

5.1.1 坝基岩体的压缩变形

导致坝基破坏的岩体失稳形式，主要是压缩变形和滑动破坏。压缩变形对重力坝来说，主要是引起坝基的沉陷，而拱坝则除坝基沉陷变形外，还有沿拱端推力方向引起的近水平向的变形。对于坚硬完整的岩体，变形模量值很高，压缩变形很小，当变形均匀一致时，对坝体的安全稳定没有明显影响。但当发生不均匀沉陷或一岸岩体变形较大时，则可使坝体中产生拉应力，从而发生裂缝，甚至使整个坝体遭到破坏。尤其拱坝对两岸岩体的不均一变形特别敏感，所以要求极为严格。导致发生不均匀变形的地质因素主要有下列三方面：

（1）岩性软硬不一，变形模量值相差悬殊。如图 5 - 1 所示，某坝基岩体由不同岩层组成，变形模量相差很大，结果引起较大的不均匀沉陷，导致坝体发生裂缝。一般情况下黏土页岩、泥岩、强烈风化的岩石以及松散沉积物，尤其是淤泥、含水量较大的黏性土层等，都是容易产生较大沉陷变形的岩层。如佛子岭水库的连拱坝，在 12～14 号垛基下，有强、全风化花岗岩未被清除，其变形模量仅为相邻新鲜完整岩体的 3.3%，致使发生不均匀沉陷，导致拱圈、拱垛发生大量裂缝并渗水，危及大坝安全，虽经两次处理，仍未彻底根除。

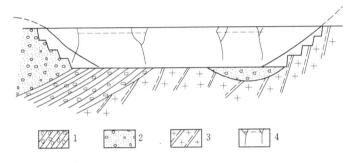

图 5 - 1   岩性不均一的坝基横剖面
1—含砾黏土岩；2—砂砾石；3—花岗片麻岩；4—沉陷及裂缝

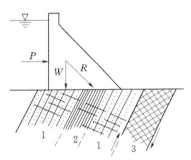

图 5 - 2   岩性不均一的坝基纵剖面
1—砂岩；2—页岩；3—断层带

（2）坝基或两岸岩体中有较大的断层破碎带、裂隙密集带、卸荷裂隙带等软弱结构面，尤其当张开性裂隙发育且裂隙面大致垂直于压力方向时，易产生较大的沉陷或压缩变形。

（3）岩体内存在有溶蚀洞穴或潜蚀掏空现象，产生塌陷而导致不均匀变形。

上述软弱岩层和软弱结构面的产状和分布位置对岩体变形也有显著影响，如软弱岩层分布在表层时，就容易发生较大的沉陷变形；分布在坝趾附近时（图 5 - 2），则容易导致坝身向下游歪斜倾覆；而分布在坝踵附近时，则容易导致岩体的拉裂。

5.1.2   坝基岩体承载力

坝基岩体承载力是指在保证建筑物安全稳定的条件下，地基单位面积上能够承受的最大荷载，所以也称为容许承载力。它既包括不允许因过大沉陷变形所引起的破坏，也包括不允许地基岩体发生破裂或剪切滑移而导致的破坏。所以它是一个综合性的指标。多用在设计的初期阶段或小型工程以及地质条件较简单的情况。对于大、中型或重要水工建筑物则需根据变形试验或抗剪断试验指标，分别计算其沉陷变形和抗滑稳定安全系数等数值。

岩石地基承载力的确定主要有：现场荷载试验、经验类比及据抗压强度进行折减等三种方法。

（1）现场荷载试验。这是按岩体实际承受工程作用力的大小和方向进行的原位测试。它较符合实际情况，试验可测出岩体的弹性模量、变形模量等指标，用于计算坝或闸基沉陷量。这种方法准确可靠，但试验较复杂、费用较高，多在大中型工程中采用。

（2）经验类比法。这是据已建成的工程经验数据、工程特征和地质条件进行比较选取。GB 50218—94《工程岩体分级标准》及 JTJ 240—97《港口工程地质勘察规范》中列有经验数值，见表 5-1 和表 5-2。

表 5-1 基岩承载力基本值 f_0

岩体级别	I	II	III	IV	V
f_0（MPa）	>7.0	7.0～4.0	4.0～2.0	2.0～0.5	<0.5

表 5-2 风化岩石容许承载力表 单位：kPa

风化程度 岩石类别	全风化	强风化	中等风化	微风化
硬质岩石	200～500	500～1000	1000～2500	2500～4000
软质岩石		200～500	500～1000	1000～1500

（3）以岩石单轴饱和抗压强度 R_b 乘以折减系数 ψ 求承载力的方法是最广泛应用的简便方法，其计算式为

$$f = \psi R_b \tag{5-1}$$

式中折减系数 ψ 取值大小，要据岩石的坚硬、完整程度、风化程度以及基岩形态、产状等因素确定。对于微风化和中等风化的岩石，ψ 值可取下列数值：

微风化岩石为 0.2～0.33；中等风化岩石为 0.17～0.25。

《岩石坝基工程地质》一书中介绍了在水电工程中常用的折减系数取值方法，见表 5-3。

表 5-3 确定坝体容许承载力的经验取值

岩石名称	节理不发育（间距>1.0m）	节理较发育（间距 1～0.3m）	节理发育（间距 0.3～0.1m）	节理极发育（间距<0.1m）
坚硬和半坚硬岩石（R_b>30MPa）	$R_b/7$	(1/7～1/10)R_b	(1/10～1/16)R_b	(1/16～1/20)R_b
软弱岩石（R_b<30MPa）	$R_b/5$	(1/5～1/7)R_b	(1/7～1/10)R_b	(1/10～1/15)R_b

抗压强度乘以折减系数是比较粗略的方法，仅适用于初期设计阶段或中、小型水利工程。以 ψ 值换算的承载力常较保守，如不能满足设计要求时，可按现场三轴压缩试验或荷载试验计算确定，往往可得到较高的承载力值。

5.2 坝基（肩）岩体的抗滑稳定分析

5.2.1 坝基岩体滑动破坏的类型

坝基岩体滑动破坏常是混凝土坝、砌石坝等坝型设计时的主要控制因素。根据滑动破坏面位置的不同，可分为表层滑动、浅层滑动和深层滑动三种类型。

1. 表层滑动

表层滑动指坝体沿坝底与基岩的接触面（通常为混凝土与岩石的接触面）发生剪切破坏所造成的滑动［图 5-3（a）］，所以也称为接触滑动。滑动面大致是个平面。当坝基岩体坚硬完整不具有可能发生滑动的软弱结构面，且岩体强度远大于坝体混凝土强度时，才能出现这种情况，另外地基岩面的处理或混凝土浇筑质量不好也是形成这种滑动的因素之一。它的抗剪强度计算指标应采用混凝土与岩石接触面的摩擦系数 f 和凝聚力 c 值。一般在正常情况下这种破坏形式较少出现。

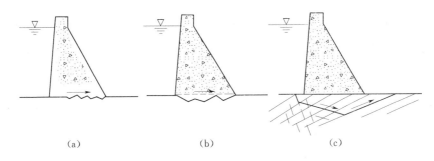

图 5-3 坝基滑动破坏的形式
(a) 表层滑动；(b) 浅层滑动；(c) 深层滑动

2. 浅层滑动

当坝基岩体软弱，或岩体虽坚硬但表部风化破碎层没有挖除干净，以致岩体强度低于坝体混凝土强度时，则剪切破坏可能发生在浅部岩体之内，造成浅层滑动［图 5-3（b）］。滑动面往往参差不齐。一般较大型的混凝土坝对地基处理要求严格，所以浅层滑动不是控制设计的主要因素。而有些中、小型水库，坝基发生事故则常是由于清基不彻底而造成的。

计算浅层滑动的抗剪强度指标要采用软弱或破碎岩体的摩擦系数 f 和凝聚力 c 值。由于滑动面埋藏较浅，其上覆岩石重量和滑移体周围的切割条件可不予考虑。

3. 深层滑动

深层滑动发生在坝基岩体的较深部位，主要是沿软弱结构面发生剪切破坏，滑动面常是由两三组或更多的软弱面组合而成［图 5-3（c）］。但有时也可局部剪断岩石而构成一个连续的滑动面。深层滑动是高坝岩石地基需要研究的主要破坏形式。

除上述三种形式外，有时也可能出现兼有两种或三种的混合破坏形式。

5.2.2 坝基岩体滑动的边界条件分析

坝基岩体的深层滑动，其形成条件是较复杂的，除去需要形成连续的滑动面以外，还必须有其他软弱面在周围切割，才能形成最危险的滑动岩体。同时在下游需具有可以滑出的空间，才能形成滑动破坏。

如图 5-4 所示，坝基下的岩体被三组结构面所切割，形成不稳定的楔形岩体 ABCDEF。在坝基传来的推力作用下，此楔形体将沿 ABCD 面向下游滑动，并顺两侧陡立的 ADE 和 BCF 面，由 HDCG 面滑出。ABFE 是被拉开的张裂面。ABCD 面称作滑动面，ADE、BCF 和 ABFE 称作切割面，HDCG 称作临空面。它们是根据受力条件区分的，这三种特性条件的界面构成了滑移岩体的边界条件。

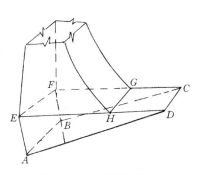

图 5-4 坝基滑动边界
条件示意图之一

切割面是将岩体切割开来，形成不连续块体的结构面。它通常是由较陡的软弱结构面构成的，如各种陡倾的断层和裂隙等。其中，走向垂直于坝轴的陡倾结构面，常是滑移体的侧向切割面，见图 5-5 中的 F_2、F_3。它大致平行于向下游的推力方向，在其上没有法向应力或法向应力很小，所以在分析和计算中常不考虑它的抗滑作用。走向平行于坝轴线且靠近坝踵附近的陡倾结构面，走向大致垂直于水平推力，见图 5-4 中的 ABFE 及图 5-5 中的 F_1。当岩体下滑时它承受拉应力而被拉裂，所以也称作拉裂面或横向切割面。

临空面是滑移体与变形空间相临的面，变形空间是指滑移岩体可向之滑动而不受阻碍或阻力很小的自由空间，图 5-4 的 HDCG 面是河床地面，它是最常遇到的水平临空面。当坝趾附近河床中有深潭、深槽、溶洞或是溢流冲刷坑等时，则可形成陡立的临空面（图 5-5）。另外，若在滑动岩体的下方存在有可压缩的大破碎带、节理密集带、软弱岩层时，也可因发生较大的压缩变形而起到临空面的作用。

滑动面常由平缓的软弱结构面构成，例如缓倾的页岩夹层、泥化夹层、节理、卸荷裂隙、断层破碎带等。它们的抗滑能力显著低于坝基底面与基岩接触面的抗剪强度，也低于岩体中其他界面或部位的抗剪强度（在大致平行于岩体中最大剪应力方向的范围内）。滑动面可以是单一的，也可以是由两组或更多组的结构面组成楔形、棱柱形、锥形或是阶梯状的滑移体，见图 5-6。

滑动面的产状对滑体的稳定性影响很大，根据其产状和与切割面、临空面的组合关系，常可见到下列几种滑移破坏形式。

1. 岩层产状平缓

当坝基岩性软弱或软弱夹层埋藏较浅时，在水平推力作用下，下游岩层容易穹起弯曲，形成浅层滑移，如图 5-7（a）。当坝下游有倾向上游的断裂面时，更易滑出。例如葛洲坝工程二江泄水闸闸基为白垩系的黏土质粉砂岩，倾角 4°~8°、倾向左岸偏下游、顺河方向视倾角 1°~3°。其中有埋藏较浅的 202 泥化夹层，厚几十毫米，$f=0.2$，$c=5$kPa。经模型试验，可能沿 202 夹层及 F_{45} 滑出破坏 [图 5-7（b）]。

2. 软弱结构面倾向上游（倾角小于 30°）

坝基下软弱结构面的产状愈平缓，由坝体自重力 W 和水平推力 H 组成的合力 R

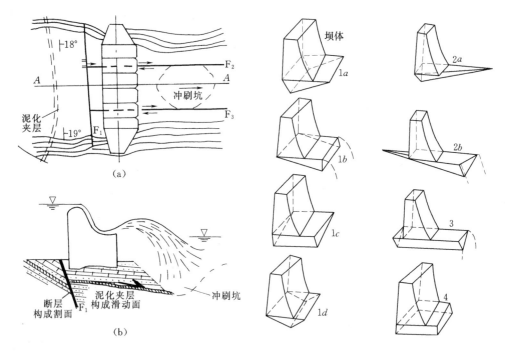

图 5-5　坝基滑动边界条件示意图之二

(a) 平面图；(b) A—A 剖面

图 5-6　坝基滑移体形状示意图

1—楔形体；2—锥状体；3—棱柱体；4—板状体

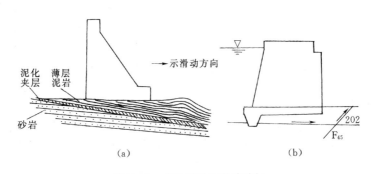

图 5-7　水平岩层的滑动破坏

(图 5-8) 作用在其上的向下游的滑力愈大，抗滑力愈小，对稳定愈不利。所以在进行坝基抗滑稳定分析时，应特别注意对缓倾角结构面的分析。所谓缓倾角系指倾角小于30°。当坝基下有贯通的倾向上游的缓倾角结构面时，最易与坝踵附近的横向切割面和平行于河流方向的侧向切割面组合成楔形体，直接由河床面滑出。例如上犹江水电站，坝高68m，坝基为泥盆系石英砂岩、砾岩夹板岩，倾向上游偏右岸，倾角25°～30°，顺河方向的视倾角为14°，见图5-8。施工后发现板岩已泥化，厚5～15cm。在丙坝块坝踵处埋深 7～13m。在坝趾附近出露于河床，$f=0.24～0.30$，$c=0～30kPa$，未风化的板岩与板岩的 f 值为0.5，经计算不能满足稳定要求。后将坝基中部戊、己、庚三个坝块下的泥化夹层全部挖除；丙、丁、辛坝块下挖除一部分，回填

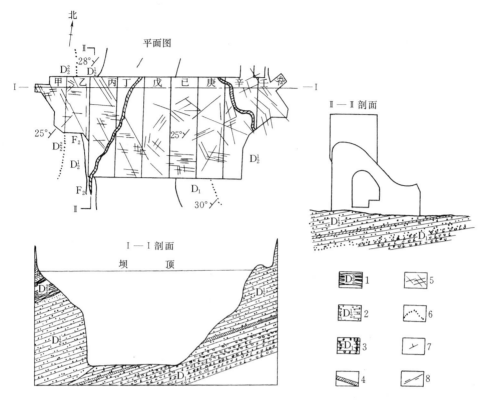

图 5-8　上犹江水电站坝址工程地质图

1—中泥盆统砂岩与板岩互层；2—中泥盆统石英砂岩夹板岩；3—下泥盆统石英砾岩；

4—板岩破碎泥化夹层；5—节理；6—岩层界限；7—岩层产状；8—断层

混凝土。其他坝块，因泥化夹层埋藏较深，且已近岸边，未予挖除。后又进行补强帷幕灌浆，以降低扬压力和防止潜蚀。大坝建成 50 多年来，运行正常。

3. 软弱结构面倾向下游（倾角小于 30°）

在这种情况下，坝基最大剪应力方向常与软弱面近于平行，所以是最危险的。当坝趾附近有深槽、洞穴或冲刷坑时（图 5-5），滑体可沿滑动面直接滑出。当坝趾下游有倾向上游的软弱面时，则可组成楔形的滑移体，自河床面滑出，见图 5-6 中的 $1d$。当存在有较厚的软弱岩层或构造破碎带时，可因产生较大的压缩变形而起到临空面的作用，导致坝基滑动。例如朱庄水库坝基为震旦系石英砂岩夹泥质薄层粉砂岩和页岩，并形成泥化夹层，倾向下游偏右岸，倾角 6°~8°，其中 $\mathbb{II}$—5 和 C_{n72} 夹层的抗剪强度最低，f 值分别为 0.29 和 0.22。坝下游 F_4 断层破碎带宽 8~10m，见图 5-9。采用动弹模 500MPa 计算。结果因 F_4 压缩变形，

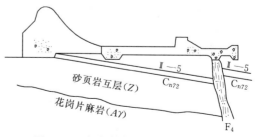

图 5-9　朱庄水库 9 号坝块示意剖面

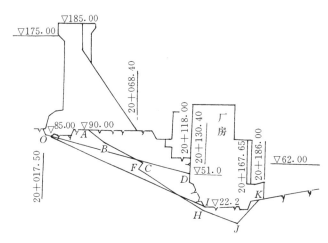

图 5-10　三峡左岸厂房坝段滑移模式剖面图

达不到抗滑稳定的设计要求，因而降低了坝高和加宽了坝体。

再如三峡左岸电厂 1—5 号坝段，为坝后式厂房，大坝建基标高 85～90m，厂房最低建基高程 22.2m。坝趾距厂房上游边墙约 50m，见图 5-10。致使坝基下游形成坡角为 54°，临时坡高为 39m 的高陡边坡。坝基下微风化闪云斜长花岗岩中缓倾角裂隙较发育，其中一组较长的缓倾结构面（长＞10m）的走向为 28°（坝轴线 43.5°）、倾向 118°、倾角 25°～27°，倾向下游。充填物为绿帘石及长英质等坚硬物质。形成了有利于滑动的边界条件。抗剪断参数，结构面：$f' = 0.7$，$c' = 0.2MPa$；岩体：$f' = 1.7$，$c' = 2.0MPa$。

由于缓倾角裂隙分布复杂，经概化分析处理，得出三个滑移模式，其滑移路线分别为：$OABCFHJK$、$ODIK$ 及 OIK，其下游剪出路径为沿厂房建基面（DI、IK）、反倾向断层或岩体中抗剪断强度最小部位（如 JK）。其中沿 $OABCFHJK$ 滑移的可能性最大，故定为确定性滑移模式。综合抗剪断指标，坝基：$f' = 1.1$，$c' = 1.3MPa$；厂基：$f' = 1.25$，$c' = 1.5MPa$。经计算，沿厂基滑出（即沿 $OABCFIK$）的安全系数 K' 为 4.26，若不考虑厂房大体积混凝土的顶托作用，即沿 $OABCFHJK$ 滑出的安全系数为 2.78。沿 OD 或 OI 加厂房建基面滑动的安全系数为 3.14 和 2.75。以上均能满足设计要求。

4. 陡倾层状岩体

坝基岩体倾角较陡或是软弱结构面陡倾时，一般不利于形成单一的滑动面，但可与层间法向裂隙或延续性差的缓倾裂隙组成阶梯状（图 5-11），或近似弧形的滑动面。由于滑动面起伏不平，其抗剪强度较平滑面高。

5.2.3　边界条件的阻滑因素

上述边界条件的分析说明，在坝基岩体中存在有切割面、临空面和滑动面时，就容易造成坝基岩体的滑动破坏。但是，它们有时还存在阻滑的因素，在分析时也应给予充分注意。

1. 滑动面的阻滑因素

滑动面的 f、c 值是决定岩体抗滑能力的主要因素。当有泥化夹层时其试验值往往很低。但当滑动面的起伏差大、连续性差、夹泥层尖灭或被其他断裂错断时，则

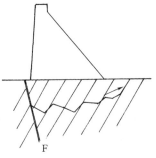

图 5-11　陡倾层状岩体
的滑移破坏

可提高其抗滑能力。例如，内蒙古龙口水电站，坝基为第三系的玄武岩，夹有软弱的黏土夹层，厚 0.5～5cm，据室内试验，$f=0.14～0.19$，$c=68～73$kPa，夹层面起伏差 0.2～1.5m，最大达 2.0m，远大于夹层厚度，受压面的起伏角为 20°～40°。经分析计算，考虑到起伏差的因素，将 f 值提高到 0.6，则能满足抗滑稳定的要求，大大减少了工程量。

2. 侧向切割面的阻滑作用

通常进行抗滑稳定分析是不计岩体的侧向抗滑作用的，只把它作为安全储备。但实际上它是客观存在的，因为切割面不可能是一个绝对平行于最大剪应力的光滑直立面，有时它与滑动方向以一个较小的角度斜交，有时它的倾角也不是 90°。在这种情况下，它就兼有滑动面的性质，且其阻滑力还常是不小的。例如，某混凝土重力坝坝高 113m，在 41 号及 42 号坝段不计侧向阻滑力时，安全系数 K 值分别为 0.87 和 0.45，不能满足稳定要求。而考虑侧向阻滑力时，K 值分别达到 1.95 和 1.54，可以满足要求。大坝建成数十年来，一直运行正常，并经受了三次超正常水位的考验，证明侧向阻力是存在的。

3. 坝下游抗力体的阻滑作用

在坝基下可能发生滑移的岩体中，有时下游的局部岩体具有支撑或抗滑作用，这部分岩体称作抗力体，如图 5-12 中的 $b'bc$。当滑移面近水平或倾向下游且无陡立的临空面时，就必须有一组倾向上游的滑动面与之组合，滑动体才能滑出。此时，抗力岩体的自重力沿 bc 面的分力变为抗滑力。而 bc 面上的摩擦力，除抗力岩体的自重力形成者外，尚有由坝体传来的水压力和坝体自重等产生的合力（R）所形成的。由于合力 R 的作用方向与 bc 面交角很大，甚至近于垂直，所以，形成的摩擦力较大。因此，抗力体的阻滑作用常是很显著的，尤其在滑动面上的抗滑力不能满足要求时，更是如此。例如，我国东北某坝，高 83m，基岩为安山凝灰岩，层间有 0.2～2cm 厚软塑状态的黏土夹层，如不考虑抗力体阻滑作用，安全系数 K 值仅为 0.8～0.9。而考虑其阻滑作用时，模拟试验的 K 值达到 4.8。大坝建成已数十年，运行正常，这也证明考虑抗力体的阻滑作用是正确的。

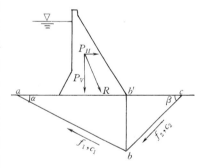

图 5-12 抗力体阻滑作用示意图
ab—滑动面；bc—第一破裂面；
$b'b$—第二破裂面

当下游不存在倾向上游的软弱结构面时，则需假定若干个破裂面，通过试算确定滑动面。即假定一系列的 β 角值，算出提供最小抗力的 β 角就是实际可能产生的破裂角。第二破裂面（图 5-12 中的 bb'）上的阻滑作用，可以考虑它的摩擦力，也可以不考虑。

5.2.4 坝肩岩体滑动的边界条件分析

坝肩岩体滑动的边界条件与坝基是不同的。对于重力坝来说，坝肩部分库水水头变低，水平推力也随着减小，下滑力降低，所以容易满足稳定条件的要求。仅在很不利的情况下，才可能发生滑动。但拱坝对坝肩的地质条件的要求却非常严格。因为坝身所承受的水压力，大部分通过拱圈传递到两岸岩体上，使两岸岩体受到强大的水平荷载。另一方面，拱坝对坝肩岩体变形非常敏感，稍有位移即可引起拱圈产生超出允许范围的拉应力，从而发生裂缝，甚至导致溃坝。法国马耳帕赛坝失事后经详细调查研究证明，坝体的设计和施工是没有问题的，但在坝基尤其是左坝肩的片麻岩岩体中都存在有断层和裂隙，且已风化。它们构成了滑动破坏的软弱结构面。从残存的左岸拱座和右岸的部分坝体可以看出，左岸拱座向下游偏左岸方向，即拱端推力方向，移动了约 210cm，拱冠及右半部坝基也向下游偏左岸移动了数十厘米（图 5 - 13）。这说明坝体破坏主要是因左岸拱座岩体首先发生滑动位移所引起的。

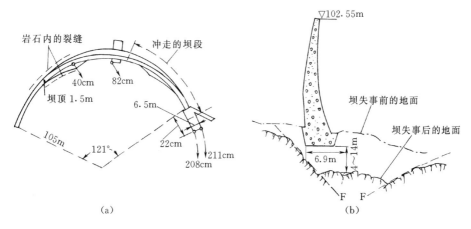

图 5 - 13　马耳帕赛坝破坏情况示意图

(a) 平面图；(b) 左拱剖面图

拱坝坝肩所承受的拱端推力（N），其作用方向是斜向岸里并偏向下游。它可分解为平行于拱端切线方向的轴向推力（H）及沿半径方向的切向力（V），二者正交。图 5 - 14 (a) 表示拱端岩体受力及与结构面的关系。凡在 AE 线（轴向力方向）以外（上游），且走向不在 AE 与 AO 夹角以内的各种软弱结构面，如图 5 - 14 (a) 中的 1 和 2，只起切割面的作用，而无抗滑作用。分布在 AE 或 AO 线之间的，且走向在此夹角范围以内的各种陡倾软弱结构面，如图 5 - 14 (a) 中的 3 和 4。由于其上承受有法向压力，所以可产生抗滑力，构成侧向滑动面。有时也可由两组或多组陡倾的结构面构成折线形状的侧向滑动面。

除这些陡倾的侧向滑动面之外，要发生滑动还需要有近水平方向的或较平缓的滑动面，见图 5 - 14 (b) 中 ABC 面，即滑移岩

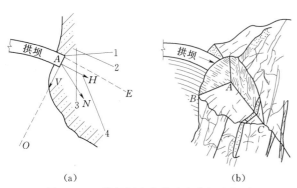

图 5 - 14　拱坝坝肩岩体稳定分析示意图

体下部的滑动面与之配合，才能发生滑动，其中尤以倾向下游偏向河床的缓倾软弱结构面对抗滑稳定最不利。

所有平缓的软弱夹层、层面及断层裂隙等，均易形成下部的滑动控制面。而大致平行于岸坡的卸荷裂隙和各种陡倾角的结构面则易构成侧向滑动面。在深切的峡谷地区，卸荷裂隙尤为常见，且往往充填有夹泥，应特别注意。

河谷边坡是坝肩岩体滑动的天然临空面，当坝下游河谷变窄、地形收缩时，滑动面增长，对岩体稳定有利。相反，若河谷变宽、地形开阔时，则不易满足稳定要求。如果在坝下游不远处河流急转且岸坡陡峭突出或是有冲沟切割时，则会形成两面临空的现象，显然对岩体的稳定性更为不利。当在拱端推力方向存在有较厚的软弱岩体或强烈风化带、破碎带等，也可因变形过大而起到临空面的作用。

图 5-15 表示几种可能引起坝肩岩体发生滑动的地形地质条件。其中图 5-15（a）为由一组软弱结构面构成的不利情况；图 5-15（b）为两组软弱面组合的不利情况；图 5-15（c）、（d）为不利的地形条件；图 5-15（e）为下游有断层破碎带、节理密集带或软弱岩层的不利情况。a_1、a_2、b_1、c、d、e 为平面图，a_3、b_2 为剖面图。

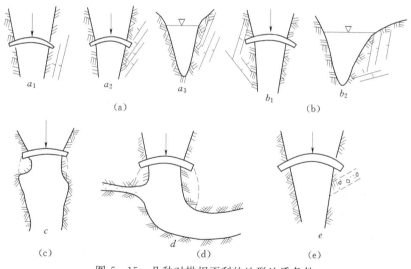

图 5-15 几种对拱坝不利的地形地质条件

5.3 坝基岩体抗滑稳定计算参数的选定

坝基岩体稳定性的评价，除上述根据地质因素分析滑动边界条件进行定性的论证外，还必须正确地选择和确定设计计算中所需要的参数，如此才能进行计算以得出定量的评价。抗滑稳定的计算参数主要是摩擦系数（f）和凝聚力（c）。在实际工作中，计算参数的选定是较复杂的问题，往往需要水工设计人员、试验人员与工程地质人员共同研究，综合考虑各种影响因素而确定。

5.3.1 抗滑稳定计算中 f、c 值的选定

在坝基抗滑稳定验算中，通常采用下列两种类型的公式进行计算（假设滑动面为水平）

$$K = \frac{阻滑力}{滑动力} = \frac{f(\sum V - U)}{\sum P} \tag{5-2}$$

$$K' = \frac{阻滑力}{滑动力} = \frac{f'(\sum V - U) + c'A}{\sum P} \tag{5-3}$$

式中：K 为按摩擦强度计算的抗滑稳定安全系数，一般取值为 $1.0 \sim 1.1$；f 为滑动面的抗剪摩擦系数；$\sum V$ 为作用在滑动面以上的力（坝体、岩体的自重及荷载等）在铅直方向投影的代数和（图 5-16）；$\sum P$ 为作用在滑动面以上的力在水平方向投影的代数和；K' 为按抗剪断强度计算的抗滑稳定安全系数，一般取值 $\geqslant 2.5$；f' 为滑动面的抗剪断摩擦系数；c' 为滑动面的抗剪断凝聚力；A 为滑动面的面积。

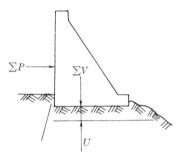

图 5-16 抗滑稳定计算示意图

上两种计算公式的区别在于考虑与不考虑凝聚力 c 值。式（5-2）不考虑 c 值，是把滑动面认为仅仅是一个没有胶结的接触面，c 值为零。抗滑力只有摩擦力，所以此式也称摩擦公式。f 值为摩擦试验（抗剪试验）得出的，它适用于滑动面为光滑平整的结构面的情况。但在实际条件下，即便是摩光成"镜面"的试样，进行试验时仍然有 c 值存在。不考虑 c 值，主要是因为：①c 值很不稳定，在相同试验条件下，c 值可相差数倍或十几倍，使选值困难，因此不考虑它，可将其作为安全储备，并相应降低 K 值；②c 值易受其他因素影响，如风化、清基质量等；③c 值在式中所占比重随法向力的变化而变化，在法向力小时，c 值比重就大，反之则小。所以 c 值对低坝所起的作用大，对高坝则小。

式（5-3）考虑了凝聚力值，是认为滑动面上有凝聚力，适用于混凝土与基岩的胶结面及较完整的基岩。由于考虑了 c' 值，故安全系数 K' 值较大。

上述公式在坝基抗滑稳定计算中，f、f'、c' 值的大小对稳定影响很大。如果选取数值偏大，对坝基稳定性没有保证，反之，则偏于保守，造成浪费。一般的混凝土重力坝如将 f 值提高 0.1，则工程量可节省 $10\% \sim 15\%$。如二滩拱坝，若 f 值提高 0.1，就会减少石方开挖 9.5 万 m^3，节约混凝土 4.4 万 m^3。

对于大、中型水电工程，f、f'、c' 值原则上以原位抗剪（断）试验或室内中型抗剪（断）试验成果为主要依据，当夹泥厚度较大时，可据室内试验资料为依据。混凝土坝对试验成果的取值标准，可按下述原则进行。

（1）坝基底面与基岩、坝基下基岩岩体之间的抗剪（断）强度指标，可按下述原则考虑：

1）当试件呈脆性破坏时，抗剪断强度以峰值强度（极限强度）的小值平均值、抗剪强度以比例极限强度作为标准值。

2）当岩体破碎，具有碎裂结构或隐裂隙发育，试件呈塑性破坏时，以屈服强度

作为标准值。

（2）岩体中结构面的抗剪（断）强度指标，可按下述原则考虑：

1）当结构面试件呈剪断破坏，即结构面的凸起部分被剪断或胶结充填物被剪断时，以峰值强度的小平均值作为标准值。

2）当试件呈剪切（摩擦）破坏时，以比例极限强度作为标准值。

（3）软弱夹层、断层带的抗剪（断）强度指标，可按下述原则考虑：

1）当试件呈塑性破坏时，以屈服强度或流变强度作为标准值。

2）当黏粒含量大于 30%，并以蒙脱石矿物为主时，采用流变强度作为标准值。

抗剪（断）强度指标值据其应用情况，可分为标准值、地质建议值和设计计算值三种。

标准值又称试验值，是将试验数据经分析整理、统计修正或考虑概率、岩土破坏准则等修正后确定的指标值。

地质建议值简称建议值，是根据可能发生剪切滑动破坏面的情况，如裂隙面粗糙程度、起伏差、充填胶结、风化程度以及地应力等地质条件，分析判断试验成果的代表性并进行调整和修正后提出的数值。它通常比标准值稍低，但根据具体情况，也有稍高的，如湖南双牌水库坝基岩体抗剪强度，现场原位试验 $f=0.38$，地质建议值为 0.42。

设计计算值简称计算值，是由工程设计人员考虑工程特点选定的用于设计计算的指标数值。

5.3.2   地质因素对 f、c 值的影响

f、c 值的确定除考虑试验成果的选值原则外，尚应考虑各种地质因素的影响。因为不管是室内试验或野外现场试验，其试件尺寸与整个坝基面积相比总是一个很小的数值，常难以代表滑动面的全部特征。另外从时间因素上考虑，大坝建成后地质条件可能发生变化，因而 f、c 值也要受到影响。所以，必须结合坝基的各种地质条件全面分析后确定 f、c 值，才能达到既经济又安全的最合理的目的。

一般选择 f、c 值时需考虑的地质因素主要有下列几点。

1. 滑动面的特征

滑动面的平整光滑程度、密集程度、连续性、延展性，软弱夹层的组成物质和厚度及其成因类型等特征，对 f、c 值均有明显影响。其中尤以起伏差和软弱夹层或泥化夹层的厚度影响最为显著。

如前所述，滑动面的起伏差愈大，愈粗糙不平，软弱夹层愈薄，抗剪强度就愈高。但是在一定条件下，决定泥化夹层抗剪强度变化的另一主要因素是充填厚度 t 与起伏差 h 的比值（称作充填度）及爬坡角的大小。充填度 t/h 愈小，爬坡角愈大，结构面的力学强度愈高；反之，则低。

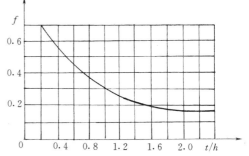

图 5-17   朱庄水库坝基 t/h
与 f 的关系曲线

图 5-17 是根据朱庄水库试验资料绘制的 f—(t/h) 关系曲线，由此可看出，当充填厚度小于起伏差时（即 $t/h<1$），随着 t/h 值的减小，f 值迅速增大；而当 t/h 值>1.4 时，对 f 值的影响迅速减小。

表 5-4 是下桥水库坝基灰岩中的夹泥层现场试验成果，它表明起伏差大，夹泥薄，抗剪强度就大；层面平直，夹泥厚，抗剪强度就小。表中数值，f 值相差可达 3 倍，而 c 值相差更大。

表 5-5 说明了不同的爬坡角和不同夹泥比例对 f 值的影响。从表中可看出，在相同的夹泥比例条件下，f 值相差约达一倍。

表 5-4   下桥水库工程起伏差与夹泥厚度对 f 值的影响

起伏差 (cm)	夹泥厚 (cm)	f	c (kPa)
0.5～4	0.05～2	0.82	57
0.5～2	0.5～2	0.63	52
层面平直	0.5～1	0.42	6
层面平直	2～10	0.27	10

表 5-5   葫芦口水库工程泥化夹层爬坡角和夹泥比例对 f 值的影响

爬坡角	夹泥比例（%）		
	25	50	100
	f 值		
$17°20'$	0.62	0.60	0.55
$9°26'$	0.45	0.42	0.38
$4°17'$	0.34	0.32	0.28

2. 地下水循环渗流的条件

地下水的渗入可直接降低滑动面上的 f、c 值，或促使软弱夹层泥化、软化。在确定 f、c 值时应考虑这一因素。例如，盐锅峡水库蓄水数年后由于库水的渗入，坝基岩体中的软弱夹层即发生了泥化现象，f、c 值显著降低。

3. 坝基岩性不均时 f、c 值的选定

当坝基岩体由软硬性质不同的岩层组成时（图 5-18），其 f、c 值大小不一，如何合理地选定 f、c 值来计算抗滑稳定是个比较复杂的问题。

通常采用面积加权法求出平均的 f、c 值来计算抗滑稳定安全系数，即将各种不同性质的岩石在某坝段所占面积分别乘以各自的抗剪指标，再将这些乘积的和除以该坝段的总面积。f 值计算式如下

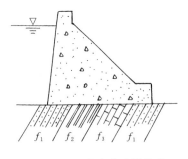

图 5-18   由多种岩层组成的坝基剖面图

$$f = \frac{A_1 f_1 + A_2 f_2 + \cdots + A_n f_n}{A_1 + A_2 + \cdots + A_n} \quad (5-4)$$

式中：f 为加权平均后的摩擦系数值；A_1、A_2、$\cdots$、A_n 为各种岩层在坝基下所占的面积；f_1、f_2、$\cdots$、f_n 为各相应岩层的摩擦系数值。

同理也可求出 c 的加权平均值。

由于岩性软、硬不同和在坝基所处部位不同，岩体中的应力分布也不一样，坚硬岩石和在坝趾附近的岩体所承受的应力都较大。所以，用面积加权法求得平均的 f、c 值去计算坝基抗滑稳定安全系数，是不能完全符合实际情况的。因此，尚有应力加权法计算坝基岩石的 f 值，即考虑各类岩石所处部位的应力，其计算式如下

$$f = \frac{\sigma_1 A_1 f_1 + \sigma_2 A_2 f_2 + \cdots + \sigma_n A_n f_n}{\sigma_1 A_1 + \sigma_2 A_2 + \cdots + \sigma_n A_n} \tag{5-5}$$

式中：σ_1、σ_2、$\cdots$、σ_n 为各岩层滑动面上的法向应力；其他符号同式（5-4）。

　　式（5-5）虽考虑了应力条件的不同，但还存在变形不一致的问题，即在同一位移变形值的荷载作用下，岩层所处的应力状态是不同的。如图 5-19 所示，当位移变形处于一个较小的数值时，如图 5-19 中为 0.5mm，坚硬岩石已达峰值，而裂隙岩石和软弱岩石却远未达到。而当裂隙岩石或软弱岩石达到峰值时，坚硬岩石却早已被剪断破坏。因此，又有人提出用变形一致的原则计算[1]，即选取各种岩层在所处部位的应力作用下，用同一特定变形值时的各自抗剪强度指标（f、c）计算坝基抗滑稳定安全系数。无疑这种方法是较准确、较符合实际的。

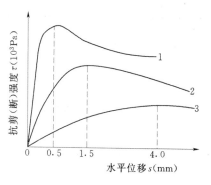

图 5-19　不同岩石的 τ—s 曲线
1—坚硬完整岩石；2—裂隙
岩石；3—软弱岩石

　　由上可知，由多种岩层组成的坝基，其抗滑稳定安全系数计算是复杂的。采用这些方法计算，对地质勘察工作的要求很高，不仅要查明坝基各类岩石的分布面积、部位、产状、厚度，尤其是软弱岩石的厚度，而且还要提供各类岩石有关的物理力学性质指标，以及坝基应力分布情况等。

5.3.3　抗剪强度指标的经验数据

　　岩石的抗剪试验是比较复杂的，尤其是野外现场试验，需要较长的时间和大量人力物力。对于一些没有条件进行试验的工程，可参照已有工程的试验数据和选值经验，结合工程地质条件的分析对比来选取 f、c 值。表 5-6 和表 5-7 是 GB 50287—99《水利水电工程地质勘察规范》中提供的适用于规划、可行性研究阶段的参考数据表。

表 5-6　　　　　　　　　坝基岩体力学参数参考值表（建议值）

岩体分类	混凝土与岩体		岩　体		变形模量
	f'	c'（MPa）	f'	c'（MPa）	E_0（$\times 10^4$MPa）
I	1.5～1.3	1.5～1.3	1.6～1.4	2.5～2.0	>2.0
II	1.3～1.1	1.3～1.1	1.4～1.2	2.0～1.5	2.0～1.0
III	1.1～0.9	1.1～0.7	1.2～0.8	1.5～0.7	1.0～0.5
IV	0.9～0.7	0.7～0.3	0.8～0.55	0.7～0.3	0.5～0.2
V	0.7～0.4	0.3～0.05	0.55～0.40	0.3～0.05	0.2～0.02

注　1. 表中岩体即坝基基岩，f'、c' 为抗剪断强度。
　　2. 表中参数限于硬质岩，软质岩应根据软化系数进行折减。

[1]　电力部东北勘测设计院：岩基上混凝土坝抗滑稳定几个问题的商榷，水利水电工程地质勘察经验选编。水利出版社，1980 年。

表 5-7　　　　　**结构面、软弱层和断层抗剪断强度参考值表（建议值）**

类　型	f'	c' (MPa)	类　型	f'	c' (MPa)
胶结的结构面	0.80~0.60	0.25~0.10	岩屑夹泥型	0.45~0.35	0.10~0.05
无充填的结构面	0.70~0.45	0.15~0.05	泥夹岩屑型	0.35~0.25	0.05~0.02
岩块岩屑型	0.55~0.45	0.25~0.10	泥型	0.25~0.18	0.005~0.002

注　1. 表中参数限于硬质岩中的结构面。

　　　2. 软质岩中的结构面应进行折减。

　　　3. 胶结或无充填的结构面抗剪断强度，应根据结构面的粗糙程度选取大值或小值。

5.4　降低坝基岩体抗滑稳定性的作用

5.4.1　渗透水流对坝基岩体稳定性的影响

　　大坝建成蓄水后水位升高，坝基或坝肩岩体中渗透水流的压力也随着增高，流量增大，对岩体稳定将产生很不利的影响，主要有：对坝基岩体产生渗透压力，发生机械潜蚀或化学潜蚀，使某些岩石软化或泥化等。

　　1. 作用在坝基岩体上的渗透压力

　　渗透压力是指渗透到坝基下的水流在上下游水头差 H 的作用下对岩体产生的水压力，其大小等于该作用点的水头高度乘以水的重度 γ_w。图 5-20 表示当坝下游水位为零，渗透水流能从滑动岩体 ABC 的 C 点排出时，作用在横向切割面 AB 及滑动面 BC 的渗透压力图形。在滑动面上的渗透压力是扬压力的主要组成部分（扬压力包括浮托力和渗透压力）。它抵消一部分法向应力，因而降低了抗滑力。而作用在 AB 面上的渗透压力，则使下滑力增大。

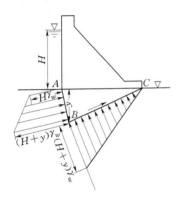

图 5-20　坝基滑动岩体渗透
压力示意图

　　坝肩岩体若有良好的入渗条件，而又没有很好的排水通路时，就容易产生较大的渗透压力。有时这种压力可以是侧向的（即沿坝轴线方向），使坝体承受侧向压力。这对拱坝的稳定十分有害，我国梅山水库大坝就是一个典型实例。该坝为一连拱坝，两端各有一重力坝段，坝基坝肩均为坚硬的燕山期细粒花岗岩，右岸坝肩上游附近有冲沟，沟深坡陡，构成了良好的入渗条件（图 5-21）。岩体中断层裂隙发育并有夹泥。1956 年建成后，在 1962 年 11 月于 14~16 号拱一带发生了多处渗水现象，其中 14 号垛左侧有一钻孔最高水头达 31m，说明当时渗透压力很大。后来，右岸岩体沿裂隙发生了轻微的滑移及张裂现象，使 14 号、15 号、16 号拱圈发生多条裂缝，拱垛也发生了偏斜，使大坝处于非常危险的状态。后经及时处理才保证了大坝的安全。

　　另外，渗透压力的分布状态对坝体稳定性有明显的不同影响，如在坝踵附近渗透

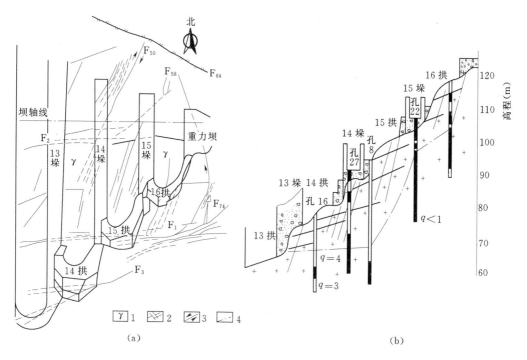

图 5-21 梅山水库连拱坝右岸地质图

(a) 平面图；(b) 坝轴线剖面图

1—花岗岩；2—节理；3—断层；4—破坏范围

压力较高，则会增大坝体的倾覆力矩，对坝体稳定危害较大。在实际工作中还应注意到在蓄水前后坝基岩体渗透性的变化。马耳帕赛坝失事后，有人注意到该坝坝基片麻岩发育有很多细微裂隙，通过试验证明，像片岩、片麻岩等这一类的岩石当其发育有细微裂隙时，在压应力和拉应力作用下，其渗透系数的变化可相差 1000 倍。大坝蓄水后，坝踵附近可出现拉应力，使横向切割面渗透性增大，创造了良好的入渗条件，而坝趾附近压应力高度集中，使裂隙压密，渗透性减小，排水条件恶化，甚至形成不透水的密封点。这时渗透压力（或扬压力）将会显著升高。一些人经过调查研究后认为，马耳帕赛坝的失事实际上就是由这个原因引起的。

2. 潜蚀（管涌）

在岩层中由于渗透水流的冲刷作用，将其中的细小颗粒冲走带出的现象称为潜蚀（或称管涌）。小颗粒被冲走后，岩层变得结构松散，孔隙度增大，强度降低，甚至形成空洞，最后可导致地表塌陷，影响坝基的稳定。潜蚀多发生在颗粒不均的砂层中，但在坚硬岩石中的软弱夹层、泥化夹层、断层破碎带、节理裂隙充填夹泥，全、强风化带以及由可溶盐类物质胶结的岩石中，也可发生。潜蚀现象可分为机械潜蚀和化学潜蚀两种类型。

（1）机械潜蚀。机械潜蚀是由渗透水流的动水压力冲动土颗粒而造成的。动水压力 D 是指渗透水流对土粒冲动的力，其方向与渗流方向一致，其数值等于水的重度 γ_w 与水力坡降 I 的乘积（取单位土体体积计算），即

$$D = \gamma_w I = \gamma_w \frac{\Delta h}{L} \tag{5-6}$$

式中：Δh 为水头差；L 为渗径长度（图 5-22）。

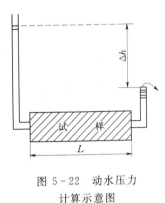

图 5-22 动水压力
计算示意图

在评价坝基渗透稳定时，通常近似地认为在坝基下游渗水逸出地段的单位动水压力大于或等于该处土的浮重度 γ' 时，就会产生管涌，而小于 γ' 时，则不会发生。

在实际情况中，常出现水力坡降等于或稍大于浮重度时，并不发生潜蚀现象。这是因为要发生机械潜蚀还必须有细颗粒逸出的通道或空间，岩层有时还具有一定的结构联结强度。这些条件是无法计算的，所以常需要用室内或野外现场试验来确定发生潜蚀时的水力坡降（称为临界坡降）。例如陆浑水库，在第四系冰水沉积的砂砾石层 (Q_1) 及断层破碎带中进行的野外管涌试验结果表明，临界坡降值均大于 5.0。

机械潜蚀有发展型和非发展型两种。发展型是从带出颗粒开始，即使水头不再增加，颗粒仍将继续带出，直至充填物被掏尽或发生破坏；非发展型则仅在渗透坡降增加时，有少量颗粒带出，以后则逐渐停止，这主要由于细小颗粒阻塞了通道所致。江西万安水电工程 F_0 夹层，渗透坡降为 19.6 时开始出现浑水，带出少量砂粒，数分钟后，水即变清。最后渗透坡降达 94.2 时，夹层仍无破坏现象。

四川陈食水库则是一个发展型机械潜蚀的例子。坝基为侏罗系的泥岩和砂岩。一部分坝基放在裂隙发育且已风化的泥岩上，没有采取必要的防渗措施，清基也不彻底。蓄水后，在3号拱和6号拱的背后均有浑水渗出（图 5-23）。后来潜蚀成宽 8m、高 15m 的洞，库水迅猛下泄成灾。

（2）化学潜蚀。化学潜蚀是指渗透水流与软弱结构面上充填的黏土矿物及颗粒间的胶结物，相互作用而发生一系列物理化学反应，结果使某些物质成分随水

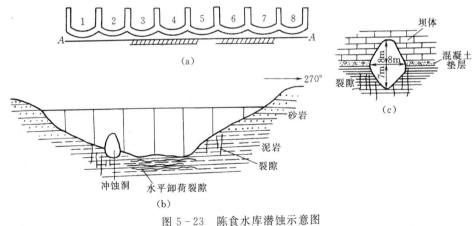

图 5-23 陈食水库潜蚀示意图
（a）平面图；（b）A—A 剖面图；（c）冲蚀洞剖面

流带走或重新分布，因而也会使岩石孔隙增多、增大，结构联结强度降低，甚至分散解体。若继续发展则可导致细小颗粒被冲走带出，形成机械潜蚀。主要的物理化学反应有：某些易溶盐类物质组成的胶结物被溶解，如，氯化物、硫酸盐、碳酸盐等；黏土颗粒中的阳离子交换反应；溶胶或凝胶以及高价铁或低价铁的氧化还原反应等。

例如，葛洲坝闸基岩体的泥化夹层的渗透试验证明，由于渗水溶蚀的结果，夹层泥化部位碳酸钙含量都比上下部位低，而游离的硅、铁、铝氧化物的含量则比上下部位高，说明可溶的碳酸盐类物质已被溶解带走。

5.4.2 坝下游河床冲刷问题

从坝、闸或溢洪道溢流宣泄下来的水流具有很大的能量，对下游河床常发生严重的冲刷作用，尤其当采用挑流消能形式时，将在坝（闸）下游的河床中形成冲刷坑（图 5-24），如果冲刷坑发展得很大、很深，就会使坝趾附近岩体失去抗力或是切断缓倾软弱夹层，形成滑动岩体的临空面，危及坝基岩体的稳定（图 5-5）。也可能使岸边岩体崩塌、滑动、危及坝肩岩体的稳定。一般采用挑射距离 L 与冲刷坑深度 d 的比值来粗略估计冲刷坑是否会危及坝脚或坝的安全。岩层倾角较陡的基岩，$L/d >$ 2.5；岩层倾角较缓的岩层，$L/d > 5.0$ 时，被认为是安全的。因此，在坝、闸的挑流设计中，需要确定冲刷坑的位置、大小及深度，其中主要是深度的确定。

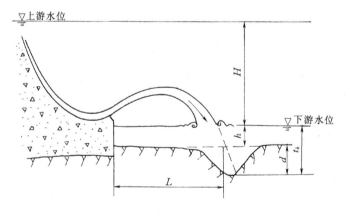

图 5-24 挑流冲刷示意图

关于河床岩石冲刷破坏的机制，有人根据室内模拟试验认为，冲刷破坏是由于挑射水流在岩石裂隙间产生脉动压力，使裂隙张开、岩块松动、晃动，相互磨损破坏，裂隙逐渐扩大，脉动压力也随之加大，直至岩块被冲出带走。因此，岩块的水下重量和岩块间的摩阻力影响着岩石的抗冲能力。它与岩块的大小、重度、几何形状、相互位置以及岩块间充填物的性质有关，而岩块的磨损和破坏又取决于岩石的性质和强度。除这些属于地质方面的因素外，另一方面还决定于水力因素，即挑流形式、单宽流量、入水流速和水垫厚度（下游水深 t_k）等。所以，坝下游冲刷问题是工程地质和水力学共同研究的课题。

表 5-8 是我国一些大坝的原型观测资料，从这些资料可看出地质构造条件对冲

刷坑的形成有很明显的影响。主要可归纳为下列三方面：

（1）断裂破碎带往往控制着局部最大冲坑的位置、形状和范围。例如双牌工程，冲坑沿 F_{74} 断层发展，并以其为中心形成深达 20.16m 的冲坑，并切断了软弱夹层，降低了抗滑稳定性（图 5-25）。丹江口工程沿 F_{16} 及 F_{16-1} 断层破碎带形成了深达 31.30m 的冲坑，并掏空了护坦局部岩基。但是沿 F_{204} 则仅冲至约 5m 深。这是因为前者沿断层面有 0.2～0.4cm 厚的软塑状构造黏土岩，胶结差，抗冲能力低，而 F_{204} 断层的构造岩则胶结紧密，可见断层破碎带的性状及胶结程度对冲坑形成的深度也有较大影响。

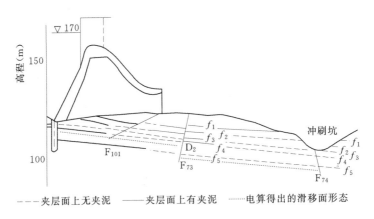

图 5-25　双牌 6～7 号支墩地质纵剖面图

f—软弱夹层；F—断层

（2）缓倾的软弱结构面及软弱夹层较陡倾者，易于形成较深的冲坑。当岩层倾向下游时，更易使冲坑上游侧坍塌破坏，并溯流向坝趾发展，危及坝基稳定。当岩层倾向上游，或倾角较陡时，一般冲刷较轻，如上犹江、新安江等工程。

（3）节理裂隙的密度愈大，岩块体积愈小，愈易形成较深的冲坑。但裂隙的胶结和互相交切的状态也有很大影响。据试验资料证明，底面积大的岩块较底面积小的岩块易受冲刷，例如水流条件大致相同，由 3.65m×3.65m×1.00m（长×宽×高）的岩块组成的河床，形成的冲坑深度为 35.0m。而体积相同形状改为 3.65m×1.00m×3.65m（长×宽×高）的岩块后，则冲坑深度仅为 18.5m。

表 5-8　　　国内部分工程下游岩石河床局部冲刷原型观测资料　　（据《岩石坝基工程地质》）

工程名称	冲刷范围的地质条件	上下游水位差（m）	单宽流量[m³/（s·m）]	冲坑最大深度（m）
双　牌	紫红色砂岩和板岩互层，裂隙发育，岩层倾向下游，倾角 7°～15°，有横切下游河床的 F_{73} 和 F_{74} 断层，其中 F_{74} 断层破碎带宽 0.6m，胶结不良，形成冲坑中心	34～36	49	20.16

续表

工程名称	冲刷范围的地质条件	上下游水位差（m）	单宽流量[m³/（s·m）]	冲坑最大深度（m）
丹江口	变质辉长辉绿岩，有 F_{16}、F_{16-1}、F_{77}、F_{100} 和 F_{204} 断层，沿 F_{16} 断层面分布有厚 0.2～0.4m 构造黏土层；F_{16-1} 和 F_{100} 断层破碎带胶结差，而 F_{77} 和 F_{204} 断层带胶结紧密	60～64	112	F_{16} 与 F_{16-1} 破碎带交汇处 31.3；F_{100} 约 20；F_{204} 约 5
桓仁	安山凝灰集块岩，坚硬致密；安山凝灰岩，岩性软弱易风化，有夹泥层，裂隙间距 1.10～1.25m。岩层倾向下游，倾角 15°～20°	56～58	60	13
盐锅峡（6孔）	红色砂岩为主，砂质砾岩次之，岩层倾向下游，偏右岸，倾角 15°～21°，裂隙发育，有两层夹泥层	35～38		17.00
柘溪	石英砂岩与砂质板岩互层，岩层倾向下游，倾角 60°～65°，有顺河方向的 F_{73}、F_5、F_{5-1} 和 F_7 断层，裂隙发育	67	84	19.00
水府庙	灰绿色带状板岩为主，砂质带状板岩、暗紫色薄层板岩次之，岩层倾向上游，倾角 30°～35°。有 F_1、F_3、F_4、F_{24}、F_{30} 和 F_{31} 断层通过，其中 F_1 与 F_{34} 交汇处破碎形成冲坑中心	22	22	16.72
新安江	石英砂岩，倾向下游，倾角 60°～80°	76	55～76	3.00～4.00
上犹江	石英砾岩、砂岩，倾向上游，倾角 25°～30°，裂隙发育	47	43	2.60～5.00
修文	白云岩，有软弱夹层呈黏土状，岩层倾向下游，倾角 6°～9°，裂隙发育	33	36	8.17
石门	石英岩、云母石英片岩，倾向上游，倾角 80°以上	63～65	20	3.00～4.00

注 上下游水位差和单宽流量随每年泄流量不同而变化，表中所列系选用最大泄流时的上下游水位差和单宽流量值。

除上述地质构造条件外，岩石的性质及风化程度对坝基岩体的抗滑稳定性也有显著的影响。一般说来，石英岩和硅质胶结的砂岩等，结构致密，风化轻微，抗冲刷力强。而风化较严重的花岗岩、片麻岩、云母片岩、页岩、泥灰岩等，则抗冲刷能力差。

关于坝下游岩石冲刷坑深度的确定，主要有水工模型试验和经验公式估算两种方法。经验公式有许多，由于地质条件多种多样，公式难以准确概括，故算出的冲刷深度常有误差，有时甚至很大。目前较多采用的公式为

$$d = kq^{0.5}H^{0.25} - h \tag{5-7}$$

式中：k 为冲刷系数，其值可按表 5-9 选取；q 为单宽流量，$\mathrm{m^3/（s·m）}$；H 为上下游水位差，m；h 为下游水深，m，见图 5-24。

表 5 - 9　　　　　　　　　　　　　　基 岩 冲 刷 系 数 k 值

可冲性类别		难　冲	可　冲	较 易 冲	易　冲
节理裂缝	间距（cm）	>150	50～150	20～50	<20
	发育程度	不发育，节理（裂隙）1～2组，规则	较发育，节理（裂隙）2～3组，X形，较规则	发育，节理（裂隙）3组以上，不规则，呈X形或米字形	很发育，节理（裂隙）3组以上，杂乱，岩性被切割呈碎石状
基岩构造特征	完整程度	巨块状	大块状	块（石）碎（石）状	碎石状
	结构类型	整体结构	砌体结构	镶嵌结构	碎裂结构
	裂隙性质	多为原生型或构造型，多密闭，延展不长	以构造型为主，多密闭，部分微张，少有充填，胶结好	以构造或风化型为主，大部分微张，部分张开，部分为黏土充填，胶结较差	以风化或构造型为主，裂隙微张或拉开，部分为黏土充填，胶结很差
k	范围	0.6～0.9	0.9～1.2	1.2～1.6	1.6～2.0
	平均	0.8	1.1	1.4	1.8

注　适用范围：水舌入水角 $30° < \beta < 70°$。

5.5　坝　基　处　理

　　天然存在的岩体是自然历史的产物，它长期经历了各种地质作用的侵袭与变化，所以任何一个坝址的地质条件都不会是完全合乎建筑设计的理想要求，都会存在着这样或那样不良的地质问题。但是，对于各种不良的地质条件，只要事先查清楚，一般情况下都是可以处理的，并能保证达到安全稳定的要求。对于坝基不良地质问题的处理，可分为下列三个方面：清基、岩体加固及防渗排水。

5.5.1　清基

　　清基就是将坝基表部的松散软弱、风化破碎及浅部的软弱夹层等不良的岩层开挖清除掉，使坝体放在比较新鲜完整的岩体上。大坝地基开挖深度，即建基面标高的确定，是设计和施工中的一个重要问题。它对整个工程的投资、工期以及安全稳定都会产生很大的影响。因为大型的水电工程基坑开挖往往要达数十米深，挖方量可达数百万立方米，而挖除的部分将来都要再回填起来。此外，尚有基坑排水、基坑边坡稳定及地应力等问题。例如，雅砻江二滩水电站，坝基为二叠纪玄武岩及正长岩侵入体，经专题研究对建基面提出了四个比较方案：方案Ⅰ为以新鲜和微风化岩体为坝基，坝基平均嵌深 64.6m；方案Ⅱ为弱风化岩体下部，平均嵌深 53.7m；方案Ⅲ为弱风化岩体中段，平均嵌深 46.1m；方案Ⅳ为在充分利用弱风化岩体中段的基础上，少部分放在弱风化岩体上段岩体上，平均嵌深 38.6m。经比较计算，方案Ⅳ较方案Ⅲ（初步设计方案）少开挖 7.5m 深，减少石方开挖 80 万 m^3，减少混凝土浇筑 37 万 m^3，节约投资 6117 万元（按 1986 年定额计算），工期也可缩短 11 个月。如与方案Ⅰ比较，节约数字还要大得多。另外，Ⅳ方案坝基岩体地应力也较低，较易处理。

近年已有不少人对大坝建基面的高程进行了许多专门研究和论证。目前在实际工作中，都是以风化程度或岩体质量级别为依据来确定坝基开挖深度的。一般情况下，坝高超过 100m 时，可建在新鲜、微风化至弱风化下部基岩上；坝高 50～100m 时，可建在微风化至弱风化中部基岩上；坝高小于 50m 时，可建在弱风化中部至上部基岩上。两岸地形较高部位的坝段，可适当放宽。但当有软弱结构面等不良的特殊情况或大坝有特殊要求时，应作专门的研究和处理。

另外，有人提出，在不考虑坝体结构特殊要求和深层软弱结构面控制其抗滑稳定的情况下，中、高坝最低要求为岩块饱和单轴抗压强度 $R_b \geqslant 30$MPa；声波纵波速 $V_p \geqslant 3000$m/s；变形模量 $E_0 \geqslant 5000$MPa。低坝和中坝较低者，上述三项指标分别为：$R_b \geqslant 15$MPa；$V_p \geqslant 2000$m/s；$E_0 \geqslant 2000$MPa。

对于土石坝的清基要求，要较混凝土坝低。因为它可以以松散沉积层为地基，所以清基时只需将表层的腐殖土、淤泥、高塑性软土、流砂层等压缩性大、抗剪强度很低的岩、土层清除掉即可。

对于风化速度较快的岩层，当基坑暴露时间较长时，应预留保护层或采取其他保护措施。此外，建基面应略有起伏并尽可能向上游倾斜。在边岸附近开挖时，应注意坡脚被挖后会否危及边坡稳定。

5.5.2　坝基岩体加固

建基面以下的岩体，往往存在或多或少的裂隙、孔隙及断层破碎带等。为提高岩体的强度和减少压缩变形，可以采取一些加固措施，这样也可减少基坑开挖量。通常有下列一些措施。

5.5.2.1　固结灌浆

固结灌浆是通过在基岩中的钻孔，将适宜的具有胶结性的浆液（大多为水泥浆）压入到基岩的裂隙或孔隙中，使破碎岩体胶结成整体以增加基岩的强度。我国几乎所有的混凝坝基都采取这种措施，在一般情况下均能取得良好效果，但当裂隙中有泥质充填时，需要用一定的压力压入清水，进行冲洗。

根据实践经验，灌浆孔一般布置成梅花形，孔距 3.0～4.0m，视浆液扩散的有效范围而定。孔深根据加固岩体的要求而定。浅孔固结灌浆一般为 5～8m，最深不大于15m。特殊情况下，如裂隙分布较深，也可进行深孔固结灌浆。灌浆孔一般为直孔，有时为提高效果，也可布置成大致垂直于主要裂隙或其他软弱面的斜孔。

5.5.2.2　锚固

当地基岩体中发育有控制岩体滑移的软弱结构面时，为增强岩体的抗滑稳定性，可采用预应力锚杆（或钢缆）进行加固处理。其方法为先用钻孔穿过软弱结构面，深入坚硬完整的岩体，然后插入预应力钢筋或钢缆，再用水泥砂浆灌入孔内封闭（图

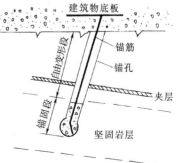

图 5-26　锚固结构示意图

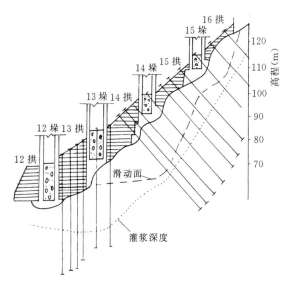

图 5-27 梅山水库坝右岸锚固剖面图

5-26）。条件允许时，也可采用大口径钢筋混凝土管柱进行锚固。1964 年在梅山连拱坝右坝肩首次使用了这种方法，共设锚固孔 250 孔，其中，山坡 170 孔，13 号拱重力墩 80 孔。孔距 2～3m，孔深 25～40m，钢缆直径为 5mm（图 5-27）。以后在猫跳河三级电站和鲁布革水电站均采用过这种方法锚固坝肩岩体。

5.5.2.3 槽、井、洞挖回填混凝土

当坝基下存在有规模较大的软弱破碎带时，如断层破碎带、软弱夹层、泥化层、囊状风化带、裂隙密集带等，则需要进行特殊的处理。

1. 高倾角软弱破碎带的处理

高倾角软弱破碎带主要处理方法有混凝土塞、混凝土梁、混凝土拱等。

混凝土塞是将软弱破碎带挖除至一定深度后回填混凝土，以提高地基的强度 [图 5-28 （a）]。通常沿破碎带挖成倒梯形断面的槽子，开挖深度应根据坝基应力大小、破碎带宽度等因素计算确定，一般情况下可取宽度的 1.0～1.5 倍。

当软弱破碎带岩性疏松软弱，强度很低且宽度较大时，若采用混凝土塞的办法开挖和回填方量很大，则可采用混凝土梁或拱的结构形式，将荷载传至两侧坚硬完整岩体上 [图 5-28 （b）]。当坝基河床有覆盖层深槽、风化深槽时，由于深挖困难，也可采用梁或拱的形式跨过，再配合以灌浆、水平防渗等处理措施。

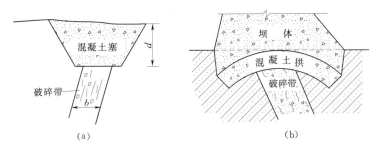

图 5-28 坝基处理混凝土塞、拱示意剖面图
（a）混凝土塞；（b）混凝土拱

2. 缓倾角软弱破碎带的处理

当缓倾的软弱破碎带埋藏较浅时，可全部挖除，回填混凝土 [图 5-29 （a）]，这样做最安全可靠。若埋藏较深时则需采用洞挖（平洞或斜洞）。深部开挖可配以竖井 [图 5-29 （b）]。挖除回填后，尚可进行固结灌浆。

为了减少工程量，在能满足稳定的条件下也可部分挖除。当软弱破碎带倾向下游

或上游时，可沿其走向每隔一定距离挖一平洞，洞的顶部和底部均嵌入坚硬完整的岩层中，然后回填混凝土，形成混凝土键［图 5-29（c）］以提高其抗滑能力。当倾向两岸时，则可沿其倾向每隔一定距离挖一斜井并回填混凝土。

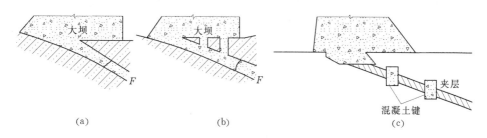

图 5-29　缓倾角软弱破碎带的处理（剖面图）

5.5.3　防渗和排水措施

大坝地基的防渗与排水措施十分重要，它是防止地基渗透变形和降低扬压力的重要手段。一般原则是，在大坝迎水面或其上游部位设置防渗措施，如灌浆帷幕，尽量降低坝基的渗透水流。而在迎水面下游（即防渗帷幕后面）的坝基部分则设置排水措施，如排水井、孔等，以便降低渗透压力。

1. 帷幕灌浆

在大坝的上游面基岩中布置 1~2 排钻孔，以一定的压力将水泥浆压入基岩的裂隙或断层破碎带中，使其形成一道横穿河床的不透水帷幕（图 5-30）。帷幕的深度，原则上应灌到不透水层。但若不透水层很深时，则可灌到相对隔水层 3~5m 深处。岩体相对隔水层的透水率 q 根据混凝土坝高可采用下列控制标准：坝高在 100m 以上，$q=1~3$Lu；坝高在 $100~50$m 之间，$q=3~5$Lu；坝高在 50m 以下，$q=5$Lu。

帷幕的厚度主要据其所能承受的水力坡降而定。一般情况下高坝可设两排钻孔，中、低坝设一排钻孔即可。孔距一般为 1.5~4.0m。

当岩体中存在有微细的裂隙或裂隙中充填有黏土等物质时，采用通常的灌浆方法难以取得良好效果，因此需要提高灌浆压力和改进浆液的成分。

20 世纪 80 年代初，在处理乌江渡水电站坝基下岩溶洞穴及红色黏土充填物时，成功地采用了高压灌浆技术，灌浆压力达到 8MPa，取得了良好的效果。在浆液成分方面，近年研制成功的改性灌浆水泥，是在硅酸盐水泥熟料的基础上加入膨胀剂、促凝剂，并经细磨而成。水泥粒径小于 $30\mu m$，改性水泥浆的流动性和稳定性好，因而可灌性好，对细微裂隙灌入能力强。在硬化过程中体积还有微小的膨胀，克服了单纯磨细水泥可灌性差和硬化收缩的缺点，同时黏结强度和抗渗性均有提高。

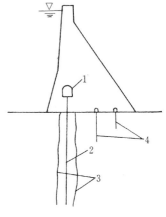

图 5-30　防渗帷幕示意图
1—灌浆廊道；2—帷幕灌浆钻孔；
3—浆液扩散范围；4—排水
孔及排水廊道

在砂砾石地基上，也可采用灌浆的方法，来降低渗透性，达到防渗的目的。

2. 排水措施

坝基岩体虽设置了防渗帷幕等防渗措施，但仍会有少量绕渗或穿过帷幕的渗透水流。为降低坝基下的渗透压力及渗流可能造成的不利影响，通常在帷幕下游坝基中设排水孔，一般为2～3排，并可设排水管道、廊道或集水井，将水排出坝体以外（图5-30）。

关于坝基处理措施除上述各项外，尚可在坝的基础部分设计中采取一些结构上的措施，如加大坝体断面、扩大基础、设立支撑墙、坝肩加设重力墩、加深齿墙，对于土坝设置与斜墙连接的防渗铺盖等。这些内容将在专业课中讲述。

复 习 思 考 题

5-1 使坝基岩体发生不均匀变形的地质因素主要有哪些？

5-2 确定岩石地基承载力主要有哪几种方法？

5-3 试述坝基岩体滑动破坏的类型及特征。

5-4 坝基岩体发生滑动破坏的边界条件如何分析？什么情况最易形成滑动面？

5-5 坝基岩体滑动破坏时，有哪些阻滑因素可以考虑？

5-6 怎样分析坝肩岩体滑动的边界条件？

5-7 坝基抗滑稳定计算中计入与不计入 $c(c')$ 值的原因是什么？混凝土坝对试验成果的取值标准按哪些原则考虑？

5-8 哪些地质因素对 f、c 值有影响？

5-9 不利于坝基岩体抗滑稳定的地质作用有哪些？

5-10 提高坝基岩体稳定性的措施有哪些？

第6章

岩质边坡稳定性的工程地质分析

在山区进行的各种工程建筑常常是在天然斜坡岩体上兴建，或是在兴建中需要开挖出高陡的边坡。例如，依山傍水开凿运河渠道，穿山越岭修筑道路、桥梁，高峡建坝，深谷修库以及露天采矿等。其中尤其是水利水电工程，为要多蓄水多发电就常选择在具有高陡斜坡的深山峡谷中筑坝建库。但是在边坡岩体中常存在有这样那样的软弱结构面，它们在岩体重力和各种自然营力的长期作用下或人为的影响下，常常会发生变形破坏，使岩体突然崩倒或下滑，大量土石岩块涌向坡脚或河谷，冲垮道路、桥梁，掩埋厂矿房屋以及破坏施工现场，从而造成中断施工、延长工期、改变设计、增加投资等。大规模的边坡破坏事故甚至可堵塞江河，中断航运，毁坏大坝、水电站，并危及下游人民生命财产的安全。世界各国因此而造成的灾害事故屡见不鲜。例如绪论已述的瓦依昂水库滑坡，该水库为265.5m高的双曲拱坝，库岸由白垩系及侏罗系的石灰岩组成，其中有泥灰岩和夹泥层。河谷岸坡陡峭、节理发育。1960年开始蓄水后，左岸岸边岩体开始下滑，在顶部出现一条长近2000m的"M"形裂缝，见图6-1，以后位移逐渐加快。于1963年10月9日，大范围的岩体突然急速下滑，滑坡体的体积达到2.4亿m³，部分滑体将坝前2km多长的河谷全部掩埋，并高出原库水位200多m。约有1200万～1500万m³的水被挤过坝顶，漫过坝顶的水深，左岸在100m以上，右岸达200多m。下游一个村镇被冲毁，共死亡2400多人，在电厂工作的60名人员也无一幸存。虽大坝安然无恙，但水库已成为永远存蓄堆石的废库。这一震惊世界的水利事故，明确而深刻地告诉人们，只注重大坝的设计施工而忽略边坡稳定问题，就有可能酿成重大的灾害事故。

我国水电工程建设中，因边坡失稳造成不良影响或事故的也有多起。例如，湖南资水柘溪水库，在蓄水18天后坝上游右岸1.5km附近的岩体突然发生滑坡，总体积约165万m³，滑速高达19.6m/s，形成21m高的涌浪，到达坝前仍有3.6m高，漫过坝顶，冲毁了坝上的临时挡水建筑并造成人员伤亡。还有些坝址地区发育有老滑坡体，岩石松动破碎，稳定性差，常给坝址选择或设计施工带来困难，如乌溪江黄坛口水电站。此外，黄河龙羊峡水库、小浪底水库以及云南漫湾水电站等，都发生过边坡岩体失稳的问题。

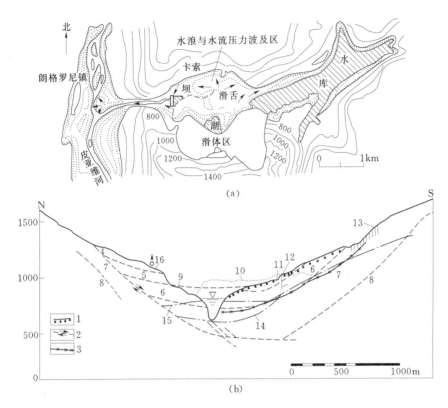

图 6-1　瓦依昂水库滑坡区示意图

(a) 平面图；(b) 剖面图

1—坡积冰积物；2—断层；3—主要滑坡面；4—上白垩系；5—下白垩系；6—塔尔木组（J_3）；
7—道格组（J_2）；8—里阿斯组（J_1）；9—冰期内的河谷地面线；10—滑动后地面线；
11—地面坍塌带；12—1961 年钻孔；13—张开裂隙；14—水库蓄水前地下水位；
15—1963 年地下水位；16—卡索镇

　　由上述实例即可看出，对边坡失稳破坏现象进行工程地质研究是十分重要的。在水电工程建设中必须对边坡岩体的稳定性及可能破坏的原因、形式及发生发展规律等进行调查研究，才能保证建筑物的安全和顺利施工。

　　就组成物质而言，边坡可分为岩质边坡和土体边坡两种类型，本章主要讨论岩质边坡稳定性的工程地质条件分析，土质边坡将在土力学中讲述。

6.1　边坡岩体应力分布的特征

　　在水电工程建筑中所遇到的边坡可分为天然边坡和人工边坡两种类型。天然边坡，绝大多数是由水流或是冰川的侵蚀下切而形成的。在地壳强烈上升的地区，深切的峡谷陡坡可达 1000m 以上。人工边坡（也称工程边坡），主要是开挖基坑、路堑、露天矿、修建船闸、码头、溢洪道及隧道进出口等而形成的，有时也可高达数十米或 100m 以上。例如长江三峡水利枢纽工程，左岸船闸闸室开挖直立边坡最高达 70m，其上尚有约 70 多 m 高的开挖斜坡。某些露天矿的矿坑深可达 300～500m 以上。随着下切和深挖，岩体中的应力在不断地调整变化，改变其方向和数值大小，产生应力释放或应力集中。边坡岩体中的应力对边坡的变形与破坏影响很大。了解其分布特征对认识边坡的变形和破坏机制是十分重要的。

6.1.1　边坡形成后应力状态的变化

由于边坡岩体通常是由非均质的各向异性不连续的介质组成，加以原始地应力各不相同，因而边坡上的应力分布和变化极其复杂。现只考虑岩体自重应力和假定边坡岩体为均质连续弹性介质，并根据光弹试验及有限元法计算结果来说明边坡应力的分布特征。

在边坡形成之前，岩体中的自重应力如下所示

$$\sigma_z = \gamma H ; \quad \sigma_x = \sigma_y = \lambda \gamma H$$

在边坡形成过程中，由于上部岩体被侵蚀或挖除而形成卸荷作用，岩体中自重应力分布随着发生以下变化：

（1）斜坡岩体的主应力迹线发生明显的偏转，总的特征为：愈接近边坡，原来为铅直方向的最大主应力 σ_1，愈接近平行于斜坡临空面，而原来为水平方向的最小主应力 σ_3，则愈与坡面近正交（图 6-2）。在水平构造应力较大的地区，最大主应力的方向也会发生同样偏转（图 6-3）。

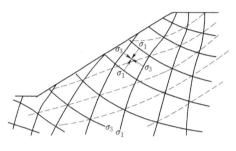

图 6-2　斜坡中最大剪应力迹线（虚线）
与主应力迹线（实线）示意图

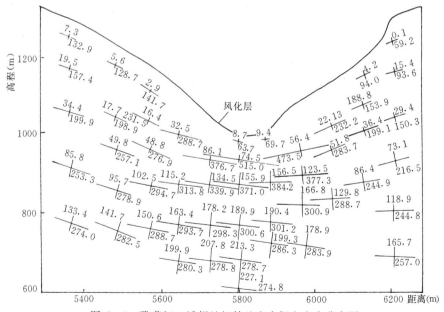

图 6-3　雅砻江二滩坝址初始地应力场主应力分布图
（应力单位：100kPa）（据薛玺成）

（2）在坡脚与河谷底部形成应力集中带。随着河谷下切，坡面附近的最大主应力（近平行于谷坡倾斜方向）显著增高。边坡愈陡，应力集中也愈严重。在河床下面水平应力也明显增高（图 6-3）。

（3）与主应力偏转相联系，最大剪应力迹线也发生偏转，呈凹向临空面的弧线（图 6-2）。在最大、最小主应力差值最大的部位（一般在坡脚附近），相应形成一个最大剪应力区，因而在这里容易产生剪切变形破坏（参看图 6-7）。

（4）在坡顶和坡面的靠近表面部位，由于垂直于河谷的水平应力 σ_3 显著减小，甚至可出现拉应力，因而可形成一个拉应力带（图 6-4 中的阴影部分）。其范围随坡角 α 和平行于河谷的水平应力 σ_2 的增加而增大。因而在这里容易产生拉张裂隙。

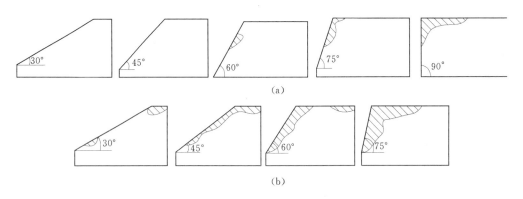

图 6-4　斜坡张力带分布示意图
(a) $\sigma_L = 0$；(b) $\sigma_L = 3\gamma H$（阴影部分示张力带）

6.1.2　影响边坡岩体应力分布的主要因素

6.1.2.1　原始应力状态的影响

岩体中的原始应力对边坡应力分布有很大影响，尤其是垂直于河谷方向的水平构造应力 σ_L 的影响更为显著，图 6-4 表示它对张力带分布的影响，它还改变主应力迹线的分布形式和应力值的大小，且对坡脚应力集中带也有很大影响。据试验和计算，当无侧向水平构造应力时（$\sigma_L = 0$），在坡脚区切向应力的最大值约相当于原始水平应力的 3 倍。而当水平构造应力为 $3\gamma H$ 时，切向应力可达（$7\sim 9$）γH。

坡脚处的最大剪应力也将随水平应力的增长而成倍增加，从表 6-1 可看出其增长情况。

表 6-1　坡脚最大剪应力与水平剩余应力和斜坡形态关系表（据斯特西，1973）

二　维　计　算		三　维　计　算			
水平剩余应力	坡脚最大剪应力	水平剩余应力	坡脚最大剪应力 τ_{max}		
			椭圆形矿坑		圆形矿坑
σ_l	τ_{max}	σ_l	短轴方向	长轴方向	
$0\gamma H$	$0.60\gamma H$	$0\gamma H$	$0.24\gamma H$	$0.23\gamma H$	$0.29\gamma H$
$1\gamma H$	$3.75\gamma H$	$1\gamma H$	$1.97\gamma H$	$1.64\gamma H$	$1.74\gamma H$
$3\gamma H$	$11.77\gamma H$	$3\gamma H$	$5.29\gamma H$	$4.50\gamma H$	$4.70\gamma H$

从上述可见，当岩体中存在较高的水平应力时，边坡更容易遭受变形和破坏。

6.1.2.2 坡形的影响

边坡的几何形态对坡内岩体应力有显著影响。随着坡高的增加，坡内应力值也随着呈线性增大，但不改变应力等值线的图像。

坡角变陡，拉应力的范围随之增大（图6-4），切向应力值增高，坡脚附近最大剪应力值也随着加大[图6-5 (a)]。

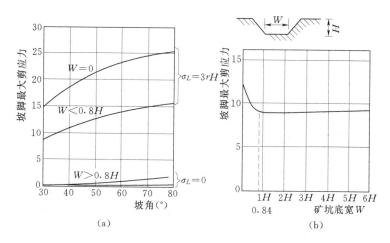

图6-5 坡脚最大剪应力与坡角和坡底宽的关系曲线

坡底宽度W对坡脚应力状态的影响见图6-5 (b)。当$W<0.8H$时，坡脚最大剪应力随底宽缩小而急剧增高，当$W>0.8H$时，则保持一常值。因此，在深切陡倾的V形峡谷中，特别是当有垂直于河谷走向的水平应力时，坡脚和谷底一带可形成极高的应力集中带。如在建的雅砻江二滩水电站，在河谷底部37.5m深处实测最大主应力达65MPa，最小主应力为29MPa。在高地应力的影响下，有的岩芯取出后裂成1～3cm厚的薄饼状，在平洞中多次出现岩爆现象。

边坡的平面形态对应力也有明显影响，凹形边坡，由于沿斜坡走向方向受到支撑，应力集中程度明显减弱。圆形和椭圆矿坑边坡，坡脚最大剪应力仅有一般斜坡的一半左右（表6-1）。因此，凹形坡有利于坡体稳定，而凸形坡则相反。

6.1.2.3 岩体结构的影响

岩体结构特征对边坡应力分布的影响是很大、很复杂的，主要表现在因岩体的不均一性和不连续性，使其沿软弱面的周边出现应力集中或应力阻滞现象，如图6-6所示。

(1) 软弱面与坡体主压应力轴平行时，将在软弱面的端点部位或应力阻滞部位出现拉应力集中和剪应力集中，使之出现软弱面两侧的张裂和剪切破裂[图6-6 (a)]。

(2) 软弱面与坡体主压应力垂直时，将发生平行于软弱面的拉应力或于端点部位出现垂直软弱面的压应力，这将有利于软弱面的压密或稳定[图6-6 (b)]。

(3) 软弱面与坡体主压应力轴斜交时，沿软弱面主要为剪应力集中，并于端点部位或应力阻滞部位出现拉应力，致使斜坡极易沿结构面发生剪切滑动[图6-6 (c)]。

(4) 在软弱面交汇处，应力受到阻滞，压应力和拉应力强烈集中，容易发生变形

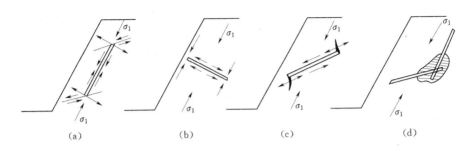

图 6-6　坡体内结构面上应力分布示意图

(a) 平行时；(b) 垂直时；(c) 斜交时；(d) 阻滞时

和破坏。在一定条件下，可逐步扩展为滑动面，使斜面破坏 [图 6-6 (d)]。

6.2　边坡岩体变形破坏的类型与特征

　　边坡形成后在各种地质营力作用下，仍在不断地发展变化。轻微者如风化、侵蚀、剥落等；严重者如蠕动变形或崩塌、滑动破坏等。实际上原来的边坡变形和破坏过程也是新边坡的形成过程。边坡的变形和破坏常是互相联系、密不可分的，变形常是破坏的先导，破坏常是变形发展的结果。在野外常见到者主要有卸荷变形、蠕动变形、崩塌和滑坡四种类型。此外尚有塌滑、错落、碎屑流等过渡类型，有人将泥石流也作为一种边坡破坏的类型。

6.2.1　卸荷变形

　　如前所述，在边坡形成过程中，由于在河谷部位的岩体被冲刷侵蚀掉或人工开挖，使边坡岩体失去约束，应力重新调整分布，从而使岸坡岩体发生向临空面方向的回弹变形，产生近平行于边坡的拉张裂隙，一般称作边坡卸荷裂隙（图 6-7）。这种裂隙多呈层状向坡体内发育，形成松弛张裂带或称卸荷带，其宽度和深度均可达100m 以上（表 6-2），它主要取决于河谷下切深度、地应力及岩体结构等。在河谷

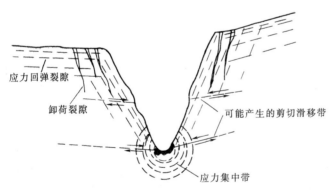

图 6-7　峡谷地区卸荷裂隙发育示意图

底部也可出现卸荷裂隙，形成大致平行于谷底的松弛张裂带，深也可达数十米（表 6-2）。

　　边坡卸荷裂隙可以是新生的，但大多数是沿原有的陡倾角裂隙发育而成，多平直延伸，也有的略呈弧形弯曲，一般被拉开而无明显错动。张开度及分布密度由坡面向深处逐渐减弱。裂隙向下延伸一般在谷底附近即渐消失。

表 6-2   某些水电站卸荷带发育范围

地 区	岩 性	谷坡坡度 (°)	谷坡坡高 (m)	谷坡卸荷带 发育深度 (m)	谷底卸荷带 发育深度 (m)
长江葛洲坝	砂页岩				>25～40
乌溪江水电站	流纹岩			20～30	6～10
大渡河龚咀水电站	花岗岩	30～45	200 (±)	>50～60	12～25
新安江水电站	砂 岩			>30	
乌江渡水电站	灰 岩			>76	
岷江渔子溪水电站	闪长岩	45～70	500 (±)	70～100	
雅砻江二滩水电站	正长岩、玄武岩	30～50	500 (±)	50～100	20～30

　　边坡卸荷裂隙使岩体强度降低，渗透性增大，并使各种风化因素更易侵入坡体。裂隙中还常有充填夹泥，对岩体稳定和渗漏尤其是绕坝渗漏都有不良影响，因而常会导致边坡发生更大的破坏。卸荷回弹还可引起基坑边坡发生变形和松弛，但一般时间不长即可停止。例如，葛洲坝二江电站在基坑开挖过程中，发现边坡岩体沿平缓的软弱夹层向临空面发生剪切滑移。初期每月滑移达 2cm。8～9 个月以后则趋向稳定。

　　如上所述，在大型水利工程中应注意查明和研究松弛张裂带的范围和特征，对评价边坡稳定和确定坝肩开挖深度及灌浆范围等，都有重要意义。

6.2.2 蠕动变形

　　蠕动变形，是指边坡岩体主要在重力作用下向临空方向发生长期缓慢的塑性变形的现象，有表层蠕动和深层蠕动两种类型。

6.2.2.1 表层蠕动

　　表层蠕动主要表现为边坡表部岩体发生弯曲变形，多发生在塑性较强的岩层中，如页岩、板岩、千枚岩、片岩等。据岩体结构面产状及表现特征的不同，又可分为倾倒和溃屈两种类型。

　　1. 倾倒

　　倾倒是指层状反倾向结构及部分陡倾角顺层的边坡，表部岩层因蠕动变形而向临空面一侧发生弯曲、折裂、倾倒的现象 [图 6-8 (a)]。倾倒多发生在塑性较强的薄层岩层或软弱相间的岩层中，如页岩、板岩、千枚岩、片岩、砂页岩互层、灰岩页岩互层等。倾倒变形岩体的顶部因变形增大、弯折，常发生岩块坠落或倾倒破坏。变形倾倒的岩体称倾倒体。

　　2. 溃屈

　　溃屈也称挠曲是指层状结构顺层边坡，岩层倾角与坡角大致相似，上部岩体沿软弱面向下蠕滑，由于下部受阻而发生岩层鼓起、弯曲、脱开和表层拉裂的现象 [6-8 (b)]。在塑性较强的岩层中，如页岩、板岩、片岩等，多表现为连续的弯曲变形，

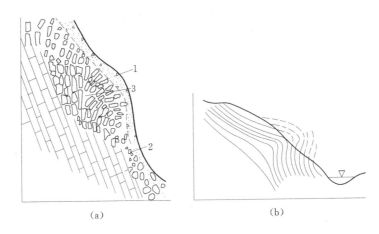

图 6-8　表层蠕动变形示意剖面图
(a) 倾倒变形；(b) 溃屈变形
1—残坡积物；2—坍塌堆积物；3—蠕动变形岩体

在弯曲的过程中被拉断，形成切层的张裂，使岩层弯折、松动并产生架空现象，但层序不乱。当变形增大时，顶部岩层可发生坠落甚至倾倒破坏。

6.2.2.2　深层蠕动

深层蠕动也称侧向张裂或扩离。它是发生在产状较平缓的软、硬双层结构的边坡中，由于下部软弱岩层发生长期缓慢的塑性变形，导致上部较坚硬的岩层发生张裂，向临空面扩展、移动、挤出的现象，见图 6-9。当软岩较厚，上部被近直立裂隙切割成块体时，可参差不齐地陷入下部泥化的软岩中，有时呈阶梯状下陷。

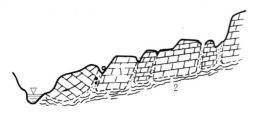

图 6-9　边坡深层蠕动变形剖面图
1—石灰岩；2—泥化的页岩

发生深层蠕动的软弱岩层常是泥化的页岩、黏土岩、泥灰岩、凝灰岩及煤系地层等，而上部脆性岩层则多为石灰岩、白云岩、砂岩、玄武岩、流纹岩等。

表层和深层蠕动的共同特点是以缓慢长期持续变形为主，可有不大的滑移、倾倒、沉陷、崩落等破坏现象，但没有发生整体的、大范围的崩塌或滑坡，所以，仍属变形类型或处于变形阶段。但变形进一步发展，可导致边坡发生急剧的整体破坏，即滑坡或崩塌。发生蠕动变形的边坡，岩体松动破碎、强度降低、透水性增大，其范围可达数十米，如湖南柘溪杨五庙坝址达 60m 深、甘肃白龙江碧口坝址达 40m，对两岸边坡稳定及绕坝渗漏都有严重不良影响。因此，对这种现象应充分注意。

6.2.3　崩塌

高陡的边坡岩体突然发生倾倒崩落，岩块翻滚撞击而下，堆积于坡脚的现象，称为崩塌。其规模大小悬殊，大规模的岩体崩塌也称山崩，其体积可达数千万甚至上亿立方米。小规模的崩塌称坠石，一般其体积仅数立方米或数十立方米。在坚硬岩体中发生的崩塌也称岩崩，而在土体中发生的则称土崩。此外，尚有坍方或塌方一词，这是泛指边坡的各种破坏现象，包括崩塌、滑坡以及其过渡类型塌滑等，是铁路和公路工程的常用语。

崩塌下来的岩块、碎石，大小混杂，堆积于坡脚或山麓斜坡上，称为崩积物（col），有时形成倒锥体形的堆积称做岩堆，或倒石堆。大规模的崩塌现象常给工程建筑和人民生命财产造成巨大的危害。例如，湖北省远安县盐池河磷矿 1980 年 6 月 3 日凌晨发生了体积约 100 万 m³ 的山崩，崩石堆积物平均 20m 厚，最厚处可达 40m，将盐池河全部堵塞，并将矿区办公楼和职工宿舍全部摧毁，掩埋在堆石中，如图 6-10 所示（沿裂隙 I 及其下部虚线整体崩塌）。

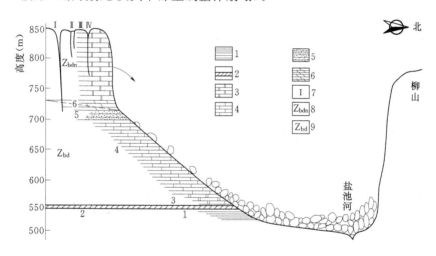

图 6-10　盐池河崩塌山体剖面图

1—灰黑色粉砂质页岩；2—磷矿层；3—厚层块状白云岩；4—薄至中厚层白云岩；5—白云质泥岩及砂质页岩；6—薄至中厚层板状白云岩；7—裂缝编号；8—震旦系上统灯影组；9—震旦系上统陡山沱组

岩崩的形成机理，一般有下列三种：

（1）边坡被陡倾裂隙深切，在外力及自重力的作用下逐渐向坡外倾斜、弯曲，陡倾裂隙被拉开，岩体下部因弯曲而被拉裂、折断，进而倾倒崩塌［图 6-11 (a)］。

（2）在坚硬岩层的下部存在有软弱岩层，当它发生塑性蠕变（塑性流动或剪切蠕变）时，则可导致上部岩层深陷、下滑、拉裂以至倾倒崩塌［图 6-11 (b)］。

（3）下部有洞穴或采空，岩体沉陷、陷落，将边部岩体挤出，倾倒崩塌［图 6-11 (c)］。

无论何种形式的崩塌，在发生突然破坏以前，一般均有一个长期蠕动变形阶段，变形速率有时很慢，不易察觉。但在临近崩塌前往往变形突然加速，例如盐池河山崩岩体 I 号裂隙。1980 年 4 月 18 日观测到此裂缝时，最大宽度为 20cm，推测为 1978

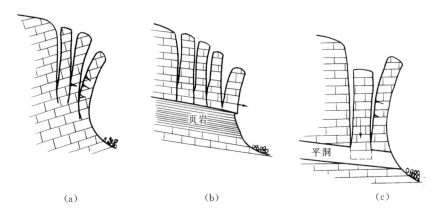

(a)　　　　　　　　　　(b)　　　　　　　　　　(c)

图 6-11　崩塌形成机理示意图

年扩大开采后形成，但 4 月 21 日至 5 月 18 日，

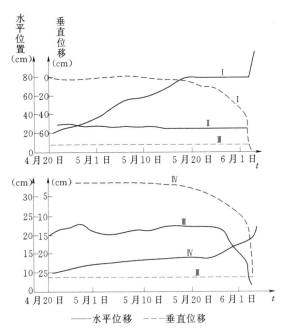

图 6-12　盐池河山崩体 I～Ⅳ号裂缝变形
曲线（1980 年）

水平位移即开始加速，裂缝从 22cm
宽发展到 77cm，而垂直位移仅 5cm，
见图 6-12，说明岩体开始加剧向外
倾斜变形。但 5 月 18 日至 6 月 1 日，
垂直位移却大幅增加，从 5cm 增至
42cm，6 月 1 日至 2 日一天内下沉位
移达 108cm，终于在 3 日凌晨发生整
体破坏。在边坡稳定监测工作中，
如能观测到加速蠕变的数据，对临
阵预报是有非常重要意义的。

长江三峡链子崖也是一个典型
岩崩发育的边坡。链子崖位于三峡
库区兵书宝剑峡出口的南岸，距三
斗坪坝址仅 27km。其对岸即为新滩
滑坡，滑坡的顶部广家崖也是一个
岩崩区，见图 6-13。

链子崖是由二叠系栖霞组厚层
灰岩（P_1^2）及下部煤系地层（P_1^1、
页岩、泥岩、煤层）构成的 80° 左右
的边坡，岩层产状：NE40°（±）、
NW，∠27°～35°。边坡全长约

700m，上（南）半段近南北向，下（北）半段为北西向，见图 6-14。由于煤系地层
中的页岩泥化，多年采煤挖空等因素影响，致使岩体变形位移并产生约 30 条宽大的
拉裂缝，其中 T_2、T_{12} 缝深度均超过 100m。据 1800 多年的历史记载，这里发生大、
小崩塌无数次，堵江断航者就有 4 次之多，其中 1542 年发生的大规模崩塌，堵江断
航 82 年之久。最危险的 8～12 缝地段已进行了大规模综合整治。

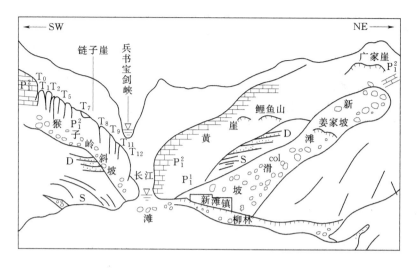

图 6-13　长江兵书宝剑峡出口素描图（引自陆业海）

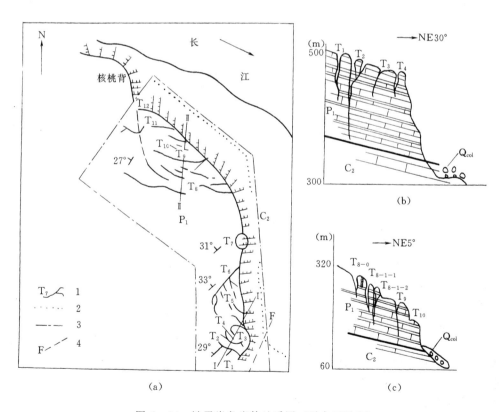

(a)　　　　　　　　　　　　　　(c)

图 6-14　链子崖危岩体地质图（引自于远忠）

(a) 平面图；(b)、(c) Ⅰ—Ⅰ及Ⅱ—Ⅱ剖面图

1—裂缝及编号；2—地层界线；3—煤层开采范围；4—断层

6.2.4　滑坡

边坡岩体主要在重力作用下沿贯通的剪切破坏面发生滑动破坏的现象称为滑坡。在边坡的破坏形式中，滑坡是分布最广、危害最大的一种。它在坚硬或松软岩层、陡倾或缓倾岩层以及陡坡或缓坡地形中均可发生。甚至在地形倾斜为 10°左右的缓坡或倾角低于 10°的岩层中也可发生。例如 1982 年 7 月 17 日在四川省云阳县长江北岸鸡筏子发生的大规模滑坡，滑体达 1500 万 m³。其中下部地形即为 10°～20°的缓坡，而沿其滑动的基岩面大部地段也仅有 10°～12°，如图 6-15 所示。

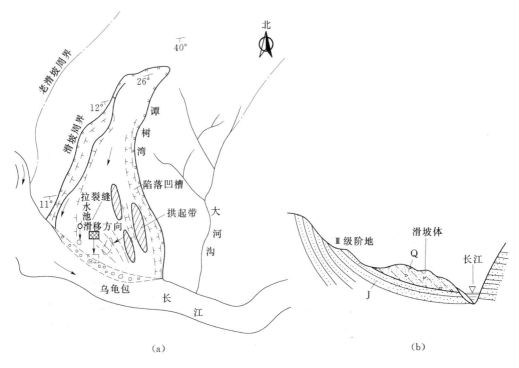

图 6-15　三峡库区云阳鸡筏子滑坡
(a) 平面图；(b) 纵剖面图

滑坡的危害还表现在不仅是将要发生的滑坡会给建筑物造成危害，而且表现在已经发生过的滑坡地段，对兴建水利水电工程也十分不利。这是因为已发生过滑坡的地段，常常有再次发生的可能，而滑动过的岩体即滑坡体往往疏松破碎、杂乱无章，强度低、透水性强、稳定性差，无论是作为坝肩岩体、水库岸坡、隧洞围岩，还是作为道路路基和码头等都是不利的。上述鸡筏子滑坡，就是发生在一个比它约大 5 倍的老滑坡体上。浙江黄坛口水电站在大坝施工后才发现左岸为一古滑坡体，范围 2000m²，厚 60～70m（图 6-16）。岩体强烈破碎，不能作为坝肩岩体。因此不得不停止施工，并做补充勘探和修改设计。由此可见，在实际工作中应重视对滑坡的调查和研究。

6.2.4.1　滑坡的形态特征

滑坡发生后常形成一些特有的地质地貌形态，根据这些形态特征可以识别是否有

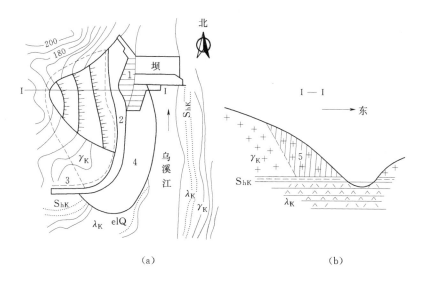

图 6-16 乌溪江黄坛口水电站滑坡

(a) 平面图;(b) 剖面图

1—翼墙;2—挡土墙顶面;3—阻水隧洞;4—堆石斜坡;5—破碎体

γ_K—花岗斑岩;S_{hK}—紫色凝灰页岩;λ_K—凝灰岩

滑坡体存在及其成因和稳定情况。形态完整的典型滑坡可具有下述一些特征。

天然斜坡发生滑动后,滑动岩体向下陷落使原来较为均一平整的斜坡面上,出现一个环谷状洼地,其上部与未滑岩体的分界常成一弧形陡壁,称为滑坡后壁(图 6-17)。壁上可出现一些轻微的擦痕。在滑体与滑壁之间或在滑体上产生相对错动的地方,常出现反坡地形,形成沟槽或封闭形洼地。当汇集水流时,可形成池塘。有时因相对错动而形成错裂的阶坎,称为滑坡台阶。

在滑体与滑壁之间或滑体的上部,常出现拉张裂隙,与滑壁大致平行或大致垂直于滑动方向。在滑体中、下部的两侧常出现大致平行于滑动方向的剪切裂隙,并可伴生有羽状裂隙。

在滑坡体的前部,由于土石的挤压,常形成舌状隆起地带,称为滑坡

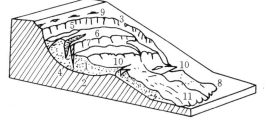

图 6-17 滑坡形态示意图

1—滑坡体;2—滑动面;3—滑动周界;4—滑坡床;
5—滑坡后壁;6—滑坡台地;7—滑坡台坎;
8—滑坡舌;9—后缘张裂隙;10—鼓
张裂隙;11—扇形张裂隙

舌。在隆起地段的顶部,可出现垂直于滑动方向的鼓张裂隙和位于舌部顶端成扇状的张裂隙。当滑坡舌伸入江河中时,则使河岸变形,凸向河床,并使河道变窄。

滑坡体上的岩层松散破碎,渗透性强,渗入滑体的水,受滑动面下部的岩层(滑坡床)阻隔,并沿之向下渗流,常在坡脚一带渗出,形成泉水或潮湿洼地(图 6-18)。

在滑体两侧，常沿滑坡周界经较长时间的冲刷，可发育成冲沟。冲沟沿周界向上发展，最后可在滑坡顶部交汇，形成一种双沟同源的特殊地貌形态（图 6 - 19）。岩体滑动后可使其上的树木东倒西歪，称为"醉汉林"（图 6 - 18）。树木继续生长，则下部弯曲，称为"马刀树"。

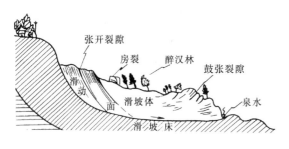

图 6 - 18　滑坡特征示意剖面图

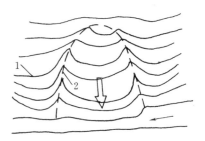

图 6 - 19　双沟同源地貌

1—地形等高线；2—滑坡界线

6.2.4.2　滑坡分类

对滑坡现象进行分类，有助于反映各种滑坡的特征和认识其发生发展的规律，从而便于提出合理有效的防治措施。目前分类的方法很多，主要有下列几种。

（1）根据滑动面与岩层构造之间的关系可分为：

1）顺层滑坡。滑体沿岩层的层面或不整合面滑动［图 6 - 20（a）］，在岩质滑坡中极为多见，特别是一些大型滑坡和滑坡群集地区，常是沿软弱岩层或其层面滑动，例如前述的瓦依昂水库滑坡及云阳鸡筏子滑坡都是这种类型。另外，坡积物、崩积物等松散堆积物沿下伏基岩面滑动，也属顺层滑坡，如新滩滑坡，即是崩积、坡积物沿志留系页岩滑动，见图 6 - 13。顺层滑坡的滑动面多为平面或倾斜的阶梯状。

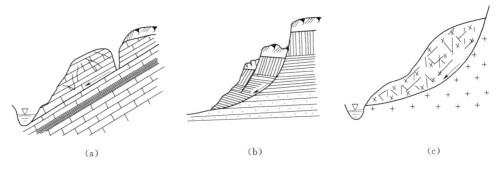

(a)　　　　　　　　　(b)　　　　　　　　　(c)

图 6 - 20　滑坡类型

(a) 顺层滑坡；(b) 切层滑坡；(c) 均质滑坡

2）切层滑坡。滑体沿节理、断层或其他与层面相切的软弱结构面滑动［图 6 - 20（b）］，常发生在节理裂隙发育、产状平缓或与斜坡呈反倾的岩层中。滑动面常为折线或弧形，顶端常近直立。

3）均质滑坡。滑体发生在均质、无明显层理的岩体或土体中，如厚层黄土、风化严重的花岗岩体等。滑动面受最大剪应力控制，多呈圆弧形［图 6-20 （c）］。

（2）根据滑动的力学机制可分为：

1）推动式滑坡。上部岩体首先失去平衡稳定，发生下滑，然后，推动下部岩体做整体滑动［图 6-21 （a）］。多与上部增加荷载有关。

2）牵引式滑坡。下部岩体首先失稳滑动，上部岩体因失去支撑，相继下滑［图 6-21 （b）］。多因坡脚遭受冲刷、挖掘破坏而引起。

3）平移式滑坡。始滑部位分布在滑动面的许多点，同时局部滑动，然后逐渐发展连接，形成统一的滑动面［图 6-21 （c）］。

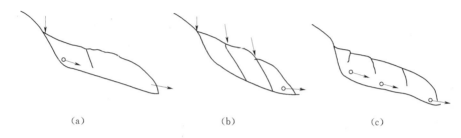

$$\text{（a）}\qquad\qquad\text{（b）}\qquad\qquad\text{（c）}$$

图 6-21　滑坡按力学特征分类

（a）推动式滑坡；（b）牵引式滑坡；（c）平移式滑坡；

○——始滑部位

（3）根据滑动面的埋藏深度或滑体的厚度可分为：

1）浅层滑坡。滑动面埋藏深度仅数米。

2）中层滑坡。滑动面埋藏深度为数米至 20m。

3）深层滑坡。滑动面埋藏深度为 20~50m。

4）极深层滑坡。滑动面埋藏深度超过 50m。

（4）根据滑坡体的体积大小可分为：小型滑坡<10 万 m^3；中型滑坡 10 万~100 万 m^3；大型滑坡 100 万~1000 万 m^3；特大型滑坡 1000 万~10000 万 m^3；巨型滑坡>10000 万 m^3。

6.2.4.3　滑动面的形成机制

大型的滑坡可达数千万立方米甚至数亿立方米，在下滑时都是沿着一个或一组滑动面发生。但这个滑面（带）常不是同时形成的，而是在一个点或一个局部范围首先剪断破坏，然后再形成贯通的破坏面。因此，滑面的形成及其特性对滑坡的发生和发展起着决定性的作用。其形成机制有下列两种。

（1）滑动面受最大剪应力面控制。在滑动破坏之前，坡体内没有既定的软弱面作为滑面。当剪应力超过岩体的强度极限时，就将大致沿着最大剪应力面发生剪切滑动，常成弧形并在斜坡的上缘附近转为陡倾的拉裂面。在此情况下，岩体的强度对边坡稳定性起着决定性作用，多发生在均质岩层中，如黏土层、黄土层等。

（2）滑动面受已有软弱结构面控制。坡体中有软弱结构面或软弱夹层存在，并能构成有利于滑动的结构面（或几个面的组合面）产生滑动。因此软弱结构面的抗剪强度和产状起控制作用，而不决定于岩石本身的强度，岩质边坡的破坏绝大多数都是属于这种情况。

　　不管哪一种情况，大多数滑坡在破坏之前都有一个蠕动变形阶段。在这个阶段，边坡岩体的变形主要表现为小量、缓慢、以较均匀的速度沉陷或滑移。此时坡体上可出现裂隙或上部被拉开。这一过程可持续数天以至数年以上。当应力积累超过滑面上的剪切极限强度之后，即可发生急速下滑。如瓦依昂滑坡，蠕动变形阶段至少持续了 4 年以上。而新滩滑坡在 1964 年就已观测到有明显的变形，并在西侧出现一条 450m 长的拉裂缝，以后变形逐渐加剧，到发生整体滑动，至少经历了 20 多年。有时某些边坡在长期缓慢的蠕动变形中，虽未发生急剧变形的整体滑动，但也可导致斜坡上的建筑物发生破坏。

6.3　影响边坡稳定性的因素

　　影响边坡稳定性的因素有内在因素与外在因素两个方面。内在因素有组成边坡岩土体的性质、地质构造、岩体结构、地应力等。它们常常起着主要的控制作用。外在因素有地表水和地下水的作用、地震、风化作用、人工挖掘、爆破以及工程荷载等。其中地表水和地下水是影响边坡稳定最重要、最活跃的外在因素，其他大多起着触发作用。查明和掌握这些影响因素对了解边坡失稳的发生发展规律，以及制定防治措施是非常必要的。

6.3.1　地貌条件

　　深切峡谷地区，陡峭的岸坡是容易发生边坡变形和破坏的地形条件。例如我国西南山区，沿金沙江、岷江、雅砻江及其支流等河谷地区，边坡松动破裂、蠕动、崩塌、滑坡等现象十分普遍。有些崩塌滑坡规模很大，并可成群出现。在云南禄劝县，金沙江支流普渡河，1965 年 11 月连续两次发生大滑坡，滑坡体积达 2.5 亿～3 亿 m³。在长江三峡库区，崩塌、滑坡也很常见，1982 年 7 月中下旬，万县地区降雨 600～700mm，结果在云阳县和忠县发生边坡破坏现象分别为 2 万多处和 3 万多处，其数量之多实属罕见。另在三峡库区内干流地段，就分布有新、老滑坡和崩塌达 66 处之多。通常，坡度越陡、坡高越大，对稳定越不利。崩塌现象均发生在坡度大于 60°的斜坡上。而滑坡现象虽在陡坡地形发育较多，但在较缓的边坡上也可发生，这主要决定于滑动面的性质。

6.3.2　地层岩性

　　地层和岩性对边坡稳定性的影响很大，软硬相间，并有软化、泥化或易风化的夹层时，最易造成边坡失稳。地层岩性的不同，所形成的边坡变形破坏类型及能保持稳定的坡度也不同。

　　(1) 深成侵入岩、厚层坚硬的沉积岩以及片麻岩、石英岩等构成的边坡，一般稳定程度是较高的。只有在节理发育、有软弱结构面穿插且边坡高陡时，才易发生崩塌或滑坡现象。

　　(2) 喷出岩边坡，如玄武岩、凝灰岩、火山角砾岩、安山岩等，其原生的节理，尤其是柱状节理发育时，易形成直立边坡并易发生崩塌。当有多次喷发并形成软弱夹层时，常常是造成此类岩层发生滑坡的重要因素。凝灰岩、玄武岩等易于风化的喷出岩，应注意其沿节理面向深部风化的特征。尤其凝灰岩风化速度快，风化后变为大量黏土矿物，极易发生滑坡，如乌溪江黄坛口滑坡就属于这种情况。

（3）含有黏土质页岩、泥岩、煤层、泥灰岩、石膏等夹层的沉积岩边坡，最易发生顺层滑动，或因下部蠕滑而造成上部岩体的崩塌。这是因为它们可以形成抗剪强度极低的软弱滑动面。有时当它们的倾角小于10°时，也可形成顺层滑坡。当坡体下伏软弱岩层较厚并泥化时，常可形成塑性蠕动变形。当砂岩和页岩成互层时，受风化作用影响而易形成小规模的崩塌、剥落或滑坡。

在我国南方及四川盆地广泛分布的中生界和第三系的红色岩层地区，以及石炭系、二叠系煤系地层地区，均属这种岩层组合，较广泛地存在着滑坡和崩塌现象。

（4）千枚岩、板岩及片岩，岩性较软弱且易风化，在产状陡立的地段，临近斜坡表部容易出现蠕动变形现象。当受节理切割遭风化后，常出现顺层（或片理）滑坡，因为这类岩石各向异性显著，平行于片理方向的强度比垂直于片理的可低数倍。

（5）黄土具有垂直节理、疏松透水，浸水后易崩解湿陷。当受水浸泡或作为水库岸边时，极易发生崩塌或塌滑现象。例如，陕西引渭灌渠通过黄土高原，在长98km的地段内，有新老滑坡170多处，其中卧龙寺滑坡体积达2000万m^3。在厚层黄土地段，也可沿地下水活动带或下伏基岩软弱面发生较大规模的滑坡。如1983年3月7日在甘肃省东乡县发生的洒勒山滑坡，滑体约4000万m^3，堵塞两个小水库，摧毁三个村庄，就是在黄土地区发生的。在三门峡水库黄土边岸地区，当水库蓄水1年后，岸坡坍塌范围竟宽达50～290m。

由软黏土构成的边坡，在干湿条件变化情况下，易开裂、膨胀或变软，造成边坡失稳破坏。

（6）在崩塌堆积、坡积及残积层地区，其下伏基岩面常常是一个倾向河谷的斜面。当有地下水在此受阻，并有黏土质成分沿其分布时，极易形成滑动面，从而使上部松散堆积物形成滑坡。如新滩滑坡，约有3000万m^3的滑体，主要由崩积、坡积物组成，其下为志留系页岩，页岩表层泥化，构成了滑动面。

6.3.3 地质构造与岩体结构

地质构造因素包括褶皱、断裂、区域新构造运动及地应力等，这些对岩质边坡的稳定也是主要因素。褶皱、断裂发育地区，常是岩层倾角大，甚至陡立，断层、节理纵横切割，构成岩体中的切割面和滑动面，形成有利于崩塌、滑动的条件，并直接控制着边坡破坏的形成和规模。例如宝鸡到略阳的铁路线基本是沿一个大断裂带修筑的，结果边坡破坏事故屡屡发生，接连不断。

在新构造运动表现为强烈上升的地区，往往形成深切的沟谷地形，坡体内地应力较高，卸荷裂隙也常较发育，往往较广泛地发生着各种变形和破坏现象，例如我国西南的横断山脉地区，四川西部、北部山区，长江三峡地区等。这些新构造运动强烈的地区，也是地震活动强烈的地区。地震常是边坡失稳的触发因素。

结构面的各种特性（发育程度、规模大小、充填、胶结、产状等）对岩体的稳定性有很大影响，前两章已有论及。对边坡而言，结构面的产状和岩体结构类型有更明显的影响。

结构面的产状与斜坡临空面的关系，可分为以下几种基本情况。

6.3.3.1　只有一组结构面

（1）顺向坡。即软弱结构面的走向、倾向与边坡面的走向、倾向大致平行，或比较接近。按结构面倾角 α 与坡角 β 的大小关系又可分为两种情况，见图 6 - 22 中的（a）及（b）。

图 6 - 22 （a）图表示 $\alpha < \beta$，这时极易形成有临空面的滑体，产生顺层滑动。这种边坡稳定性最差，也最为常见。

图 6 - 22 （b）图表示 $\alpha > \beta$，这时软弱结构面延伸至坡脚以下，不能形成滑出的临空面，所以比较稳定。

（2）逆向坡。即软弱结构面与边坡面的走向大致相同，但倾向相反，即结构面倾向坡内，如图 6 - 22 （c）。这种情况的结构面是稳定的，一般不会形成滑坡，仅在同时有切层的结构面发育时，才有可能形成折线破裂滑动面［图 6 - 22 （d）］或崩塌倾倒破坏。

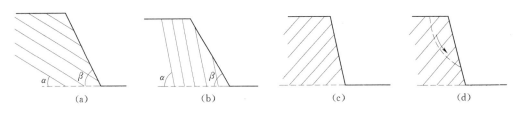

图 6 - 22　一组结构面发育的边坡稳定情况
（a）顺向坡，$\alpha < \beta$；（b）顺向坡，$\alpha > \beta$；（c）、（d）逆向坡

（3）斜交坡。软弱结构面与边坡面走向成斜交关系时，一般情况下交角越小对边坡稳定的影响越明显。当交角小于 40°时可按平行于边坡走向考虑，大于 40°时稳定性较好。当近于 90°直交时，称横向坡，对稳定最有利。

6.3.3.2　有两组结构面

边坡岩体上发育有两组或更多的软弱结构面时，它们互相交错切割，可形成各种形状的滑移体，如图 6 - 23。通常两组结构面的交线，即为滑体的滑动方向。但若一组结构面产状陡倾，则只起切割作用，而由较平缓的结构面构成滑动面。若两组结构面都陡倾，则往往由另一组顺坡向产状平缓的结构面构成滑动面，形成槽形体、棱形

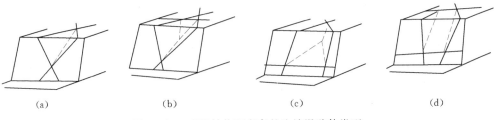

图 6 - 23　多组结构面发育的边坡滑移体类型
（a）锥形体；（b）楔形体；（c）棱形体；（d）槽形体

体状的滑动破坏。

表 6-3 列出了岩体结构类型、结构面特征及其产状等因素对边坡稳定性的影响。这是据我国水电工程中大量边坡工程实例调查分析后得出的，可供参考。

表 6-3　　　　　　　　　　水电水利工程岩质边坡结构分类表

序号	边坡结构		岩体类型	岩体特征	边坡稳定特征
1	块状结构		岩浆岩、中深变质岩、厚层沉积岩、厚层火山岩	结构面不发育，多为硬性结构面，软弱面较少	边坡破坏以崩塌和块体滑动为主，稳定性受断裂结构面控制
2	层状结构	层状同向结构	各种层厚的沉积岩、层状变质岩、多轮回喷发火山岩	边坡与层面同倾向、走向夹角一般小于 30°，层面裂隙或层间错动带发育	切脚坡易发生滑动破坏，插入坡在岩层较薄倾角较陡时易发生溃屈或倾倒破坏。层面、软弱夹层或顺层结构面常形成滑动面
		层状反向结构		边坡与层面反倾向、走向夹角一般小于 30°，层面裂隙或层间错动带发育	岩层较陡时易产生倾倒破坏，千枚岩或薄层状岩石表层倾倒比较普遍。抗滑稳定性好，稳定性受断裂结构面控制
		层状横向结构		边坡与层面走向夹角一般大于 60°，层面裂隙或层间错动带发育	边坡稳定性好，稳定性受断裂结构面控制
		层状斜向结构		边坡与层面走向夹角一般大于 30°、小于 60°，层面裂隙或层间错动带发育	边坡稳定性较好，斜向同向坡一般在浅表层易发生楔形体滑动，稳定性受顺层结构面与断裂结构面组合控制
		层状平叠结构		岩层近水平状，多为沉积岩，层间错动带一般不发育	边坡稳定性好，沿软弱夹层可能发生侧向拉张或流动
3	碎裂结构		一般为断层构造岩带、劈理带、裂隙密集带	断裂结构面或原生节理、风化裂隙发育，岩体较破碎	边坡稳定性较差，易发生崩塌、剥落，抗滑稳定性受断裂结构面控制
4	散体结构		一般为未胶结的断层破碎带、全风化带、松动岩体	由岩块、岩屑和泥质物组成	边坡稳定性差，易发生弧面型滑动和沿其底面滑动

6.3.4　地下水

地下水对边坡稳定的影响关系极大，绝大多数滑坡都与地下水的活动有关。许多滑坡、崩塌均发生在降雨之后，就是因降水渗入岩土体后，产生不良影响所致。地下水的作用是很复杂的，主要表现为下列几个方面。

（1）使岩石软化或溶蚀。地下水的活动可使黏土质夹层软化、泥化，形成最危险的滑动面；也可使厚层的黏土岩产生塑性蠕动，导致上覆岩体滑动解体。上述崩积、坡积等覆盖层沿基岩面滑动的现象和实例，均与地下水沿基岩面渗透有关。

当岩层中含有易溶成分时，如石膏等盐类物质，可被地下水溶蚀，形成裂隙和洞穴，导致上覆岩体塌陷并可导致发生崩塌或滑坡。

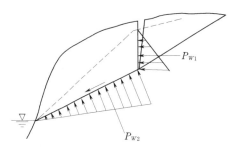

图 6 - 24   边坡岩体受静水压力示意图

（2）产生静水压力或动水压力。渗入坡体中的水，对滑体可产生静水压力或动水压力，促使岩体下滑或崩倒（图 6 - 24）。四川云阳鸡筏子滑坡，在上部开始滑动后，滑体下部喷出水和泥浆高约达 10m。许多河岸、库岸边坡坍塌破坏都发生在河水位骤降以后，就是与坡体内的水压力增高并向河谷渗流有关。

（3）增加岩体重量。当水渗入边坡岩体中时，增加了岩体重量，可使下滑力增大。

（4）冻胀作用。在寒冷地区，渗入裂隙中的水结冰，产生膨胀压力，促使岩体破坏倾倒。

（5）浮托力。处于水下的透水边坡，受浮托力的作用，使坡体有效重量减轻，稳定性下降。许多水库坍岸均与此有关。

6.3.5   其他因素

风化作用、暴雨、水流冲刷坡脚，人工挖掘、采空、振动等，都可能构成促使岩体失稳破坏的因素。

6.4   岩质边坡稳定性的评价方法

6.4.1   极限平衡理论计算法

岩质边坡的稳定计算，主要是滑动破坏（即滑坡）的计算。目前大都仍是按照库仑定律或由此引申的准则进行的。计算时将滑体视为均质刚性体，不考虑滑体本身的变形，然后对边界条件加以简化，如：将滑动面简化为平面、折面或弧面等；将立体课题简化为平面课题；将均布力简化为集中力等。

在具体计算方法方面，除常规的计算方法外，目前常用的有：有限单元法、边界单元法及离散单元法等。其中有限单元法应用的最多。它的优点是：根据边坡岩体应力应变特征，考虑到岩体的非均质性和不连续性，因而可以避免将边坡岩体视为一个刚体的过于简化的缺点；能够较接近实际情况地分析边坡的变形与破坏机制；并可直接得出边坡岩体的位移量和应力分布。

需要注意的是不论采用哪种方法计算，都必须与工程地质分析结合起来，这样才能正确地确定边界条件和计算参数，使计算成果具有实际意义。这里仅简要介绍极限平衡方法的基本计算原理。

6.4.1.1 滑动面为一平面时的计算

滑动面为一平面时是最简单的情况，在由软弱面控制的顺层滑坡中常可见到。假定只考虑岩体自重，不考虑侧向切割面的摩擦阻力，垂直于滑动方向取一个单位宽度计算。沿滑动方向的剖面如图 6-25 所示。AC 为滑动面，其长度为 L，滑体 ABC 的重量为 G，下滑力为 $G\sin\alpha$，抗滑力为 $G\cos\alpha\tan\varphi + cL$，（$\varphi$ 为内摩擦角，c 为凝聚力），安全系数 K 可按下式计算

$$K = \frac{G\cos\alpha\tan\varphi + cL}{G\sin\alpha} = \frac{\tan\varphi}{\tan\alpha} + \frac{cL}{G\sin\alpha} \tag{6-1}$$

假如滑体断面 ABC 为三角形，$G = \frac{\gamma}{2}hL\cos\alpha$，代入式（6-1）简化后得

$$K = \frac{\tan\varphi}{\tan\alpha} + \frac{4c}{\gamma h \sin 2\alpha} \tag{6-2}$$

式中：h 为滑坡体高度；γ 为岩石重度；K 为安全系数，一般取 $1.05\sim1.25$。

从式（6-2）可以看出，边坡的稳定安全系数随着 α 角和滑体高度 h 的增加而降低；随着 φ、c 值的增加而增大。

大多数边坡发生破坏时，均是在有水渗入岩体后发生。因此，一般计算时应考虑水压力的作用。此外，尚应考虑其他作用在斜坡上的荷载以及地震力等。

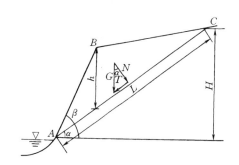

图 6-25 边坡稳定计算剖面图

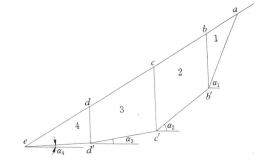

图 6-26 滑动面为折线的滑坡剖面图

6.4.1.2 滑动面为折线时的计算

岩体中发生滑坡时，滑动面有时是由几组软弱结构面组成。在这种情况下，取一沿滑动方向的剖面来看，其滑动面为一折线（图 6-26），此时可按推力计算法来计算其稳定性，即按折线的形状将滑坡体分成若干段，自上而下逐段计算，下滑力也逐段向下传递，算至末段即可判断其整体的稳定性。其计算步骤如下：

取平行于河谷方向一个单位宽度，将滑动面按形状分为 4 段，每段滑动面均为直线。

第一段滑体 abb' 的静力平衡计算［图 6-27（a）］

$$E_1 + G_1\cos\alpha_1\tan\varphi_1 + c_1L_1 - KG_1\sin\alpha_1 = 0$$

或

$$E_1 = KG_1\sin\alpha_1 - G_1\cos\alpha_1\tan\varphi_1 - c_1L_1$$

式中：E_1 为第二段滑体 $bcc'b'$ 对第一段滑体的推力，作用方向平行于 ab' 滑动面；假定向上为正值；其他符号同前。

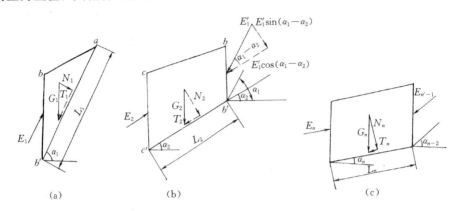

图 6 - 27　滑体分段计算示意图

(a) abb' 段滑体；(b) $bcc'b'$ 段滑体；(c) 任意一段滑体剖面

第二段滑体 $bcc'b'$ 的静力平衡计算［图 6 - 27 (b)］：在计算第二段滑体时，除滑体 $bcc'b'$ 本身的重量产生的下滑力和抗滑力外，还有第一段滑体传递过来的推力 E_1'，它与上式中的 E_1 大小相等方向相反，也可称做第一段的剩余下滑力。此外还有第三块滑体对第二块滑体的推力 E_2，它平行于滑动面 $b'c'$，假定向上为正值（若计算结果为负值即为向下）。

$$E_2 = KG_2\sin\alpha_2 - G_2\cos\alpha_2\tan\varphi_2 - c_2L_2 + E_1'\cos(\alpha_1 - \alpha_2) - E_1'\sin(\alpha_1 - \alpha_2)\tan\varphi_2$$

式中：E_2 为第三块滑体对第二块滑体的推力。

同理，可列出任何一段的平衡式［图 6 - 27 (c)］

$$E_n = KG_n\sin\alpha_n - G_n\cos\alpha_n\tan\varphi_n - c_nL_n + E_{n-1}'\cos(\alpha_{n-1} - \alpha_n) - E_{n-1}'\sin(\alpha_{n-1} - \alpha_n)\tan\varphi_n$$

令
$$\psi = \cos(\alpha_{n-1} - \alpha_n) - \sin(\alpha_{n-1} - \alpha_n)\tan\varphi_n$$

则
$$E_n = KG_n\sin\alpha_n - G_n\cos\alpha_n\tan\varphi_n - c_nL_n + \psi E_{n-1}' \tag{6-3}$$

式中：ψ 为力的传递系数。

按上述步骤依次计算至最后一段（m 段），若 $E_m \leqslant 0$，斜坡是稳定的；若 $E_m > 0$，斜坡是不稳定的，此时斜坡需要有一个 E_m 的推力才能保持稳定。

通过计算可知推力 E_n 在各段分布的情况，但在计算中，如果 E_n 出现负值时，则不再向下一段传递，即计算下一段时为 0，这是因为滑坡岩体不能传递拉力，同时这样处理也是安全的。

6.4.1.3　边坡稳定计算中 φ、c 值的确定

从上述计算式可以看出，在边坡稳定计算中，滑动面的位置、形状和 φ、c 值的大小是很关键的因素。因此正确地确定滑动面的位置和计算参数，有着非常重要的意义。关于滑动面以及切割面的确定，主要是通过勘测工作取得成果资料后，再进行边界条件的分析，找出最不利的软弱结构面。这项工作内容与前节中坝基（肩）稳定分析方法是相同的，这里不再重述。

边坡稳定计算中 φ、c 值的选择却与坝基稳定计算时略有不同，这是因为考

虑到滑裂面在大多数情况下已经发生过滑动破裂，甚至不止一次地滑动过，古滑坡体更是如此。因此在确定 φ、c 值时，对尚未滑动过的滑面，可取峰值强度；对已滑动过的滑体，则应采取残余强度或原状样滑面重合剪切试验。具体做法如下：

（1）采用原状样滑面重合剪切的抗剪试验指标。在试坑或平洞中取滑动面上的原状试样或在现场进行试验更好。按照滑坡滑动时的方向，施加剪力，求出滑动面上的抗剪指标，通过整理，选取 φ、c 值，选用峰值，稍加折减。

（2）采用残余抗剪强度试验指标。按常规的抗剪试验将试样剪断后，在原剪切面上再进行重复的多次剪切试验。在这种情况下所得的抗剪强度称残余抗剪强度 $\tau_{残}$，它比剪断前的强度要降低很多，特别是凝聚力 c 值降低很多。例如，某地风化页岩多次剪切试验成果资料如表 6-4 所示。

表 6-4　　　　　　　　　据 σ—τ 曲线求得的 φ、c 值表

指　　标	剪　切　次　数				
	第一次	第二次	第三次	第四次	第五次
c（kPa）	53	17	14	13	13
φ	7°53′	8°25′	7°24′	6°45′	6°58′

从表 6-4 可看出 c 值随剪切次数的增加而大幅度降低，由 53kPa 降至 13kPa，约减少 75%。而 φ 值变化不大，仅略有降低，这种情况是符合一般规律的。一般在试验 4~6 次后抗剪强度即可达到稳定的数值。

6.4.2　赤平极射投影法

在边坡稳定的分析计算中，有两种类型的图解分析法：一种是为使力学计算简化而制成曲线图表，亦即图解计算法；另一种是以赤平投影为基础的分析方法，它可以进行滑动方向、滑体形态以及稳定程度的分析。后一种方法应用较多，下面对此作一简要介绍。

6.4.2.1　赤平极射投影的原理

第 2 章中讲述的节理玫瑰图主要用于各种节理的统计分析，它能反映节理在岩体中的分布规律，但不能反映各种结构面相互组合交切的情况。因此，在勘察设计中经常用赤平极射投影的作图方法，表示优势结构面或某些重要结构面（如各种软弱夹层、断层破碎带、层面及大型节理面等）的产状及其空间组合关系。所谓优势结构面并不等于任一实际存在的结构面，它是根据统计方法求得的假想结构面。此外，在分析岩体稳定时，还可利用赤平极射投影来表示临空面、边坡面、工程作用力、岩体抗阻力及岩体变形滑移方向等。因此，熟悉赤平极射投影的原理及其制图方法，对边坡岩体的稳定分析是很有帮助的。

赤平极射投影，是利用一个球体作投影工具（图 6-28），通过球心作一赤道平面 ESWN 作为投影平面，将球面上的任一点、线、面，以下极或上极为发射点投影到赤平面上来，如赤平面上的 M 点即为球面上 P 点以下极为发射点的赤平极射投影［图 6-28（a）］。

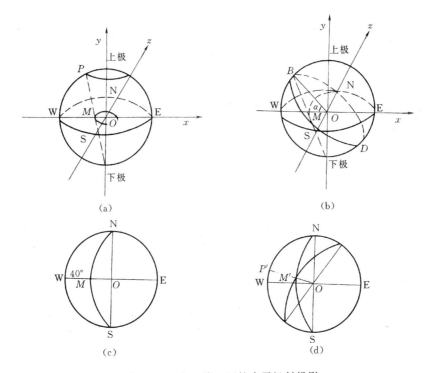

图 6-28   点、线、面的赤平极射投影

下面介绍以下极为发射点，上半球的点、线、面赤平投影原理。

（1）点的投影。以下极为发射点，犹如自下极仰视上半球的任意一点，视线与赤平面的交点即为投影点。如图 6-28（a）中的 M 点即为 P 点在赤平面上的投影。若 P 点在球面上绕上下极连续为轴旋转一周，它的投影点 M 也绕 O 点旋转一周。

（2）线的投影。如图 6-28（b）中 OB 为通过球心的直线，它与赤平面夹角为 α，OB 线在赤平面上的投影为 OM。从图 6-28（b）中可以看出，MO 的方向与 BO 线的倾向一致。OM 线段的长度随夹角 α 的大小而变化，α 角愈大，OM 线愈短；反之，愈长。当 $\alpha=90°$ 时，$OM=0$，即为 O 点。当 $\alpha=0°$ 时，$OM=OW$。因此，赤道大圆的半径可以表示空间线段的倾角。

（3）面的投影。如图 6-28（b）中 $NBSD$ 为一通过球心的倾斜平面，它与球面的交线为一个大圆。自下极仰视上半球 NBS 面，其赤平投影为 $NMSN$，NMS 为一圆弧。若将赤平面从球体中拿出来，则如图 6-28（c）所示。从图 6-28（c）可知：

1）NS 的方向代表 $NBSD$ 面的走向。

2）MO 的方向代表该面的倾向。

3）同线的投影一样，OM 线的长短可以反映 NBS 面的倾角。倾角的刻度是自 W 至 O 点为 $0°\sim90°$。

若有两个相交的倾斜平面，其投影如图 6-28（d）所示，$M'O$ 则为两倾斜平面交线的投影。

6.4.2.2　赤平极射投影的制图方法及阅读

从上述可知，利用赤平极射投影，可以把空间线段或平面的产状转化到平面上来反映。并且，可以在投影图上简便地确定它们之间的夹角、交线和组合关系。因此，如果已知结构面的产状，就可以通过赤平极射投影的作图方法来表示。

在实际工作中，为了简化制图方法，常采用预先制成的投影网来制图。常用的投影网是前苏联学者吴尔夫制作的投影网（图6-29）。

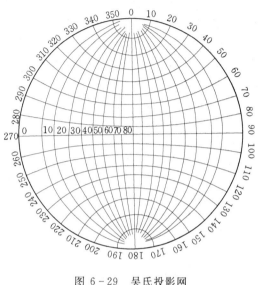

图6-29　吴氏投影网

如已知一结构面的走向为NE40°，倾向SE，倾角40°，利用投影网制图的步骤如下。

（1）首先将透明纸（P）蒙在选好的吴氏投影网（m）上，在透明纸上作一与投影网相同的圆，并标出EWSN方位及方向角分度［图6-30（a）］。

（2）经过圆心绘NE40°的方向线与基圆交于A、C二点。AC的方向即代表结构面的走向。

（3）转动透明纸使AC与投影网的南北轴相重合［图6-30（b）］，然后在$(W)O$线上找到倾角为40°的一点B［当结构面倾向北西，南西时，倾角应从$(E)O$线上找］，描绘通过B点的经线即得ABC圆弧，同时绘出AOC直线，$ABCOA$就是该结构面的赤平极射投影。

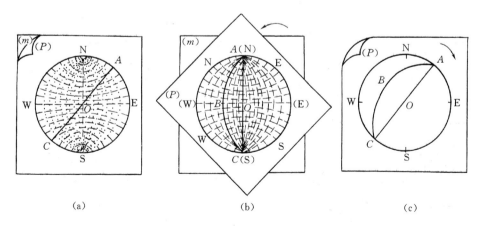

| (a) | (b) | (c) |

图6-30　用吴氏网进行结构面的赤平投影

（4）将透明纸从吴氏网上取下来，并旋转还原到N极朝上，就得到如图6-30（c）所示的投影图。

同理，如有一已知的结构面投影图，则可以利用投影网判读其走向、倾向和倾角。

6.4.2.3 用赤平投影法分析边坡稳定性

1. 由一组软弱面控制的斜坡

(1) 软弱面与斜坡面走向相同、倾向相反时,斜坡投影弧位于软弱面投影弧的对侧。此时岩体稳定,不可能沿软弱面滑动,属稳定结构 [图 6-31 (a)]。

(2) 软弱面与斜坡面走向、倾向均相同,$\alpha < \beta$ 时,斜坡投影位于软弱面投影弧之内,此时岩体不稳定,易于滑动,属不稳定结构 [图 6-31 (b)]。

(3) 软弱面与斜坡面走向、倾向均相同,$\alpha > \beta$ 时,斜坡投影弧位于结构面投影弧之外,此时因软弱面在坡面上无出口位置,滑动可能性较小,属基本稳定结构 [图 6-31 (c)]。

(4) 若软弱面走向与斜坡面走向斜交,当交角 $\gamma > 40°$ 时,可视作基本稳定结构 [图 6-31 (d)];当交角 $\gamma < 40°$ 时,则可仍按软弱面与斜坡平行的情况考虑 [图 6-31 (e)]。

2. 由两组软弱面控制的边坡

(1) 岩体滑动方向的分析。当边坡岩体滑动破坏沿两组相交的软弱面发生时,其滑动方向可利用赤平投影的方法求得 (图 6-32)。其方法如下:

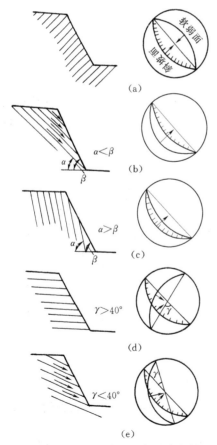

图 6-31 一组软弱面的斜坡稳定情况

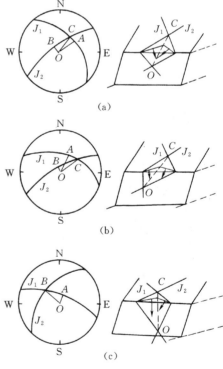

图 6-32 两组软弱面滑动方向分析

(a) 沿交线滑动;(b) 沿一组软弱面的倾向滑动;

(c) 交线与一组软弱面的倾向一致

J_1, J_2—软弱结构面

先作出两组软弱面的赤平投影图，标出它们的倾向线（AO、BO）和软弱面的交线（CO）。①若交线在两倾向线之间，则交线即为滑动方向，见图 6-32（a）中之 CO。这时两组软弱面都是滑动面。②若交线在两个倾向线以外，则当中的一条倾向线为滑动方向，如图 6-32（b）中的 AO 线是滑动线。此时是沿软弱面 J_1 的倾向线滑动。J_2 仅起切割面作用。③若交线和一根倾向线重合时，则此重合线就是滑动方向，图 6-32（c）中的 BO 线。这种情况是软弱面 J_1 的倾向线与交线的交角较大，J_1 面倾角较陡，所以只起切割面作用，而软弱面 J_2 是主要的滑动面。

（2）滑动的可能性分析。图 6-33 表示由两组软弱面控制的边坡岩体稳定条件的 5 种情况：

1）最稳定条件，如图 6-33（a）所示，两组软弱面交点在赤平投影图中，处于边坡面投影弧的另外一侧，这时软弱面组合交线倾向坡里。

2）稳定条件，如图 6-33（b）所示，软弱面交点与坡面在同一侧，但在开挖坡面（cs）投影弧内侧，这时组合交线较边坡陡。

3）较不稳定条件，如图 6-33（c）所示，软弱面交点落于天然边坡面（ns）投影弧外侧，说明软弱面交线较边坡平缓，但在坡顶面上无出露点，如无陡倾裂隙切割，则尚比较稳定，如有，则不稳定。

4）较不稳定条件，如图 6-33（d）所示，软弱面交点落于人工开挖边坡及天然边坡投影弧之间，如果在坡顶面出露点 C 距开挖坡面较远，以致软弱面在开挖边坡上不出露，而插于坡脚以下，这时有一定的支撑能力，有利于稳定。但若下部有缓倾软弱面，并在开挖边坡出露，则可形成折线滑动面，不利于稳定。

5）不稳定条件，如图 6-33（e）所示，软弱面交点落于两个坡面投影弧之间，而且交线在开挖坡面和顶坡都有出露（C 及 C'），所以构成不稳定条件。

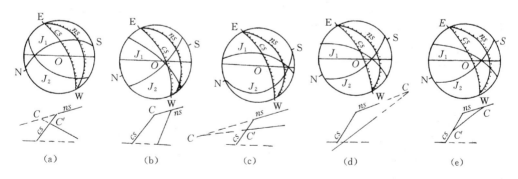

图 6-33 用赤平投影分析边坡稳定条件
ns—天然边坡；cs—人工开挖边坡

6.4.3 工程地质类比法

工程地质类比法是在对已有的边坡破坏现象进行仔细的调查研究的基础上，了解其形成原因，影响因素，发展规律等。然后再和需要进行稳定分析的边坡进行对比，从而进行稳定性的分析和评价。这种方法也常用在人工开挖边坡的设计中。进行类比时，必须全面分析研究工程地质因素的相似性和差异性。同时要分清主要因素和次要因素。

新中国成立以来，在大量水利、铁路等工程实践中，已积累了不少经验和资料数据。一些有关规范中也列出容许边坡数值。这些宝贵资料均可用来作为对比时的参考和借鉴。DL/T 5353—2006《水电水利工程边坡设计规范》中提出建议：岩质人工边坡开挖梯段高度 15～20m，不宜超过 30m。水平或平缓戗道（平台）宽度不小于 2m。在非结构面控制稳定条件下岩质边坡建议开挖坡度见表 6-5。

表 6-5   岩质边坡建议开挖坡度

岩体特征	建议开挖坡度	备　注
散体结构岩体	≤天然稳定坡	结合表层保护及拦石措施
全/强风化岩体	1∶1	结合系统锚固或随机锚固
中（弱）风化岩体	1∶0.5	结合随机锚固
微风化/新鲜岩体	1∶0.3～直立（临时）	结合随机锚固
整体/完整块状岩体	1∶0.1～直立（临时）	
层状岩体逆向坡	1∶0.15～1∶0.25	逆向坡应防止倾倒破坏，结合系统锚固或随机锚固
层状岩体顺向坡	≤层面边坡	

6.5   不稳定边坡的防治措施

对于不稳定的边坡，为了确保工程的安全，必须采取一些有效的防治措施。目前国内外常用的方法有：防止地表水向岩体中渗透；排除不稳定岩体中的地下水；削缓斜坡、上部减重；修建支挡建筑；锚固等。进行这些处理之前，应首先查明不稳定边坡破坏的性质、类型和规模，以及引起变形、滑动或崩塌的因素。采取针对性的措施，才能取得经济而有效的效果。

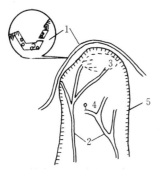

图 6-34　排水沟示意图
1—截水沟及剖面；2—排水沟；3—积水注地；4—泉；5—滑坡周界

6.5.1　防渗与排水

防渗和排水是整治滑坡的一种重要手段，只要布置得当、合理，一般均能取得较好的效果，因此，这种方法应用的很普遍。

为了防止大气降水向岩体中渗透，一般是在滑坡体外围布置排水沟槽（图 6-34），以截断流至滑坡体上的水流。大的滑坡体尚应在其上布置一些排水沟，同时要整平坡面，防止有积水的坑洼，以利降水迅速排走。

对已渗入滑坡体的水，原则上应尽快排除。通常是采用地下排水廊道（图 6 - 35），利用它可截住渗透的水流或将滑坡体中的积水排出滑坡体以外。另外也有采用钻孔排水的方法，即利用若干个垂直钻孔，打穿滑坡体下部的不透水层，将滑坡体中的水转移到其下伏的另一个透水性较强的岩层中去。

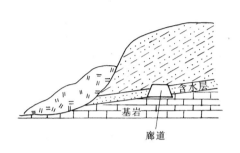

图 6 - 35　排水廊道

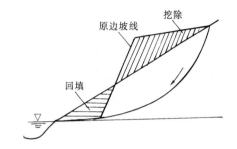

图 6 - 36　削坡处理示意图

6.5.2　削坡、减重和反压

削坡是将陡倾的边坡上部的岩体挖除，使边坡变缓（图 6 - 36），同时也可使滑体重量减轻，以达到稳定的目的。削减下来的土石，可填在坡脚，起反压作用，更有利于稳定。采用这种方法时，要注意滑动面的位置，否则不仅效果不显著，甚至会更促使岩体失稳，如图 6 - 37 所示，$cdec'$ 岩体起抗滑作用，若在其上削坡，就会更不利于稳定。

6.5.3　修建支挡建筑

支挡建筑主要是在不稳定岩体的下部修建挡墙或支撑墙（或墩），也是一种应用广泛而有效的办法。用混凝土、钢筋混凝土或砌石均可。支挡建筑物的基础要砌置在滑动面以下。若在挡墙后增加排水措施，效果更好，见图 6 - 38。

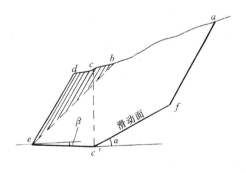

图 6 - 37　错误的削坡方法

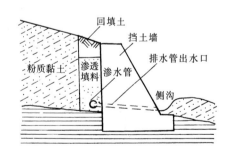

图 6 - 38　具排水措施的挡墙

6.5.4　锚固措施

有锚杆（或锚索）和混凝土锚固桩两种类型的措施，其目的都是提高岩体抗滑（或抗倾倒）能力。

使用预应力钢索或钢杆锚固不稳定岩体的办法，适用于加固岩体边坡和不稳定

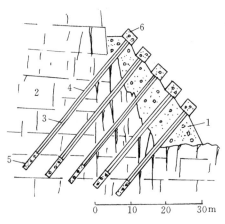

图 6-39 岸坡锚固示意图
1—混凝土挡墙；2—裂隙灰岩；3—预应力
1000t 的锚索；4—锚固孔；5—锚索的
锚固端；6—混凝土锚墩

岩块。其做法是先在不稳定岩体上布置若干钻孔，打穿至滑动面以下的坚固稳定的岩层中，然后在孔中放入钢索或钢杆，将下端固定，上端拉紧。上端一般用混凝土墩、混凝土梁或配合以挡墙将其固定（图 6-39）。但目前也有采用非固定式的，这是为了防止岩体变形引起锚索松弛，导致预应力消失而失效。非固定端可以调整锚索的拉力。在三峡链子崖危岩体的治理中，锚索加固是主要方法之一。在 $T_8 \sim T_{12}$ 号裂缝危岩地段（总方量约 250 万 m^3，见图 6-14）的下部，最危险的地段约有 26.5 万 m^3，共采用了 163 根锚索，总锚固力达 31.1 万 kN，锚索最深达 61.5m。

在三峡工程永久船闸高边坡的加固中，除采用了防渗排水和坡面喷混凝土支护（有的部位覆以铁丝网再喷混凝土）等措施外，主要是应用大量锚杆和锚索来加固岩体，见图 6-40。其中有：①预应力锚索，主要加固较大的不稳定岩体，控制坡顶卸荷裂隙和坡体塑性变形区扩展；②预应力锚杆，主要加固中等规模不稳定块体；③非预应力锚杆，即系统锚杆，用于与坡面喷混凝土（有的挂网）相结合，提高表层松动岩体和随机不稳定岩块的整体性和稳定性。

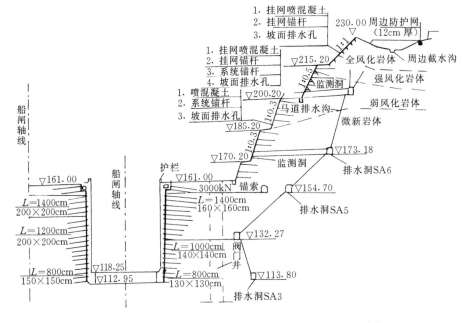

图 6-40 三峡工程永久船闸高边坡加固措施示意剖面图（单位：m）

锚固桩（或称抗滑桩）适用于浅层或中厚层的滑坡体。它是在滑坡体的中、下部开挖竖井或大口径钻孔，然后浇灌钢筋混凝土而成。一般垂直于滑动方向布置一排或两排，桩径通常1～3m，深度一般要求滑动面以下桩长占全桩长的1/4～1/3，见图6-41。

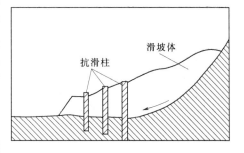

图6-41　抗滑桩布置示意图

6.5.5　其他防治措施

除上述几项较多采用的防治措施外，还可采用混凝土护面、抗剪洞、锚固洞、灌浆及改善滑动带土石的力学性质等措施。

通常在进行处理时，常常是数种措施同时采用，这样效果更为显著。

复 习 思 考 题

6-1　在边坡形成过程中，岩体中自重应力分布状态可能发生什么样的变化？

6-2　影响边坡岩体应力分布的因素有哪些？

6-3　边坡岩体变形破坏的类型有哪些？主要特征是什么？

6-4　滑坡有几种分类方法？各种类型滑坡的特点如何？

6-5　影响边坡稳定性的因素主要有哪些？是如何影响的？

6-6　滑动面为折线时，边坡稳定安全系数如何计算？

6-7　边坡稳定计算中φ、c值如何选定？为什么？

6-8　如何作点、线、面的赤平极射投影？

6-9　如何利用赤平投影图来分析边坡的稳定性？

6-10　防治边坡失稳破坏的主要措施有哪些？

第 **7** 章

地下洞室围岩稳定性的工程地质分析

水利水电建设中的地下建筑物，一般包括导流或引水隧洞、闸门井、调压井、地下厂房及变压器房、泄洪洞、交通洞、出线洞、尾水隧洞等。

新中国成立以来，伴随着我国水电事业的快速发展，水工地下建筑物的数量越来越多，规模也越来越大。改革开放以后，在建设规模和科学技术方面有的已达到世界先进水平，如二滩水电站地下厂房跨度 25.5m，高度 65.38m，长度 280.29m。随着国民经济的发展，为了资源优化配置，国家实施"南水北调"工程。调水线路的中线和西线通过不同地质单元的隧洞长度逾百公里；逐步实施的"西电东送"项目，已规划装机容量在 180 万～1200 万 kW 的地下厂房式电站共 8 座，均为规模宏大的洞室群结构。它们在围岩稳定分析、施工开挖和岩体加固流程等方面，尚有某些关键性问题需用创新的理论、技术和方法去解决。

7.1　地下工程位置选择的工程地质评价

地下建筑位置的选择，除取决于工程目的要求外，需要考虑区域稳定、山体稳定以及地形、岩性、地质构造、地下水及地应力等因素的影响。

首先要考虑区域稳定性及山体的稳定。一般要求：建洞地区应是区域地质构造稳定，无区域性大断裂通过，附近没有发震构造，地震基本烈度应小于Ⅷ度。理想的建洞山体应具备以下条件：

(1) 建洞区地质构造简单，岩层厚、节理组数少、间距大，无影响整个山体稳定的断裂带。

(2) 岩体坚硬完整。

(3) 地形完整，没有滑坡、塌方等早期埋藏和近期破坏的地形；无岩溶或岩溶很不发育。

(4) 地下水影响小。

(5) 无有害气体和异常地热。

地质条件对选址的影响分述于后。

7.1.1 地形条件

在地形上要求山体完整，洞室周围包括洞顶及傍山侧应有足够的山体厚度。

隧洞进出口地段的边坡应下陡上缓，无滑坡、崩塌等现象存在。洞口岩石应直接出露或坡积层薄，岩层最好倾向山里以保证洞口边坡的安全。在地形陡的高边坡开挖洞口时，应不削坡或少削坡即进洞，必要时可做人工洞口先行进洞，以保证边坡的稳定性。隧洞进出口不应选在排水困难的低洼处，也不应选在冲沟、傍河山嘴及谷口等易受水流冲刷的地段。

7.1.2 岩性条件

岩性是影响围岩稳定的基本因素之一。坚硬完整的岩体，围岩一般是稳定的，能适应各种断面形状的地下洞室。而软弱岩体，如黏土岩类、破碎及风化岩体、吸水易膨胀的岩体等，通常力学强度低，遇水易软化、崩解及膨胀等，不利于围岩的稳定。

因此，洞室位置应尽量选在坚硬完整岩石中。一般在坚硬完整岩层中掘进，围岩稳定，日进尺快，造价低。在软弱、破碎、松散岩层中掘进，顶板易坍塌，边墙及底板易产生鼓胀挤出，需边掘进、边支护或超前支护，工期长，造价高。

岩浆岩、厚层坚硬的沉积岩及变质岩，围岩的稳定性好，适于修建大型的地下工程。

凝灰岩、黏土岩、页岩、胶结不好的砂砾岩、千枚岩及某些片岩，稳定性差，不宜建大型地下洞室。

松散及破碎岩石稳定性极差，选址时应尽量避开。

此外，岩层的组合特征对围岩稳定也有重要影响。一般软硬互层或含软弱夹层的岩体，稳定性差。层状岩体的层次愈多，单层厚度愈薄，稳定性愈差。均质厚层及块状结构的硬质岩层稳定性好。

7.1.3 地质构造条件

地质构造是控制岩体完整性及渗透性的重要因素。选址时应尽量避开地质构造复杂的地段，否则会给施工带来困难。如意大利的辛普朗隧道，长 20 多 km，由于地层严重褶皱、倒转并伴有大型的逆断层，岩石破碎，施工中多次产生塌方，经多次停工处理才打通。

下面就褶皱、断层及岩层产状对围岩稳定性的影响进行简要的分析。

1. 褶皱的影响

褶皱剧烈地区，一般断裂也很发育，特别是褶皱核部岩层完整性最差。如图 7-1 中 II 洞所示，在背斜核部，岩层呈上拱形，虽岩层破碎，然犹如石砌的拱形结构，能将上覆岩层的荷重传递至两侧岩体中去，所以有利于洞顶的稳定。洞顶虽张裂隙发育，然岩块呈上宽下窄形，不易掉块。向斜核部岩层呈倒拱形，顶部被张裂隙切割的岩块上窄下宽易于坍落。另外，向斜核部往往是承压水储存的场所，地下洞室开挖时地下水会突然涌

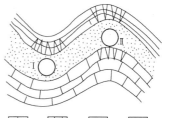

图 7-1 位于褶皱地区的隧洞示意图

1—石灰岩；2—砂岩；

3—页岩；4—隧洞

入洞室。因此，在向斜核部不宜修建地下洞室，如图7-1中I洞所示。

在理论上背斜核部虽较向斜核部优越，但实际上由于背斜核部外缘受拉伸，内缘受挤压，加上风化作用，岩层往往很破碎。因此，在布置地下洞室时，原则上应避开褶皱核部。若必须在褶皱岩层地段修建地下工程，可以将洞室放在褶皱的两翼。

2. 断裂的影响

断裂是指存在于地质体中的破裂构造，如断层、节理、劈理、原生节理及次生裂隙等。由于断裂构造破坏岩体的完整性和连续性，并形成构造岩，同时为地下水的渗流提供通道。因此，几乎所有的围岩变形与破坏都与断裂构造的存在有关。断层破碎带及断层交汇区，稳定性极差。地下掘进如遇较大规模的断层，几乎都要产生塌方甚至冒顶（洞顶大规模突然坍塌破坏）。一般情况下，应避免将洞室轴线沿断层带布置。如洞室轴线垂直或近于垂直断裂带，则所需穿越的不稳定地段较短，但也可能发生塌方或大量地下水涌入。因此，在选址时应尽量避开大断层。

3. 岩层产状的影响

（1）洞室轴线与岩层走向垂直。在这种情况下，围岩的稳定性较好，特别是对边墙稳定有利。当岩层较陡时［图7-2（a）］，稳定性最好。当岩层较平缓且节理发育时，在洞顶易发生局部岩块坍落现象，洞室顶部常出现阶梯形超挖［图7-2（b）］。

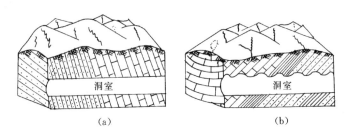

（a）　　　　　　　　　　　　　　（b）

图7-2　垂直于单斜岩层走向的洞室

（a）单斜陡倾构造；（b）单斜缓倾构造

（2）洞室轴线与岩层走向平行。当岩层近于水平（倾角<10°）时，若岩层较薄，彼此之间联结性差，在开挖洞室（特别是大跨度的洞室）时常常发生顶板的坍塌。因此，在水平岩层中布置洞室时，应尽量使洞室位于均质厚层的坚硬岩层中（图7-3中a）。若洞室必须切穿软硬不同的岩层组合时，应将坚硬岩层作为顶板，避免将软弱岩层或软弱夹层置于顶部，后者易于造成顶板悬垂或坍塌（图7-3中b）。软弱岩层位于洞室两侧或底部（图7-3中c）也不利，它容易引起边墙或底板鼓胀变形或被

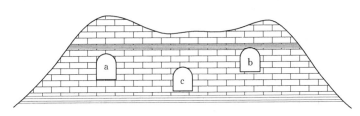

图7-3　布置在水平岩层中的隧洞

a—位于坚硬岩层中；b—顶板有软弱夹层；c—底板为软弱的黏土岩

挤出。例如，水槽子水电站地下厂房，由于岩体中有凝灰岩夹层，影响边墙和顶拱的稳定，选址时将洞室移至夹层以下 25m。

在倾斜岩层中，一般说来是不利的。如图 7-4 中的 a 和 b 所示，当洞身通过软硬相间或破碎的倾斜岩层时，逆倾向一侧的围岩易于变形或滑动，造成很大的偏压；顺倾向一侧围岩侧压力小，有利于稳定。因此，在倾斜岩层中最好将洞室选在均一完整坚硬的岩石中（图 7-4 中 c）。

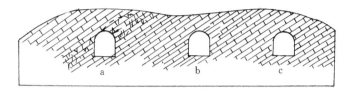

图 7-4　倾斜岩层中隧洞的偏压

a—破碎岩层造成的偏压；b—软弱夹层造成的偏压；
c—坚硬完整岩层中的洞室

此外，岩层的倾角对围岩的稳定性也有影响（表 7-1），选址时应结合其他因素综合考虑。

表 7-1　　　　　　　　　节理走向和倾角对隧道开挖的影响

走向与隧道轴垂直				走向与隧道轴平行		与走向无关
沿倾向掘进		反倾向掘进		倾角 20°~45°	倾角 45°~90°	倾角 0°~20°
倾角 45°~90°	倾角 20°~45°	倾角 45°~90°	倾角 20°~45°			
非常有利	有利	一般	不利	一般	非常不利	不利

7.1.4　地下水

地下水对岩体的不良影响在前面一些章节中已做过论述。地下工程施工中的塌方或冒顶事故，常常和地下水的活动有关。所谓"治塌先治水"就是一条重要的经验。因此，在选址时最好选在地下水位以上的干燥岩体内，或地下水量不大、无高压含水层的岩体内。

图 7-5 是地下工程与地下水位关系示意图。在包气带（Ⅰ）中开挖地下工程，雨季可能沿裂隙滴水，旱季干燥，但是当地表有大面积稳定的地表水体时，也可能遇到集中的渗流。地下水位变幅带（Ⅱ）的涌水量及外水压力随季节而变化，由于岩体饱水、脱水交替变化，可能加速软弱破碎岩石性质的恶化，引起塌方。在地下水位以下（Ⅲ）的地下工程，一开始施工就可能有较大的涌水和渗透压力，因

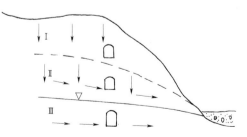

图 7-5　地下工程和地下水位的关系

Ⅰ—包气带；Ⅱ—地下水水位变幅带；Ⅲ—常年地下水流带

此要做好防水、排水设计。

7.1.5　地应力

第 4 章已经介绍过初始地应力与洞室围岩稳定的关系。在分析工程问题之前，必须对工程所在地区的初始地应力值的大小、分布、方向有基本的认识，可以通过区域地质构造分析，也可以与相近已有工程的类比来实现，最理想的是现场实测地应力。然后，解决工程问题：一是洞室选线；二是洞室断面形状的选定。

（1）洞室选线。诸多高地应力地区的最大主压应力 σ_1 接近水平（与构造应力场有关），洞室轴线接近平行 σ_1 方向布置对洞室围岩稳定最为有利，因为，这时在洞室断面上对围岩稳定起控制作用的是主压应力相对较小的 σ_2 和 σ_3，从岩体强度理论分析不难理解。例如，金川矿断面约 2m×2m 的巷道，巷道的轴线与第一主压应力方向（NE35°）一致时，运行安全；当轴线与第一主压应力方向呈 70°角相交时，巷道完全被破坏，原来 2m 的跨度被挤压到仅剩约 0.3m。

（2）洞室断面形状。洞室断面形状决定于断面的水平地应力 σ_h 与垂直地应力 σ_v 之比，即侧压力系数 λ。当 $\lambda=1$ 时，取圆形断面；若 $\lambda<1$，则取长轴直立的椭圆形断面；如果 $\lambda>1$，则取长轴水平的横卧椭圆形断面。这样做，围岩应力分布合理，有利稳定，否则，将出现相反的情况，甚至产生拉应力造成坍方事故。这些原则在经典理论中已有定论，对实际洞室工程具有指导意义。最终确定洞室的轴线和断面形状时，还需综合分析实际应用条件及地质因素等。

7.2　围岩稳定的工程地质分析

7.2.1　围岩的应力重分布

地下洞室开挖前，岩体内的应力状态称为初始应力状态。开挖后，由于洞室周围岩体失去了原有的支撑，破坏了原来的受力平衡状态，围岩将向洞内产生松胀位移，从而引起洞室周围一定范围内岩体的应力重新调整，形成新的应力状态。该应力称为重分布应力、二次应力或围岩应力。

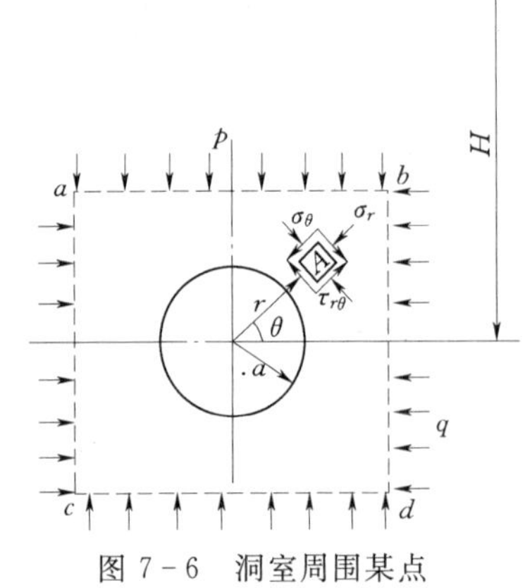

直接影响围岩稳定的是二次应力状态，它与岩体的初始应力状态、洞室断面形状及岩体特性等因素有关。在简单情况下，假定岩体为弹性介质，对于侧压力系数 $\lambda=1$（$p=q=p_0$）的圆形洞室，围岩中任一点的应力（图 7 - 6）可用式（7 - 1）计算

图 7 - 6　洞室周围某点
的应力状态

$$
\left.
\begin{aligned}
\sigma_r &= p_0\left(1 - \frac{a^2}{r^2}\right) \\
\sigma_\theta &= p_0\left(1 + \frac{a^2}{r^2}\right) \\
\tau_{r\theta} &= \tau_{\theta r} = 0
\end{aligned}
\right\}
\qquad (7 - 1)
$$

式中：p_0 为初始应力；σ_r 为径向应力；σ_θ 为切向

应力；$\tau_{r\theta}$ 及 $\tau_{\theta r}$ 为剪应力；a 为洞室半径；r 为围岩中某点至洞室中心的距离。

式（7-1）说明：天然应力为静水压力状态时，围岩内重分布应力与 θ 角无关，仅与 a、r 和 p_0 有关。由于 $\tau_{r\theta}=0$，则 σ_r、σ_θ 均为主应力。当 $r=a$ 时，$\sigma_r=0$，$\sigma_\theta=2p_0$，表明洞壁上的应力差最大，说明洞壁最易发生破坏，随着离洞壁距离的增大，σ_r 逐渐增大，σ_θ 逐渐减小，并都渐渐趋近于天然应力 p_0 值。应力重分布的范围，一般为 3 倍洞径左右（图 7-7），在此范围以外，岩体仍处于初始应力状态，不受开挖影响。通常所说的围岩，就是指洞周受应力重分布影响范围内的岩体。

洞室开挖后围岩的稳定性，取决于二次应力与围岩强度之间的关系。如果洞室周边应力小于岩体的强度，则围岩稳定。否则，周边岩石将产生较大的塑性变形，甚至发生破坏。围岩一旦松动，若不加支护，则会向深部发展，形成具有一定范围的应力松弛区，称为塑性松动圈。在松动圈形成过程中，原来周边集中的高应力逐渐向深处转移，形成新的应力增高区，该区岩体被挤压紧密，称为承载圈。此圈之外为初始应力区（图 7-8）。

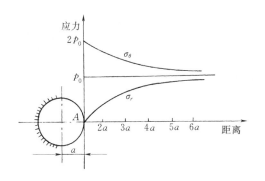

图 7-7 隧洞开挖后周边
应力分布图

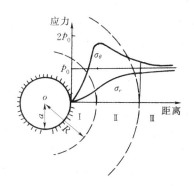

图 7-8 围岩的松动圈和承载圈

Ⅰ—松动圈；Ⅱ—承载圈；Ⅲ—初始应力区

7.2.2 围岩稳定的概念

前面以简单的均质体、静水压力荷载、圆形洞室为例得到了围岩应力重分布的概念。实际中的岩体多为非均质的，洞形可能是椭圆形、马蹄形、城门洞形等，承受的荷载可能不仅是地应力。不管多么复杂的条件，总可以求得洞室围岩的重分布应力场，再用围岩的抗压强度 R_b、抗拉强度 R_t 及抗剪强度参数 φ（摩擦角）和 c（凝聚力）来判别围岩是否被压坏、拉坏及剪坏。

隧洞一般长度为数百米至数公里，有的长度可达十多公里甚至数十公里，工程中一般取若干个典型断面，按平面变形问题对围岩作稳定分析，所求的围岩应力场为 σ_r、σ_θ、$\tau_{r\theta}$［式（7-1）中 $\tau_{r\theta}=0$ 是特例］三个应力分量，作应力变换可得 σ_1、σ_3 的主应力场。据此，对围岩破坏进行判别。

1. 压缩破坏判别

即验算以下条件

$$\sigma_1 < [R_b] \tag{7-2}$$

式中：$[R_b]$ 为岩体许可饱和单轴抗压强度。

2. 拉伸破坏判别

若 σ_3 为拉应力，则应验算以下条件

$$| \sigma_3 | < | [R_t] | \tag{7-3}$$

式中：$[R_t]$ 为岩体许可抗拉强度（岩体饱和抗拉强度）。

3. 剪切破坏判别

采用莫尔—库仑强度准则，验算以下条件

$$\frac{\sigma_1 - \sigma_3}{\sigma_1 + \sigma_3 + 2c\cot\varphi} < \sin\varphi \tag{7-4}$$

如果应力验算不满足式（7-2）～式（7-4），则岩体处于极限平衡或不稳定状态。

上述的这些强度判别，只能反映围岩中某些点（或很小的局部）的岩体发生破坏，并不能说明围岩整体失稳；但是，围岩的整体失稳，都是从点或很小的局部开始的，分析中要注意这些局部的破坏是否扩展及其扩展的范围与路径，以至最终导致围岩整体失稳的过程，事前做好这些理论分析工作，施工中一旦发现局部发生破坏，很快采取针对性措施，预防和阻止局部破坏的扩展，对于保持围岩的稳定，将会收到事半功倍、防微杜渐的效果。实际工程中，因为对局部发生的破坏反应慢、措施不当，从而导致围岩大坍方事故的发生的实例屡见不鲜，教训惨重。

7.2.3 围岩变形破坏的类型和特点

由于岩体在强度和结构方面的差异，洞室围岩变形与破坏的形式多种多样，主要的形式有脆性破裂、块体滑移、弯曲折断、松动解脱、塑性变形等。上述的变形破坏形式与围岩的结构类型有关。

1. 脆性破裂

在坚硬完整的岩体中开挖地下洞室，围岩一般是稳定的。但是在高地应力地区，经常产生岩爆现象。岩爆形成的机理是很复杂的，它是储存有很大弹性应变能的岩体，在开挖卸荷后，能量突然释放所形成的，它与岩石性质、地应力积聚水平及洞室断面形状等因素有关。根据国内外一些岩爆现象资料的统计，当最大水平主应力 σ_1 与岩石单轴饱和抗压强度 R_b 的比值（即 σ_1/R_b）大于 $0.165 \sim 0.35$ 时，在坚硬岩体中易于发生岩爆。

岩爆的防治措施，一般有松动爆破或用超前钻孔法降低围岩的应力、加固围岩或用注水法等提高围岩塑性变形的能力。

在地下洞室开挖过程中，施工导洞扩挖时预留的岩柱，易产生劈裂破坏，也具有脆性破裂的特征。

2. 块体滑移

块体滑移是块状结构围岩常见的破坏形式。这类破坏常以结构面交切组合成不同形状的块体滑移、塌落等形式出现。分离块体的稳定性取决于块体的形状、有无临空条件、结构面的光滑程度及是否夹泥等。图 7-9 是几种典型块体的滑移形式。

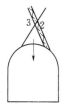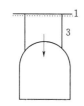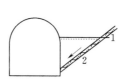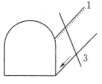

图 7-9 块状结构围岩中的块体滑移、塌落

1—层面；2—断层；3—节理

3. 层状弯折和拱曲

岩层的弯曲折断，是层状围岩变形失稳的主要形式。

对于平缓岩层，当岩层层次很薄或软硬相间时，顶板容易下沉弯曲、折断［图 7 -10（a）］。平缓岩层顶板的稳定性还与洞顶有无纵向切割有关。如果洞顶被高角度断层或节理纵向切割，则造成了组合悬臂梁形式，稳定性大为降低。

在倾斜层状围岩中，当层间结合不良时，顺倾向一侧拱脚以上部分岩层易弯曲折断，逆倾向一侧边墙或顶拱易滑落掉块，形成不对称的塌落拱［图 7 - 10（b）］。法国某矿山巷道，岩层倾角 30°～40°，岩性软弱，结果在巷道侧上方形成了很大的倾斜压力，使间距 0.5m 的工字钢支护压垮。

在陡倾或直立岩层中，因洞周的切向应力与边墙岩层近于平行，所以边墙容易凸帮弯曲［图 7 - 10（c）］。在这种条件下，若洞室轴线与岩层走向有一定的交角，边墙的稳定性将得到改善。

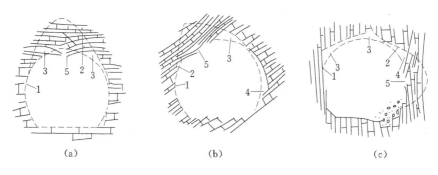

（a） （b） （c）

图 7-10 层状围岩变形破坏特征

（a）平缓岩层；（b）倾斜岩层；（c）直立岩层

1—设计断面；2—破坏区；3—塌落；4—滑动；5—弯曲、张裂及折断

4. 松动解脱

碎裂结构岩体在张力和振动力作用下容易松动、解脱，在洞顶则产生崩落，在边墙上则表现为滑塌或碎块的坍塌。当结构面间夹泥时，往往会产生大规模的塌方，如不及时支护，将愈演愈烈，直至冒顶。

5. 塑性变形

一般强烈风化、强烈构造破碎岩体或新近堆积的土体，在围岩应力和地下水作用下常产生塑性变形。常见的塑性变形和破坏的形式有边墙挤入、底鼓及洞径收缩等。当围岩均匀，全部是松软岩体时，破坏常以较为规则的拱形冒落为主［图 7 - 11 (a)］，否则，常表现为局部塌方［图 7 - 11 (b)］或边墙挤入、缩径及底鼓［图 7 - 11 (c)］等。

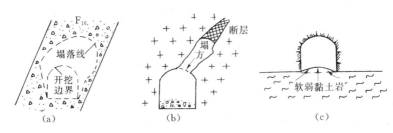

图 7 - 11　松软围岩变形破坏形式

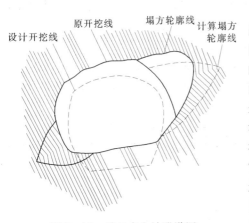

图 7 - 12　碧口水电站泄洪洞
破坏状况（据倪国荣）

由于不同类型围岩变形破坏形式不同，因此，在评价围岩的稳定性时，应采用不同的判据。例如，碧口水电站泄洪洞破坏的情况（图 7 - 12）。该隧洞的围岩为薄层的千枚岩，单层厚仅 3cm。岩层倾角 75°，岩石饱和单轴抗压强度 $R_b = 12\text{MPa}$。设计洞形为马蹄形，顶拱直径 12.9m。经计算得洞室周边的切向应力 $\sigma_\theta = 5.25 \sim 7.00\text{MPa}$。如果按抗压强度判据，因洞壁最大切向应力小于岩石的单轴抗压强度，围岩应该是稳定的。但实际上围岩产生了严重的溃屈破坏，所以，应该用板梁理论求解其稳定性。按梁的屈曲理论求解，洞室开挖后千枚岩在自重作用下即能产生屈曲，千枚岩自稳段长度仅 1.5m。

7.3　山岩压力与弹性抗力

地下洞室围岩在重分布应力作用下产生过量的塑性变形或松动破坏，进而引起施加于支护或衬砌上的压力，称为山岩压力或围岩压力。正确确定山岩压力是合理设计支护的前提，否则，可能造成浪费或工程事故。

对于有压隧洞，存在较高的内水压力，使衬砌沿径向向外扩张、挤压围岩，围岩抵抗衬砌的挤压力称为弹性抗力。

若岩体完整坚硬，则山岩压力小、弹性抗力大，对稳定有利；若岩体破碎或为软岩，则山岩压力大、弹性抗力小，为了工程的安全运行，就需要加大处理工程量，提高造价。

7.3.1　山岩压力

1. 山岩压力的类型

按山岩压力的形成机理，可将其划分为变形山岩压力、松动山岩压力两种基本类型。此外，还有冲击山岩压力和膨胀山岩压力等。

（1）变形山岩压力是由于围岩变形受到支护的抑制而产生的。按成因可分为：弹性变形压力、塑性变形压力和流变压力。变形压力的大小，既取决于原岩应力大小、岩体力学性质，也取决于支护结构刚度和支护时间。

（2）松动山岩压力是由于围岩拉裂塌落、块体滑移及重力坍塌等引起的以重力形式施加于支护衬砌上的压力。其大小取决于围岩性质、结构面交切组合关系及地下水活动和支护时间、刚度、支护结构与围岩的接触状态、地下洞室的尺寸和埋深以及施工因素的影响。

（3）冲击山岩压力是在围岩中积聚了大量的弹性变形能之后，由于开挖突然释放出来时形成岩爆所产生的压力。一般是在高地应力的坚硬岩石中发生。

（4）膨胀山岩压力是由于围岩吸水膨胀、崩解而引起的压力。岩体的膨胀性取决于蒙脱石等黏土矿物的含量及地下水的入渗和活动特征。

2. 山岩压力的确定方法

由于岩体介质极其复杂，对求解山岩压力业界有诸多新颖的设想与做法，但目前还缺少多数人公认的适用性较广的解法。下面介绍两种做法：一种是普氏压力拱理论，对岩体介质来讲，这一理论并不完全适用，须进行修正；另一种是极限平衡法，符合被结构面切割的岩体。这两种方法适用于松动山岩压力的计算。

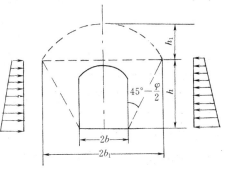

图 7-13 深埋式塌落拱及侧壁山岩压力分布图

（1）普氏压力拱理论。［俄］M. M. 普罗托季亚科诺夫根据对一些矿山坑道的观察和松散介质的模型试验于 1907 年提出了平衡拱理论。普氏认为，由于断层、节理的切割，使洞室围岩成为类似松散介质的散粒体。由于洞室开挖造成的应力重分布，使洞顶破碎岩体逐渐坍塌，最后塌落成一个拱形才稳定下来。所以普氏认为，洞顶的山岩压力就是拱形塌落体的重量。这个拱称为塌落拱、平衡拱或压力拱。

普氏理论认为，塌落拱为抛物线形，洞顶的山岩压力（图 7-13）P 为

$$P = \frac{4}{3}\gamma b_1 h_1 \tag{7-5}$$

式中：γ 为岩石的重度，kN/m^3；b_1 为塌落拱跨度之半，m；h_1 为塌落拱高度，m。

塌落拱的高度可用下式求得

$$h_1 = \frac{b_1}{f_k} \tag{7-6}$$

式中：f_k 为岩石的坚固性系数，又称普氏系数。对于砂类土，$f_k = \tan\varphi$；对于黏性土，$f_k = \tan\varphi + \frac{c}{\sigma}$；对于岩石，$f_k = \frac{R_b}{10}$。其中，$c$ 为土的黏聚力，MPa；φ 为土的内摩擦角，(°)；σ 为洞顶土层的自重应力，MPa；R_b 为岩石的饱和单轴抗压强度，MPa。

普氏理论基本上符合松散体的实际情况，对于坚硬岩体则误差很大。由于岩体不是散粒体，洞顶塌落也并不总是拱形，所以用普氏方法求山岩压力是有缺陷的。但是，由于该法计算简单，故经修正后仍可在生产中应用。根据我国的经验，仍沿用原来的压力拱公式，把 f_k 值作为综合性的围岩坚固性系数，根据岩体的风化、断裂发育情况及岩石的强度对原有的普氏系数进行修正，即 $f_k = \alpha \dfrac{R_b}{10}$。具体修正方法见表 7-2。

表 7-2   按岩体风化及断裂发育程度确定 α 值

岩体特征	微风化岩体	弱风化岩体	裂隙发育	断裂发育	大断层
α 值	0.5～0.6	0.4～0.5	0.3～0.4	0.2～0.3	0.1

总的侧壁山岩压力 P_h 为

$$P_h = \frac{1}{2}\gamma h(2h_1 + h)\tan^2\left(45° - \frac{\varphi_k}{2}\right) \tag{7-7}$$

式中：h 为洞室高度，m；$\varphi_k = \arctan f_k$，(°)。

（2）块体极限平衡法。岩体常被各种结构面切割成不同形状的块体，当洞室开挖形成临空条件后，其中一些不稳定块体会向洞内滑移或塌落。这时，作用于支护或衬砌上的围岩压力就等于这些分离块体的重量或它的分量。

例如图 7-14 所示的情况，单位长度顶拱的山岩压力 P 可用下式计算

$$P = n \times 2b\gamma h_1 \tag{7-8}$$

式中：n 为分离体形状系数，对于三角形塌落体，$n=0.5$，对矩形、方形塌落体，$n=1$；其他符号的意义同前。

三角形塌落体的高度 h_1 易于确定，而对于矩形、方形塌落体的高度则较难确定，一般取 $h_1 = (1～2)b$。但是当洞顶纵向有陡立的结构面夹泥时，塌落高度会成倍增加。如某水电站隧洞直径 4m，进口段石英岩中有一组与洞轴线平行的陡倾夹泥裂隙，施工时塌落高度达 10 多 m，$h_1 \geqslant 5b$。

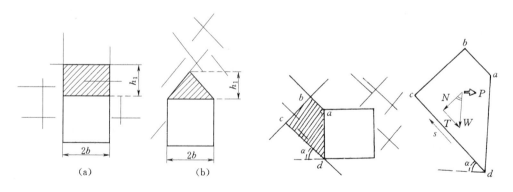

图 7-14 洞顶山岩压力计算模式图   图 7-15 边墙不稳定块体力的图解
（a）方块形分离体；（b）尖顶形分离体

图 7-15 是洞壁不稳定块体力的分解图，此时侧壁的山岩压力用下式计算

$$P = W(\sin\alpha - \cos\alpha\tan\varphi)\cos\alpha \tag{7-9}$$

式中：W 为边墙分离块体的重量，kN；α 为底滑面倾角，(°)；φ 为底滑面的内摩擦角，(°)。

应当指出，分离块体能否全部塌落（或滑坍）取决于结构面的抗滑能力、有无地下水活动及围岩应力的作用。当结构面的抗滑阻力足够大时，分离体自身能维持稳定，用式（7-9）求得 $P<0$，不需要支护；否则，用式（7-9）求得 $P>0$，需给滑落岩体以支护。

7.3.2 弹性抗力

围岩弹性抗力的大小，通常是用弹性抗力系数表示的。

1. 弹性抗力系数

根据文克尔假定，抗力系数 K 为

$$K = \frac{P}{y} \qquad (7-10)$$

式中：K 为弹性抗力系数，MPa/cm；P 为围岩所承受的压力，对于有压隧洞即为内水压力，MPa；y 为洞壁的径向变形，cm。

从式（7-10）可以看出，K 的物理意义是迫使洞壁产生一个单位径向变形所需施加的力。K 值愈大，说明围岩承受内水压力的能力愈大。假设岩体是理想的弹性体，对于圆形隧洞，K 值与岩体弹性模量之间有如下的关系

$$K = \frac{E}{(1+\mu)a} \qquad (7-11)$$

式中：E 为岩体的弹性模量，MPa；μ 为泊松比；a 为隧洞半径，cm。

从式（7-11）可以看出，隧洞半径愈大，K 值愈小，在工程上为了便于比较，常采用隧洞半径为 1m（100cm）时的弹性抗力系数，称为单位弹性抗力系数 K_0，即

$$K_0 = \frac{a}{100}K \qquad (7-12)$$

2. 弹性抗力系数的确定方法

确定围岩弹性抗力系数的方法有试验法、计算法和工程类比法等。

（1）试验法常用的有橡皮囊法、径向千斤顶法和隧洞水压法等，具体内容可参看有关的试验规程。

（2）计算法是根据弹性抗力系数与岩体弹性模量 E 及泊松比 μ 之间的关系确定的。对于坚硬完整的岩体，可用式（7-11）计算 K 值。对于软弱或破碎岩体，洞室开挖后洞壁周围会形成一个半径为 R 的环形开裂区，这时弹性抗力系数 K 可用下式计算

$$K = \frac{E}{\left(1+\mu+\ln\dfrac{R}{a}\right)a} \qquad (7-13)$$

关于开裂区半径 R 的确定，可按实测值或取经验数值，如在新鲜完整岩体中取 $R/a=3$，在多裂隙岩体中取 $R/a=300$。

（3）工程类比法是根据已有的建设经验，将拟建工程岩体的结构和力学特征、工程规模等因素与已建工程进行类比确定 K 值。一些中、小型工程大都采用此法。

表 7-3 给出了我国部分水工隧洞围岩单位弹性抗力系数 K_0 的经验数据。

表 7-3 　　　　　　　　　国内部分工程围岩单位弹性抗力系数 K_0

工程名称	岩 体 条 件	最大荷载（MPa）	K_0（MPa/cm）	试验方法
隔河岩	深灰色薄层泥质条带灰岩，新鲜完整，0.1～0.2m 裂隙破碎带	3.0	176.0～268.0	径向扁千斤顶法
	灰岩，新鲜完整，裂隙为方解石充填	1.2	224.0～309.0	双筒橡皮囊法
映秀湾	花岗闪长岩，微风化，中细粒，裂隙发育	1.0	16.1～18.1	径向扁千斤顶法
	花岗闪长岩，较完整均一，裂隙不太发育	1.0	116.0～269.0	径向扁千斤顶法
龚嘴	花岗岩，中粒，似斑状，具隐裂隙，微风化	1.0	88.0～102.5	扁千斤顶法
	辉绿岩脉，有断层通过，破碎，不均一	0.6	11.3～50.1	扁千斤顶法
太平溪	灰白色至浅灰色石英闪长岩，中粒，新鲜坚硬，完整	3.0	250.0～375.0	扁千斤顶法
长湖	砂岩，微风化，夹千枚岩，页岩	0.6	78.0	水压法
南桠河三级	花岗岩，中粗粒，弱风化，不均一	1.0	18.0～70.5	扁千斤顶法
	花岗岩，裂隙少，坚硬完整	1.8	40.0～130.0	扁千斤顶法
二滩	正长岩，新鲜，完整	1.3	104.0～188.0	扁千斤顶法
刘家峡	微风化云母石英片岩	1.0～1.2	300.0～320.0	双筒橡皮囊法
	中风化云母石英片岩	1.0～1.2	140.0～160.0	双筒橡皮囊法

7.4　围岩工程地质分类

围岩分类是在对地下工程岩体的工程地质特性进行综合分析、概括及评价的基础上，将围岩分为工程性质不同的若干类别。分类的实质是广义的工程地质类比，是对相当多地下工程的设计、施工与运行经验的总结。由于围岩介质是非常复杂的，目前还没有恰当的数学、力学计算方法解决其平衡稳定问题，所以用围岩分类的方法对围岩的整体稳定程度进行判断，并指导开挖与系统支护设计是普遍应用的方法。

围岩分类的基本步骤：

(1) 对围岩的岩体质量进行评价分类，主要考虑影响围岩质量的围岩的完整性、坚固性和含水透水性等三方面的因素，其中，岩体的完整性是最重要的因素；

(2) 考虑工程因素，如洞室的轴向、断面形状与尺寸，及其与结构面产状的关系等，以及围岩强度应力比和地下水对碎裂与散体结构岩体的作用等，进行围岩稳定性评价；

(3) 根据测试及类比，建议供设计参考使用的地质参数、山岩压力或围岩应力计算的理论方法；

（4）工程地质、岩石力学、设计及施工人员结合，确定各类围岩的开挖、支护准则。

地下洞室围岩分类据分类指标，大体上有下列几种：①单一的综合性指标分类，如据岩体的弹性波速度（V_p）、岩石质量指标（RQD）、岩石的坚固性系数（f_k）等进行分类；②多因素定性和定量的指标相结合，用于围岩分级，如我国的 GB 50218—94《工程岩体分级标准》、GB 50086—2001《锚杆喷射混凝土支护技术规范》中的围岩分级、我国的铁路隧道围岩分级等；③多因素组合的复合指标分类，即按岩体质量复合指标定量评分的分类，其中，在国际上较为通用的是以巴顿（Barton）岩体质量 Q 系统分类为代表的综合乘积法分类和以比尼奥斯基（Bieniawski）地质力学分类（RMR 分类）为代表的和差计分法分类（详见第 4 章 4.4 节），在我国则以 GB 50287—99《水利水电工程地质勘察规范》中附录 P 给出的围岩工程地质分类为代表，这类分类方法是当前围岩分类的发展方向。

下面介绍 GB 50287—99《水利水电工程地质勘察规范》中附录 P 给出的围岩工程地质分类。

GB 50287—99《水利水电工程地质勘察规范》提出的围岩工程地质分类，是以"六五"国家科技攻关项目 15-2-1《水电站大型地下洞室围岩稳定和支护的研究与实践》中的一个子项《水电地下工程围岩分类》的研究成果为基础，同时参考了国内外一些主要的隧洞围岩分类方法和我国鲁布革、天生桥、彭水、小浪底、水丰等十几个大型水利水电工程的实际分类编制的。该分类方法已在我国水电行业中广泛应用。《水电地下工程围岩分类》的研究工作收集了国内外 74 种围岩分类，调查分析了水电、铁路、矿山等 40 余个工程近 500 个塌方实例，重点根据国内外 10 余种围岩分类方法，选用简易测试技术（弹性波、点荷载、回弹值等）和定性、定量相结合的多因素综合评分方法，对围岩失稳和围岩分类进行了深入的研究，提出了"水电地下工程围岩分类"方法基本方案，经过 35 个工程反馈应用，进行了多次修改，并配合有限元计算，确定支护参数的选择，研究了各类围岩主要物理力学经验参数。该分类的特点是根据水电勘察、设计、施工不同阶段的深度要求，适用于可行研究阶段的初步分类和初步设计与技施设计阶段的详细分类，可用于确定锚喷支护设计参数及各类围岩主要物理力学参数等。

围岩工程地质分类以控制围岩稳定的岩石强度、岩体完整性系数、结构面状态、地下水和主要结构面产状五项因素的和差为基本依据，围岩强度应力比为限定判据，按表 7-4 进行分类。围岩强度应力比 S 可根据下式求得

$$S = \frac{R_b K_V}{\sigma_m} \tag{7-14}$$

式中：R_b 为岩石饱和单轴抗压强度，MPa；K_V 为岩体完整性系数；σ_m 为围岩的最大主应力，MPa。

各因素的评分按表 7-5～表 7-9 所列标准确定。该分类不适用于埋深小于两倍洞径或跨度、膨胀土、黄土等特殊土层和喀斯特洞穴发育地段的地下洞室。规范要求对大跨度地下洞室的围岩分类应采用本规范规定的"围岩工程地质分类"和 GB 50218—94《工程岩体分级标准》等国家标准综合评定。对国际合作的工程还可采用国际通用的围岩分类方法对比使用。

表 7 - 4　　　　　　　　　　　　围 岩 工 程 地 质 分 类

围岩类别	围岩稳定性	围岩总评分 T	围岩强度应力比 S	支护类型
I	稳定。围岩可长期稳定，一般无不稳定块体	$T>85$	$S>4$	不支护或局部锚杆或喷薄层混凝土。大跨度时，喷混凝土、系统锚杆加钢筋网
II	基本稳定。围岩整体稳定，不会产生塑性变形，局部可能产生掉块	$85\geqslant T>65$	$S>4$	
III	局部稳定性差。围岩强度不足，局部会产生塑性变形，不支护可能产生塌方或变形破坏。完整的较软岩，可能暂时稳定	$65\geqslant T>45$	$S>2$	喷混凝土、系统锚杆加钢筋网。跨度为 20～25m 时，并浇筑混凝土衬砌
IV	不稳定。围岩自稳时间很短，规模较大的各种变形和破坏都可能发生	$45\geqslant T>25$	$S>2$	喷混凝土、系统锚杆加钢筋网，并浇筑混凝土衬砌
V	极不稳定。围岩不能自稳，变形破坏严重	$T\leqslant25$		

注　II、III、IV 类围岩，当其强度应力比小于本表规定时，围岩类别宜相应降低一级。

表 7 - 5　　　　　　　　　　岩 石 强 度 评 分

岩质类型	硬 质 岩		软 质 岩	
	坚硬岩	中硬岩	较软岩	软岩
饱和单轴抗压强度 R_b（MPa）	$R_b>60$	$60\geqslant R_b>30$	$30\geqslant R_b>15$	$15\geqslant R_b>5$
岩石强度评分 A	30～20	20～10	10～5	5～0

注　1. 当岩石饱和单轴抗压强度大于 100MPa 时，岩石强度的评分为 30。
　　2. 当岩体完整程度与结构面状态评分之和小于 5 时，岩石强度评分大于 20 的，按 20 评分。

表 7 - 6　　　　　　　　　　岩 体 完 整 程 度 评 分

岩体完整程度		完整	较完整	完整性差	较破碎	破碎
岩体完整性系数 K_V		$K_V>0.75$	$0.75\geqslant K_V>0.55$	$0.55\geqslant K_V>0.35$	$0.35\geqslant K_V>0.15$	$K_V\leqslant0.15$
岩体完整性评分 B	硬质岩	40～30	30～22	22～14	14～6	<6
	软质岩	25～19	19～14	14～9	9～4	<4

注　1. 当 60MPa$\geqslant R_b>$30MPa，岩体完整程度与结构面状态评分之和大于 65 时，按 65 评分；
　　2. 当 30MPa$\geqslant R_b>$15MPa，岩体完整程度与结构面状态评分之和大于 55 时，按 55 评分；
　　3. 当 15MPa$\geqslant R_b>$5MPa，岩体完整程度与结构面状态评分之和大于 40 时，按 40 评分；
　　4. 当 $R_b\leqslant$5MPa，属特软岩，岩体完整程度与结构面状态，不参加评分。

表 7 - 7　　　　　　　　　　结 构 面 状 态 评 分

结构面状态	张开度 W（mm）	闭合 W<0.5		微张 0.5≤W<5.0								张开 W≥5.0	
	充填物	—		无充填			岩屑			泥质		岩屑	泥质
	起伏粗糙状况	起伏粗糙	平直光滑	起伏粗糙	起伏光滑或平直粗糙	平直光滑	起伏粗糙	起伏光滑或平直粗糙	平直光滑	起伏粗糙	起伏光滑或平直粗糙	平直光滑	—	—
结构面状态评分 C	硬质岩	27	21	24	21	15	21	17	12	15	12	9	12	6
	较软岩	27	21	24	21	15	21	17	12	15	12	9	12	6
	软岩	18	14	17	14	8	14	11	8	10	8	6	8	4

注　1. 结构面的延伸长度小于 3m 时，硬质岩、较软岩的结构面状态评分另加 3 分，软岩加 2 分；结构面延伸长度大于 10m 时，硬质岩、较软岩减 3 分，软岩减 2 分；
　　2. 当结构面张开度大于 10mm，无充填时，结构面状态的评分为零。

表 7 - 8　　　　　　　　　　　　　　　地 下 水 评 分

活动状态		干燥到渗水滴水	线状流水	涌水
水量 q [L/ (min·10m 洞长)] 或压力水头 H (m)		$q \leqslant 25$ 或 $H \leqslant 10$	$25 < q \leqslant 125$ 或 $10 < H \leqslant 100$	$q > 125$ 或 $H > 100$
基本因素评分 T'	$T' > 85$	0	$0 \sim -2$	$-2 \sim -6$
	$85 \geqslant T' > 65$	$0 \sim -2$	$-2 \sim -6$	$-6 \sim -10$
	$65 \geqslant T' > 45$	$-2 \sim -6$	$-6 \sim -10$	$-10 \sim -14$
	$45 \geqslant T' > 25$	$-6 \sim -10$	$-10 \sim -14$	$-14 \sim -18$
	$T' \leqslant 25$	$-10 \sim -14$	$-14 \sim -18$	$-18 \sim -20$

（基本因素评分 T' 列标注：地下水评分 D）

注　基本因素评分 T' 系前述岩石强度评分 A、岩体完整性评分 B 和结构面状态评分 C 的和。

表 7 - 9　　　　　　　　　　　　　　　主要结构面产状评分

结构面走向与洞轴线夹角		$90° \sim 60°$				$60° \sim 30°$				$< 30°$			
结构面倾角		$> 70°$	$70° \sim 45°$	$45° \sim 20°$	$< 20°$	$> 70°$	$70° \sim 45°$	$45° \sim 20°$	$< 20°$	$> 70°$	$70° \sim 45°$	$45° \sim 20°$	$< 20°$
结构面产状评分 E	洞顶	0	-2	-5	-10	-2	-5	-10	-12	-5	-10	-12	-12
	边墙	-2	-5	-2	0	-5	-10	-2	0	-10	-12	-5	0

注　按岩体完整程度分级为完整性差、较破碎和破碎的围岩不进行主要结构面产状评分的修正。

7.5　提高围岩稳定性的措施

　　为了保证地下洞室施工的安全和正常运行，就应该针对岩体的不同条件，采取相应的施工方法和一定的工程技术措施，从而提高围岩的稳定条件。例如，采用光面爆破、掘进机全断面开挖及分部开挖等施工方法，以减少对围岩的扰动，并采取普通支护或衬砌和喷锚支护等加固措施。

7.5.1　支护与衬砌

　　普通支护是根据围岩压力的性质和大小在围岩的外部设置支撑或衬砌结构，这是维护和改善围岩稳定条件的最常用的方法。

　　1. 支撑

　　支撑是在洞室开挖过程中，用以稳定围岩的暂时性结构，按照选用材料的不同，可分为木支撑、钢支撑和混凝土支撑等。目前，用喷射混凝土的方法取代支撑已相当普遍。不过在严重破碎的岩体中和松散地层内仍需采用支撑的方法。

　　2. 衬砌

　　衬砌是一种广泛应用的永久性加固围岩的结构，是在地下洞室内用条石、混凝土或钢筋混凝土砌筑而成的拱形结构。其作用主要是承受围岩压力、内水压力以及封闭岩体中的裂隙防止渗漏。在坚硬完整的岩体中，如果围岩自稳能力比较高，也可以不做衬砌。

7.5.2 喷锚支护

喷锚支护是喷射混凝土、锚杆、钢筋网喷混凝土、锚杆喷混凝土或锚杆钢筋网喷混凝土等加固形式的统称，属柔性支护结构。喷锚支护是配合新奥法（New Austrian Tunnelling Method，NATM）而逐渐发展起来的一种新型支护。喷锚支护允许围岩发生适度的变形，减小作用在支护结构上的荷载。能适应现代支护结构原理对支护的要求，与围岩相互作用，共同工作，构成共同的承载体系，可最大限度地发挥围岩的自承能力。可应用于不同岩类、不同跨度、不同用途的地下工程中。除用作永久支护以外，也能用作临时支护、结构补强以及冒落修复等，并能与其他结构形式结合组成复合支护。技术先进、经济合理、质量可靠。能加快工程进度、节省劳动力、节约木材、降低造价。自 20 世纪 50 年代以来，喷锚支护在国内外的矿山坑道、铁路隧道、水利水电地下厂房、无压和有压引水隧洞等地下工程中获得了广泛应用。

1. 喷锚支护结构与传统支护结构的差异

传统的支护结构总是在开挖后先作支撑，待开挖工作面推进到一定距离后，即经过一段相当长的时间后，才能逐步拆除支撑进行衬砌。支撑只能在少数点上与围岩接触，衬砌与围岩之间如不经过回填灌浆，也不是密接的。实际上这就等于允许围岩有较长时间的松动变形，使松弛带发展到一定的厚度。结果衬砌只能被动地承受围岩松动形成的较大山岩压力，所以，其厚度必须足够大，开挖断面也大大超过有效断面，既拖延了工期又增加了造价。

喷锚支护则不同，开挖断面一经形成，便可及时而迅速地支护，随挖随喷。根据需要在喷混凝土的同时，还可配置钢筋网和钢拱架，这样很快就能形成和围岩紧密衔接的连续支护结构，同时，还能将围岩中的空隙填实，使之同支护结构一起构成支承围岩荷载的承载结构，"主动"地制止围岩变形的发展，使围岩能自承。

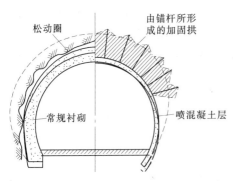

图 7 - 16　常规支护、喷混凝土支护和喷锚支护工作条件对比

当洞室横断面加大到一定程度时，薄的喷混凝土层不足以作为一种防护和加固围岩的措施，而必须加设锚杆。断面愈大、岩体愈软弱，就愈需要定型布置锚杆系统，甚至加钢拱架或钢筋网，以提供一个加固拱（或称承重环）。锚杆与喷混凝土相结合就构成了喷锚联合支护。图 7 - 16 对比了常规支护、喷混凝土支护和喷锚支护的工作条件。

2. 喷混凝土的作用

（1）支承围岩。由于喷层能与围岩密贴和黏结，并给围岩表面以抗力和剪力，从而使围岩处于三向受力的有利状态，防止围岩强度恶化。此外，喷层本身的抗冲能力阻止不稳定块体的塌滑。

（2）"卸载"作用。由于喷层属柔性，能有控制地使围岩在不出现有害变形的前提下，进入一定程度的塑性变形状态，从而使围岩"卸载"。同时，喷层的柔性也能使喷层中的弯曲应力减小，有利于混凝土承载力的发挥。

（3）填平补强围岩。喷射混凝土可射入围岩张开的裂隙，填充表面凹穴，使裂隙分割的岩块层面粘联在一起，保持岩块间的咬合、镶嵌作用，提高其间的凝聚力、摩阻力，有利于防止围岩松动，并避免或缓和围岩应力集中。

（4）覆盖围岩表面。喷层直接粘贴岩面，形成防风化和止水的防护层，并阻止节理裂隙中充填物流失。

（5）分配外力。通过喷层把外力传给锚杆、网架等，使支护结构受力均匀分担。

3. 锚杆的种类和作用

锚杆的种类有楔缝式金属锚杆、钢丝绳砂浆锚杆、普通砂浆金属锚杆、预应力锚杆及木锚杆等。目前在大中型工程中，主要采用楔缝式金属锚杆和砂浆金属锚杆。

锚杆的作用可以概括为以下三个方面：

（1）悬吊作用。锚杆是靠锚头固定于稳定岩层而产生的锚固力，以孔口的垫板承托重量，使塌落拱内不稳定的岩体通过锚杆悬吊在塌落拱外的稳定岩体上。因此，一般认为锚杆支护只适于整体性较好的岩体。

（2）组合梁用。在水平层状岩体中，能将数层薄层联成整体结构，类似铆钉加固的组合梁，以提高岩层整体的抗震、抗剪、抗弯的能力。

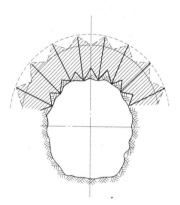

（3）加固作用。锚入围岩中的锚杆，将邻近的岩体连在一起，能阻止不稳定岩石的滑移，促使岩石间隙面压紧，同时使围岩形成一个具有承载能力的岩拱。锚杆支护的围岩，当砂浆硬化后，每根锚杆周围都是稳定岩，其形状像个锥体，多根锚杆联合则形成拱圈。由于拱端岩石处于平衡状态而使岩体保持稳定，锥体的角度与岩体结构有关（图7-17）。

图 7-17 预应力锚杆的加固作用

4. 钢筋网的作用

在大跨度的地下工程中，多采用锚杆、喷混凝土和钢筋网的联合支护型式。在地质条件差的地段，不论跨度大小都配有钢筋网。钢筋网在结构中的作用有以下几点：

（1）能使混凝土应力均匀分布，加强喷射混凝土的整体工作性能。

（2）提高喷射混凝土的抗震能力。

（3）承受混凝土的收缩压力，阻止因收缩而产生的裂缝。

（4）在喷射混凝土与围岩的组合拱中，钢筋网承受拉应力。

7.5.3　新奥法简介

新奥法是新奥地利隧洞工程方法的简称，是在隧洞设计施工中，结合现场围岩变形资料采取一定措施，以充分发挥围岩自承能力进行开挖支护的工程技术。这是由岩体力学中著名的奥地利学派创始人之一——L. V. 拉布采维茨教授等提出的，于1963年正式命名。新奥法的基本原理是：

（1）根据岩体具有的黏性、弹性、塑性的物理性质，研究洞室开挖后围岩的应力重分布和变形过程，监控变形发展，及时施作支护，以保持围岩稳定。

（2）充分利用围岩自身承载能力，把围岩作为支护结构的基本组成部分，施作的支护与围岩共同作用，形成承载环或承载拱。为此，洞室开挖爆破和施作支护时，均应采取措施尽量减少对围岩的破坏和扰动，保持围岩强度。而且要尽量减少超、欠挖和起伏差，以利于喷混凝土层受力均匀，避免应力集中。

（3）施作的支护结构应与围岩紧密结合，既要具有一定刚度，以限制围岩变形自由发展，防止围岩松散破坏；又要具有一定柔性，以适应围岩适当的变形，使作用在支护结构上的变形压力不致过大。当需要补强支护时，宜采用锚杆、钢筋网以至钢拱架加固，而不宜大幅度加厚喷层。当围岩变形趋于稳定之后，必要时可施作二次衬砌，以满足洞室工作的要求和增加总的安全度。

（4）设置观测系统，监测围岩的位移及其变形速率，并进行必要的反馈分析，正确估计围岩特性及其随时间的变化，以确定施作初期支护的有利时机和是否需要补强支护等措施。

总之，光面爆破、喷锚支护和现场量测被称为新奥法的"三大支柱"。

复 习 思 考 题

7-1　地形、岩性、地质构造、地下水及地应力等对地下洞室选址有何影响？

7-2　试述地下洞室开挖后二次应力分布的特征及围岩的概念。

7-3　围岩稳定的力学含义是什么？

7-4　试述围岩变形破坏的类型及其特点。

7-5　怎样进行围岩的工程地质分类？

7-6　山岩压力是如何形成的？各种不同结构类型围岩产生山岩压力的特点是什么？

7-7　试述弹性抗力系数的物理意义及其确定方法。

7-8　提高围岩稳定性的工程措施有哪几种？它们的原理是什么？新奥法的基本原理是什么？

第 8 章

水利水电工程地质勘察

水利水电工程地质勘察的任务是查明建筑地区的有关地质条件，研究各种地质现象的性质、分布和规律，预测可能出现的工程地质问题，为水利水电工程位置的选定、工程设计和施工提供可靠的地质资料和设计计算参数，以便充分利用有利的自然因素，避开或改造不利的地质环境，保证工程建筑的稳定、安全、经济合理和正常运用。

水利水电工程地质勘察不仅是整个工程建设不可缺少的重要组成部分，而且是工程设计和施工的基础。

水利水电工程勘察分为规划、可行性研究、初步设计和技施设计四个勘察阶段。各勘察阶段工作与相应阶段设计工作深度相适应。大型水利水电工程各勘察阶段的勘察任务和内容如表 8-1 所示。

表 8-1　　　　　　　　　水利水电工程地质勘察阶段的任务和内容

勘察阶段	目 的 与 任 务	内 容
规划	规划阶段工程地质勘察的目的是对河流开发方案和水利水电近期开发工程选择进行地质论证，并提供工程地质资料	①了解规划河流或河段的区域地质和地震概况；②了解各梯级水库的地质条件和主要工程地质问题，分析建库的可能性；③了解各梯级坝址的工程地质条件，分析建坝的可能性；④了解长引水线路（指长度大于 2km 的隧洞或渠道）的工程地质条件；⑤了解各梯级坝址附近的天然建筑材料的赋存情况
可行性研究	可行性研究阶段工程地质勘察的目的是在河流或河段规划选定方案的基础上选择坝址，并对选定坝址、基本坝型、枢纽布置和引水线路方案进行地质论证，提供工程地质资料	①进行区域构造稳定性研究，并对工程场地的构造稳定性和地震危险性作出评价；②调查水库区的主要工程地质问题，并作出初步评价；③调查坝址、引水线路、厂址和溢洪道等建筑物场地的工程地质条件，并对有关的主要工程地质问题作出初步评价；④进行天然建筑材料初查

勘察阶段	目 的 与 任 务	内　　容
初步设计	初步设计阶段工程地质勘察是在可行性研究阶段选定的坝址和建筑物场地上进行的勘察，其目的是查明水库及建筑物区的工程地质条件，进行选定坝型、枢纽布置的地质论证和提供建筑物设计所需的工程地质资料	①查明水库区水文地质工程地质条件，分析工程地质问题，预测蓄水后的变化；②查明建筑物地区的工程地质条件并进行评价，为选定各建筑物的轴线及地基处理方案提供地质资料和建议；③查明导流工程的工程地质条件，根据需要进行施工附属建筑物场地的工程地质勘察和施工与生活用水水源初步调查；④进行天然建筑材料详查；⑤进行地下水动态观测和岩土体位移监测
技施设计	技施设计阶段工程地质勘察是在初步设计阶段选定的水库及枢纽建筑物场地上进行的勘察，其目的是检验前期勘察的地质资料与结论，补充论证专门性工程地质问题，并提供优化设计所需的工程地质资料	①进行初步设计审批中要求补充论证的和施工中出现的专门性工程地质问题勘察；②提出对不良工程地质问题处理措施的建议；③进行施工地质工作；④提出施工期和运行期工程地质监测内容、布置方案和技术要求的建议，分析施工期工程地质监测资料

　　工程地质勘察方法包括工程地质测绘、工程地质勘探、工程地质室内试验和野外试验、工程地质长期观测和勘察资料的室内整理。

8.1　工 程 地 质 测 绘

　　工程地质测绘是水利水电工程地质勘察的基础工作。它是运用地质理论和技术方法，对工程场区各种地质现象进行观察、量测和描述，并标识在地形图上的勘察工作。其任务是调查与水利水电工程建设有关的各种地质现象，分析其性质和规律，为研究工程地质条件和问题、初步评价测区工程地质环境提供基础地质资料，并为勘探、试验和专门性勘察工作提供依据。

　　工程地质测绘的范围，一方面取决于建筑物类型、规模和设计阶段；另一方面是区域工程地质条件的复杂程度和研究程度以及工程作用影响范围。通常，当建筑规模大，并处在建筑物规划和设计的开始阶段，且工程地质条件复杂而研究程度又较差的地区，其工程地质测绘的范围就应大一些。

　　工程地质测绘的比例尺主要取决于不同的设计阶段。在同一设计阶段内，比例尺的选择又取决于建筑物的类型、规模和工程地质条件的复杂程度以及区域研究程度。工程地质测绘的比例尺 S 可分为小比例尺（$S \leqslant 1 : 50000$）测绘、中比例尺（$1 : 50000 < S < 1 : 5000$）测绘和大比例尺（$S \geqslant 1 : 5000$）测绘。实践中可据 SL 299—2004《水利水电工程地质测绘规程》选取相应的比例尺。

　　工程地质野外测绘工作应按下列基本步骤进行：①测制地层柱状图；②观察描述、标测地质点和地质线路；③勾绘地质图；④测制典型地质剖面图。

　　工程地质测绘使用的地形图应是符合精度要求的同等或大于工程地质测绘比例尺的地形图。图件的精度和详细程度，应与地质测绘比例尺相适应。图上宽度大于

2mm 的地质现象应予测绘，在图上宽度不足 2mm 的具有特殊工程地质意义的地质现象，如大裂隙、岸边卸荷裂隙、软弱夹层、断层、物理地质现象等，应扩大比例尺表示，并注示其实际数据。地质界线误差，一般不超过相应比例尺图上的 2mm。

工程地质测绘的精度还取决于单位面积上地质点的多少，地质点越多，精度越高。

工程地质测绘的基本方法，可分为利用遥感影像技术进行地质调查的地质调查测绘法和进行地质点标测及地质界线穿越、追索观察的实地测绘法。小比例尺测绘宜以地质遥感测绘为主；中比例尺测绘宜采用地质遥感测绘与实地测绘相结合的方法；大比例尺测绘应采用实地测绘法。

8.1.1 路线测绘方法

1. 路线穿越法

指沿着与测绘区内地貌单元、岩层和区域构造线的走向垂直的方向，每隔一定距离布置一条路线。沿路线观察、记录地质现象和标绘地质界线，然后把各路线上标测的地质界线相连，即可编出地质图（图 8-1）。这种方法的优点是能比较容易地查明地层顺序、上下层接触关系以及地质构造的基本特征，且工作量较少。但路线间距大时，因路线之间的地带未曾观察，连绘的地质界线可能与实际情况有出入，且可能遗漏较重要的小地质体。因此，这种方法只适用于地质条件不太复杂或小比例尺图的测绘。

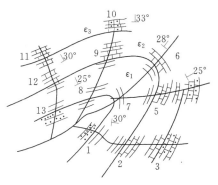

图 8-1 路线穿越法布置示意图

2. 界线追索法

指沿着地层界线、某一构造线方向或其他地质单元界线布点追索，并将界线绘于图上。这种方法工作量较大，但成果比较准确。多用于地层沿走向变化较大、断裂构造比较发育，以及岩浆岩分布区。这种方法多用于中、小比例尺的测绘。

8.1.2 地质点标测法

在测区内按方格网布置地质观察点，逐点进行详细观察描述，然后通过分析实测资料连接各地质界线。此法工作量大，适用于大比例尺图的地质测绘。

观察点应布置在地质界线或地质现象上，以测绘的目的不同而异，有基岩、构造、第四系、地貌、水文地质点等。在地质观察点上，应对所有的地质现象进行认真仔细的描述。描述内容包括：地貌、地层岩性、第四系、地质构造、水文地质、物理地质现象、喀斯特地形等。对那些与工程建筑有关的地质问题，如不稳定岩体或可能渗漏地段，要突出重点地加以详细的描述。地质观察点的实际位置用罗盘仪或经纬仪测量，标定在地形图上。

野外测绘工作期间，对野外资料应及时进行初步整理，内容包括清绘地质底图、整理野外记录、拼图和接图、整理标本和样品、编制分析图表等。

8.1.3　野外实测地质剖面图的作法

在测绘中，通常要选作几条具有代表性的实测剖面，以反映测区的地质条件。沿垂直于岩层走向或垂直于主要构造线的方向，也可沿大坝、厂房、隧洞、溢洪道、渠道的轴线或横断面方向选定剖面线方向，依据地形坡度变化和岩层出露宽度进行分段，并选取适当的纵、横比例尺。然后，布置测点，用地质罗盘或经纬仪测定方位和地形坡度；用皮尺量距并详细观测记录岩层产状、地质构造、岩性变化（表 8 - 2）；并采取标本进行编号。最后，用规定的符号将上述观测内容表示在剖面图上（图 8 - 2）。

表 8 - 2　　　　　　　　　　　　　　野外实测地质剖面记录表格

点号	测线方位	测线倾伏角（°）	层位代号	岩层产状			岩层厚度（m）		地层描述	剖面示意图
				走向（°）	倾向	倾角（°）	视厚度	真厚度		
1										
2										
3										

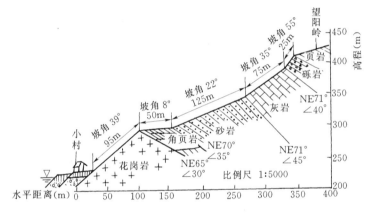

图 8 - 2　小村—望阳岭实测地质剖面图

8.1.4　遥感技术在工程地质测绘中的应用

遥感是根据电磁波辐射理论，应用现代化探测手段（如航空摄影、电视摄影、红外扫描等），借助于飞船、气球、飞机、人造卫星等各种运载工具，通过对地质体的电磁波辐射信号的接收记录，加工整理成为图像和数据，从而对地质体进行探测和识别的技术。

遥感技术由于视域开阔，能将大范围的地质现象联系起来综合分析，因此对区域性地质问题的分析和研究有重要意义，多用于规划、可行性研究等勘察阶段的中、小比例尺工程地质测绘中。在测绘开始以前，对已搜集到的卫片和航片结合区域地质资料进行解译，在此基础上勾画地质草图，用以指导现场踏勘工作。此外，还可利用卫片或航片，校正所填绘的地质界线或补充填绘其他内容。

近年来，遥感技术（RS）、地理信息系统（GIS）和全球定位系统（GPS）在工程地质测绘制图以及不良地质现象监测中日益被重视。

8.2　工程地质勘探

工程地质勘探是在工程地质测绘的基础上，为了进一步查明地表以下一定深度范围的地质条件而进行的。勘探工作布置应与不同设计阶段的工程地质勘察任务密切配合。按勘探方法不同可分为坑探、钻探和物探。勘探工作主要探明以下问题：

（1）揭露地层岩性的变化规律，如覆盖层的性质和厚度，岩体性质及风化带的特征，软弱夹层及可溶性岩层的特性、分布等。

（2）查明地质构造，如岩层产状变化、构造形态、断层性质、破碎带的特征、裂隙密集带的分布及随深度变化的规律等。

（3）了解地下水水位的变化、埋藏条件、含水层特征、库坝区的渗漏途径、岩溶的分布发育规律、滑坡体的位置及性质等。

（4）采取岩土样，以便进行室内岩土物理力学性质试验、岩土体现场力学试验、水文地质现场试验及灌浆等岩土改良措施试验，以及长期观测工作等。

（5）查明地貌和不良地质现象的规模、物质结构和空间分布范围。

（6）探明天然建筑材料的分布范围、储量及质量评价。

8.2.1　坑探

坑探是用人工或机械掘进的方式来探明地表以下浅部的工程地质条件，主要包括：探坑、浅井、探槽、平硐、斜井、竖井、沉井、河底平硐等（图8-3）。坑探的特点是使用工具简单，技术要求不高，运用广泛，揭露的面积较大，可直观准确地揭露、了解和识别地质现象，同时利用坑探进行岩土体取样、物理力学性质试验、监测等。但勘探深度受到一定限制，且成本高，周期长。

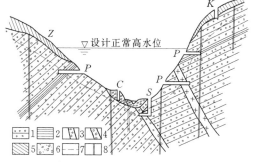

图8-3　某坝址区勘探布置图

1—砂岩；2—页岩；3—花岗岩脉；4—断层带；
5—坡积层；6—冲积层；7—风化层界线；
8—钻孔；P—平硐；S—竖井；K—探坑；
Z—探槽；C—浅井

在水利水电工程勘探中常用的坑探类型、特点及用途见表8-3。

表8-3　　　　　　　　工程地质勘探中的坑探类型

类型	特　点	用　途
探坑	深度小于3m，断面V形，一般不支护	局部剥除地表覆土，揭露基岩，做载荷试验、渗水试验，取原状样
浅井	深度大于3m，小于10m，断面一般成圆形或方形，根据需要进行支护	确定覆盖层及风化层的岩性及厚度，取原状样，做载荷试验、渗水试验
探槽	在地表垂直岩层或构造线挖掘成深度小于3m的长条形槽子。深度不超过1m的探槽可垂直挖掘为矩形断面。深度在1～3m的探槽，宜采用倒梯形断面，其底宽为0.6m，两壁倾斜角一般为60°～80°	追索构造线、断层、探查残积、坡积层及风化岩石的厚度和岩性，了解坝接头处的地质情况

续表

类型	特　　点	用　　途
竖井	形状与浅井同，但深度超过 10m，一般在平缓山坡、漫滩、阶地等岩层较平缓的地方，有时需支护。竖井断面一般为矩形，随竖井深度的变化净断面尺寸（长×宽）分别为 2.5m×1.5m、3m×1.6m、4m×2m 等	了解覆盖层厚度及性质，进行风化壳分带，确定软弱夹层分布、断层破碎带及岩溶发育情况、滑坡结构及滑动面等
平硐	在地面有出口的水平坑道，深度较大，适用于较陡的基岩边坡，有时需支护。平硐断面形状一般为梯形。随平硐深度的变化，净断面规格（高×宽）有 1.8m×1.8m、2.0m×2.0m、2.2m×2.2m、2.2m×2.5m 等	调查斜坡地质结构，对查明地层岩性、软弱夹层、破碎带、卸荷裂隙、风化岩层等，效果较好，还可取样或做原位岩体力学性质试验及地应力量测

　　进行坑探普遍需要做好编录工作，编录的格式见表 8-4。有时须绘制展示图（图 8-4）。它将坑探工程各壁面和顶、底面所绘制的地质断面图，按一定的制图方法展示于同一平面上。展示图应绘出地层、岩性、裂隙、软弱岩层和夹层、岩层风化界线、地下水露头位置、水位或水量，以及各种观测点和试验点的位置等。

表 8-4　　　　　　　　　　坑、槽探展示图记录表格

图例	岩石名称	岩性特征	地质构造	附注

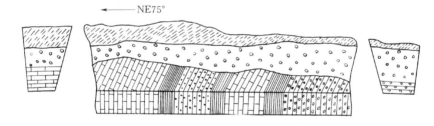

图 8-4　探槽展示图

8.2.2　钻探

　　钻探是利用一定的设备和工具，在人力或动力的带动下旋转切割或冲击凿碎岩石，形成一个直径较小而深度较大的圆形钻孔（图 8-5）。钻探是工程地质勘察的主要手段之一。工程地质钻探的目的是：揭露并划分地层，鉴定和描述岩土性质和成分；了解地质构造和不良地质现象的分布、界限及形态等；自钻孔中采取岩土样品，确定岩土的物理力学性质；了解地下水的类型，测量地下水水位，采取水样，分析地下水的物理和化学性质；利用钻孔进行孔内原位测试、水文地质试验（如抽水试验、压水试验等）和长期观测等。

　　与物探相比，钻探的优点是可以在各种环境下进行，能直接观察岩芯和取样，勘探精度高。与坑探比，钻探的勘探深度大，不受地下水限制，钻进速度快。

1. 钻进方法

工程地质勘探中常用的钻进方法分为回转、冲击、冲击回转等类型。

(1) 回转钻进。通过钻杆旋转将力矩传递至孔底钻头，同时施加一定的轴向压力实现钻进。产生旋转力矩的动力源可以是人力或机械，轴向压力则依靠钻机的加压系统以及钻具自重。适用于土层和岩层，但对于卵石、漂石等地层效率很低。回转钻进按碎岩工具或磨料性质分类，有金刚石钻进、硬质合金钻进、钢粒钻进等类型。

1) 金刚石钻进。金刚石钻进是用金刚石作钻头材料破碎岩石的一种钻进方法。具有钻进效率高、岩芯采取率（岩芯总长度与回次进尺的百分比）高、钻孔质量好、装备轻便、劳动强度低、成本低等优点，是我国大型水电工程岩芯钻探的主要方法。

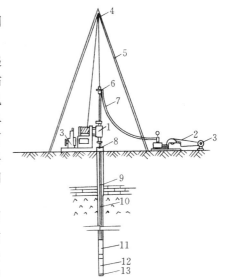

图 8-5　岩芯钻探示意图

1—钻机；2—泥浆泵；3—动力机；4—滑轮；
5—三角架；6—水龙头；7—送水胶管；
8—套管；9—钻杆；10—钻杆接头；
11—取粉管；12—岩芯管；
13—钻头

2) 硬质合金钻进。硬质合金钻进是利用镶焊在钻头体上的硬质合金切削具，作为破碎岩石的工具的钻进方法。适用于软岩层和中硬岩层，具有钻进效率较高、钻进参数易控制、孔斜较小、岩芯采取率高等优点，是主要的钻进方法。

3) 钢粒钻进。用未镶焊切削具的钻头体压住钢粒，并带动它们在孔底翻滚而破碎岩石的钻进方法，称为钢粒钻进。

(2) 冲击钻进。借助钻具重量，在一定的冲程高度内，周期性地冲击孔底、破碎岩石的钻进叫做冲击钻进。破碎形成的岩屑由循环液冲出地面，也可用带活门的抽筒提出地面。冲击钻进可应用于多种土类以至岩层，对卵石、漂石、块石尤为适宜。

(3) 冲击回转钻进。冲击回转钻进是冲击钻进和回转钻进相结合的一种方法，即在钻头回转破碎岩石时，连续不断地施加一定频率的冲击动荷载，加上轴向静压力和回转力，使钻头回转切削岩石的同时，还不断地承受冲击动荷载剪崩岩石，形成了高效的复合破碎岩石的方法。冲击回转钻进效率高，岩芯采取率高，钻孔弯曲度小，孔内事故少，成本低，已成为提高坚硬"打滑"地层钻进效率、解决复杂岩层和易斜地层钻进难题的有效方法，得到了广泛应用。

近年来，井下电视及孔内摄影以及计算机和计算技术等先进手段的应用，可以对孔内地质现象进行观察，从而帮助查明那些不易取得岩芯，却具有重大工程意义的软弱夹层和构造破碎带等地质现象，使钻探的优点更加突出。另外，在我国大型水利水电工程中，大口径钻进技术也正在被广泛应用，如丹江口、葛洲坝、三峡、龚嘴、小浪底等工程中采用的钻孔直径可达 1.2m 以上，既能够取出较大的岩芯，人又可以直接进入孔内仔细观察地质现象。

2. 钻孔观测编录

钻探工作过程中，编录工作是反映所获得地质资料的重要环节。这主要包括观测记录和钻孔资料整理两个方面。观测编录的内容有：钻探过程中的记录分析；岩芯的观测与记录；水文地质观测记录；钻孔取样和钻孔资料编制工作等。编录图表格式见表 8-5。可根据各钻孔柱状图编制地质剖面图（参见附图 3 和附图 4）。

表 8-5　　　　　　　　钻孔柱状图格式

钻 孔 柱 状 图

工程名称			设计阶段		负责单位		
坐标		$X=$ $Y=$	地面高程		钻孔位置		
钻孔方向、角度			钻头类型		钻探 日期	开工	年 月 日
						竣工	年 月 日

地层单位（代号）	层底高程（m）	层底深度（m）	厚度（m）	柱状图及钻孔结构 1：200	岩芯采取率（%）20 40 60 80	RQD（%）20 40 60 80	裂隙密度 [条/m]（°）	风化程度	地质描述	透水率及 q（Lu）	渗透系数及 k（m/d）	含水层水位 地下水位高程 及 日期	取样编号 及 深度（m）	视电阻率 ρ 及	纵波速度 v_p（m/s）	电视摄影段

说明	（主要说明钻探方法、孔内情况及回水颜色等）

审查		校核		制图		数据输入		图号	

8.2.3　物探

组成地壳的不同岩土介质往往在导电性、弹性、磁性、密度、放射性等方面存在着差异，从而引起相应地球物理场的局部变化。以专门的仪器探测这些地球物理场的分布及变化特征，然后结合已知地质资料，推断地下岩土层的埋藏深度、厚度、性质，判定其地质构造、水文地质条件及各种物理地质现象等的勘探方法，称为地球物理勘探，简称物探。由于物探可以根据地面上地球物理场的观测结果推断地下介质变化，因此，它比钻探等直接勘探手段具有快速、经济的优点。但物探技术的应用具有一定的条件性和局限性，解释成果有时具多解性，需利用多种其他物探方法或适当配合钻探工作，才能收到较好的效果。

物探方法有很多种，从原理上分，主要有地震波法、声波法、电法、磁法、电磁法、层析成像法（弹性波 CT、电磁波 CT）及物探测井等。其中在水利水电工程地质勘察中应用最普遍的是电法勘探、地震勘探、弹性波测试等。

1. 电法勘探

研究和利用存在于三维空间中由人工或天然产生的电场来解决各种地质问题的方法，称为电法勘探，简称电法。以下仅简介电阻率法。

不同岩层或同一岩层由于成分和结构等因素的不同，从而具有不同的电阻率。电阻率法的基本原理是：通过接地电极将直流电导入地下，建立稳定的人工电场，在地表观测某点垂直方向或某剖面的水平方向的电阻率变化，从而了解岩层的分布或地质构造特点。

（1）电测深法。电测深法是在同一测点上逐次扩大电极距使探测深度逐渐加深，观测测点处在垂直方向由浅到深的电阻率变化，并依据目的体与周边介质电阻率的差异，探测地下介质分布特征的一种电法勘探方法。电测深法可用于分层探测、局部电性异常体探测、岩土电性参数测试等。分层探测包括覆盖层和地层岩性分层、风化分带等；电性异常体包括构造破碎带、岩溶、洞穴等。

（2）电剖面法。电剖面法是将某一装置极距保持不变，沿测线观测地下一定深度内大地电阻率沿水平方向的变化，依据目的体与周边介质的电阻率差异，探测地下介质特征的一种电法勘探方法。可用于探测具有一定走向的电性异常体，具体包括：构造破碎带、岩层接触界面等。

2. 地震勘探与测试

地震勘探是根据人工震源（如锤击、爆炸、落重及空气枪）激发所产生的地震波在岩土介质中的传播规律来探测地下地质情况。它所依据的是岩石的弹性。当地震波遇到弹性性质不同的分界面时将产生反射、折射等现象，利用地震仪记录反射波和折射波等的信息，分析波的运动学和动力学特征，就可以推断引起反射或折射的地质界面的埋藏深度、产状及岩石性质等。

（1）浅层反射波法。浅层反射波法是利用地震波的反射原理，对浅层具有波阻抗差异的地层或构造进行探测的一种地震勘探方法。所谓波阻抗是介质密度和波速的乘积。浅层反射波法可进行地层分层、探测隐伏构造、滑坡体、风化带等。不受地层速度逆转限制，可探测高速层下部地层结构，划分沉积地层层次和探测有明显断距的断层。一般情况下，选用工作效率高、探测深度较大的纵波反射法。

（2）浅层地震折射波法。浅层地震折射法是利用地震波的折射原理对浅层具有波速差异的地层或构造进行探测的一种地震勘探方法。浅层折射波法常用于探测覆盖层和基岩面起伏形态，探测隐伏构造破碎带以及测试岩土纵波速度，也可用于覆盖层分层和风化带、滑坡体厚度探测。不宜探测高速屏蔽层下部的地层构造。

（3）地震波法测试。包括地震测井、穿透地震波速测试、连续地震波速测试。地震测井可用于地层波速测试，确定裂隙和破碎带位置。穿透地震波速测试可用于测试岩土纵、横波速度，圈定大的构造破碎、风化、喀斯特等波速异常带，也可检测建基岩体质量和灌浆效果。连续地震波速测试可用于洞室岩体、基岩露头、探槽、竖井等纵、横速度测试，也可测试建基岩体质量、划分风化卸荷带。

3. 声波探测

声波探测是弹性波探测技术中的一种，其理论基础是固体介质中弹性波传播理论。它是利用频率为数千赫兹至 20 赫兹的声频弹性波，研究其在不同性质和结构的岩体中的传播特性，从而解决某些工程地质问题。探测时，发射点和接收点根据探测项目的需要，可选在岩体表面，也可选在一个或两个钻孔中。

目前，声波法测试主要用于测试岩体的纵波、横波速度，并进行工程岩体的地质分类，分类参数有纵波速度 V_p 及由此计算得到的完整性系数 $K_v[=(V_{pm}/V_{pr})^2]$ 等。例如，根据岩体纵波速度值 V_p（km/s），可将岩石强度分为四级：坚硬岩（$5<V_p$）、中硬岩（$4<V_p\leqslant5$）、较软岩（$3<V_p\leqslant4$）、软岩（$2<V_p\leqslant3$）。并可用于：测试围岩松动圈的厚度；测定岩体的弹性力学参数，如动弹性模量、动泊松比等；探测不良地质结构和岩体风化带、卸荷带；检测建基岩体质量和工程灌浆效果；评价混凝土强度及检测混凝土缺陷等。

虽然地震波法和声波法都是以弹性波在岩体内的传播特征为理论依据，但由于各有特点，可以相互补充，但不能彼此取代。区别在于：①地震波频率低，适用于较大规模低速异常带的划分，对细微点难有反应，因此不适合进行混凝土缺陷、松弛圈和软弱夹层判定；②地震波测试点距离大，波速具有明显的平均效应，因此主要用于不同岩性地层波速的测试。

8.3　工程地质试验及长期观测

8.3.1　工程地质试验

在工程地质勘察中，工程地质试验是取得工程设计所需要的各种计算指标的一种重要手段。它分为室内试验和野外试验两大类。室内试验是将野外采取的试样送到室内进行的。其特点是设备简单、比较经济、方法较为成熟，所测物理力学指标已被公认；但试样较小，代表天然条件下的地质情况有一定的限制。野外试验是在天然条件下进行的，其优点是不用取样，可保持岩体天然状态和原有结构。试验涉及的岩体体积比室内试验样品大得多，因而更能反映结构面等对岩体性质的影响。但这类试验设备和试验技术较为复杂，成本高，且试验周期长。野外试验主要包括：野外岩体力学性质试验，野外水文地质试验，以及与施工方法有关的地质技术试验，如灌浆试验等。其中，野外水文地质试验主要包括下列项目：抽水试验、压水试验、注水试验、地下水流向流速试验、连通试验等。以下着重介绍部分野外岩体力学性质试验。

1. 岩体变形试验

岩体变形试验可分为承压板法试验、狭缝法试验、单（双）轴压缩法试验、钻孔径向加压法试验、隧洞液压枕径向加压法试验及隧洞水压法试验等。这里仅介绍承压板法试验。

承压板法岩体变形试验（图 8-6）是通过刚性或柔性承压板局部加载于半无限空间岩体表面，测量岩体变形，按弹性理论公式计算岩体变形参数。参见第 4 章4.2 节。

2. 岩体强度试验

岩体强度试验包括混凝土与岩体接触面直剪试验、岩体直剪试验、结构面直剪试验、岩体三轴压缩试验及岩体载荷试验等。这里仅介绍混凝土与岩体接触面直剪试验。

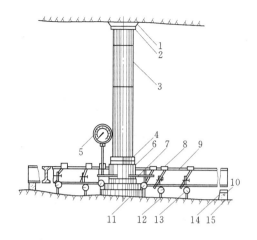

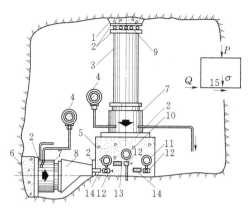

图 8-6　刚性承压板法试验安装示意图

1—砂浆顶板；2—垫板；3—传力柱；4—圆
垫板；5—标准压力表；6—液压千斤顶；
7—高压管（接油泵）；8—磁性表架；
9—工字钢梁；10—钢板；11—刚
性承压板；12—标点；13—千分
表；14—滚轴；15—混凝土支墩

图 8-7　混凝土与岩体接触面直
剪试验平推法安装图

1—砂浆；2—垫板；3—传力柱；4—压力表；5—试
体；6—后座；7—千斤顶；8—传力块；9—滚轴
排；10、11—相对、绝对垂直位移测表；12—标
点；13、14—相对、绝对水平位移
测表；15—受力示意图

混凝土与岩体接触面直剪试验一般在平硐内用双千斤顶法进行（图 8-7）。试验施加侧向剪切荷载的方法有平推法、斜推法两种，这里仅介绍平推法。在制备好的试件上，利用垂直千斤顶对试样施加一定的垂直荷载 P，然后通过另一水平千斤顶逐级施加水平推力 Q，根据试样面积 A 计算出作用于剪切面上的法向应力和剪应力，绘制各法向应力下的剪应力与剪切位移关系曲线。根据上述曲线确定各阶段特征点剪应力。绘制各阶段的剪应力与法向应力关系曲线，确定相应的抗剪强度参数 φ（内摩擦角）、c（凝聚力）。

3. 岩体应力测量

岩体应力测量常用的方法有孔壁应变法、孔径变形法、孔底应变法、水压致裂法及表面应变法等。以下仅简介孔壁应变法和水压致裂法。

（1）孔壁应变法。孔壁应变法是利用黏结在孔壁上的电阻应变片作为传感元件，测量套钻应力解除后钻孔孔壁应变，根据弹性理论计算岩体内的三维应力状态的方法。套钻时，先钻直径为 36mm 或 40mm 的内孔，将岩芯取出，后钻直径为 110mm 或 130mm 的外孔，环切一圈形成环形槽，从而使岩芯（中间为内孔）与周围岩体分离。

（2）水压致裂法。水压致裂法是采用两个长约 1m 串接起来可膨胀的橡胶封隔器阻塞钻孔，形成一密闭的压裂段（长约 1m），对压裂段加压直至孔壁岩石产生张拉破裂。通过测量（在试验水平面）岩石的裂隙产生、传播、保持和重新开裂所需的水压力，来确定垂直于钻孔平面最大、最小主应力的方法。它们的方向，一般通过观测和测量由水压力导致钻孔壁破裂面的方位获得。这种方法是目前在深孔内能确定岩体应

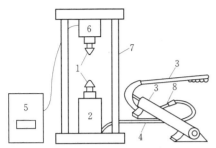

图 8-8　数显式点荷载仪装置
1—球状加荷器；2—千斤顶；3—油泵及
压杆；4—高压胶管；5—四位压力数
显器；6—压力传感器；7—框架；
8—快速高压接头

力的唯一技术。

4. 简易岩体强度试验

（1）点荷载强度试验。岩石点荷载强度试验（图 8-8）是将岩石试件置于点荷载试验仪上下两个球端圆锥之间，施加集中荷载直至试件破坏，以测定岩石点荷载强度指数的一种试验方法。该试验方法成本低廉、操作方便，可应用于不规则的试样，无需将岩样加工，有利于降低试验成本，加快试验进程，尤其是对于难以取样和无法进行岩样加工的软岩和严重风化的岩石，更显示出其优越性。

点荷载试验得到的基本指标为点荷载强度指数 I_s（MPa），其表达式为

$$I_s = \frac{P}{D_e^2} \tag{8-1}$$

式中：P 为破坏荷载，N；D_e 为等价岩芯直径，mm。

通常采用加荷点间距为 50mm 及其所对应的破坏荷载 P_{50} 以求得点荷载强度指数 $I_{s(50)}$。根据点荷载强度指数 $I_{s(50)}$（MPa）可将岩石强度分为四级：坚硬岩（$I_{s(50)} > 8$）、中硬岩（$4 < I_{s(50)} \leqslant 8$）、较软岩（$1 < I_{s(50)} \leqslant 4$）、软岩（$I_{s(50)} \leqslant 1$）。岩石点荷载强度指数 $I_{s(50)}$ 的重要应用是按经验公式换算岩石的单轴抗压强度等。

（2）回弹锤击试验。即用回弹仪（国外称施密特锤）冲击岩体表面，根据回弹值 r 求取岩石抗压强度的简易测试方法。由于其结构简单、操作容易、测试迅速，回弹仪已被越来越多地应用于工程地质勘察中。

根据刚性材料的极限抗压强度与冲击锤回弹高度在一定条件下存在函数关系的原理，利用岩石受碰撞后的反作用，使弹性锤回跳的数值即为回弹仪测试值。r 值愈大，表明岩石强度越大；r 值愈小，表明愈软弱，强度低。根据回弹仪测试值 r 可将岩石强度分为四级：坚硬岩（$r > 60$）、中硬岩（$35 < r \leqslant 60$）、较软岩（$20 < r \leqslant 35$）、软岩（$r \leqslant 20$）。

已有很多单位或个人提出回弹值与岩石抗压强度之间的许多不同的换算经验公式。奥地利学者 L. 谬勒于 1965 年通过大量试验资料建立了适用于抗压强度为 20～300MPa 的岩石表面回弹值与岩石无围压强度之间的经验公式

$$\log R_c = 0.00088 \gamma_d r + 1.01 \tag{8-2}$$

式中：r 为回弹值；γ_d 为岩石干重度，kN/m³；R_c 为无围压岩石抗压强度，MPa。

由于回弹仪测定的数据常较分散，因此必须要有足够多的测试数据。

8.3.2　长期观测工作

长期观测工作，一般在工程地质勘察初步设计阶段就应开始，并贯穿于以后各个勘察阶段，因为许多重要数据须从长期观测中获得。通常进行的长期观测内容包括：地下水动态观测、地下洞室围岩变形监测、边坡（滑坡）变形监测、坝基（坝肩）岩体位移和应力监测、水库渗漏监测、地形变监测、地震监测等。以下简单介绍地下水

观测、边坡变形观测和区域构造稳定性观测。

（1）地下水观测。地下水观测分为地下水简易观测和地下水动态观测。地下水简易观测包括钻孔初见水位、钻进过程水位、终孔水位和稳定水位以及自流孔的流量观测。地下水动态观测包括地下水位、水质、水温及泉水流量观测，同时也包括工作区的降水量观测和地表水体的水位、水质和水温观测。

（2）边坡变形观测。边坡变形观测对象包括坝址区、库区和移民新址等处的不稳定和潜在不稳定边坡，以及其他有疑点的边坡。对上述地区已经开挖的边坡以及已经发现的新、老滑坡更应重点考虑布置观测。边坡变形观测项目（内容）包括边坡表层的垂直位移、水平位移观测和滑坡深层滑面的位移，以及滑坡体的沉降和周边裂缝的张合观测。对边坡变形可能产生影响的因素如降水量、地下水位和地表水体水位等，应与观测边坡变形同时进行观测。边坡变形观测方法可包括地质巡视、简易观测、大地测量及埋设仪器观测方法等。

（3）区域构造稳定性观测。对符合下列情况之一的工程，应进行区域构造稳定性观测：①有经综合判定为活断层分布的地区；②坝高大于200m或库容大于$100 \times 10^8 m^3$的大（1）型工程，或地震基本烈度为Ⅶ度及Ⅷ度以上地区的坝高大于150m的大（1）型工程；③地质构造复杂，新构造活动显著，地震活动频繁，需要进行区域构造稳定性观测的地区。区域构造稳定性观测主要应包括断裂活动性观测和地震活动性观测。断裂活动性观测方法宜包括：跨断裂短水准线路、跨断裂短基线、跨断裂测距和三角网、GPS网、水管倾斜仪和伸缩仪等观测方法。地震活动性观测的观测范围，宜包括建筑物区20~40km范围内和可能发生Ⅵ度以上水库诱发地震的库段。特大和特别重要的工程，可酌情扩大观测范围，并宜涵盖附近的控震断裂。

长期观测不仅在工程地质勘察过程中是一项很重要的工作，而且就是在建筑物修建后，为确保建筑物安全运转和验证工程地质预测或评价的结论，也具有很重要的意义。有关水利水电工程在运转期间水文地质及工程地质需长期观测的内容，如表8-6所列。

表 8-6　　　　　　　　　长期观测项目和内容

序号	观 测 项 目	观 测 内 容
1	主要建筑物（坝、闸）地基岩（土）体变形、沉陷和稳定观测	①变形（水平位移和垂直位移）；②裂缝、接缝变化；③应力（压力）、应变；④扬压力、渗流压力和渗流量；⑤基岩变形；⑥岩（土）性质变化（泥化或软化）
2	渗透和渗透变形观测	①观测钻孔（坝基和两岸地区）测压管水位；②主要入渗点、溢出点和渗漏通道；③渗透流量和流速；④水质、水温和渗出水流中携出物质的成分和含量；⑤管涌
3	溢流坝、溢洪道和泄洪洞下游岩（土）体冲刷情况观测	重复地形测量和地质分析
4	岸边稳定性观测	①大地测量水平变形；②大地测量垂直变形；③地表裂缝；④渗流渗压；⑤水位；⑥雨量；⑦加固效果；⑧爆破影响

续表

序号	观 测 项 目	观 测 内 容
5	区域构造稳定性观测	①断裂活动性观测；②地震活动性观测
6	水库分水岭地段渗漏情况观测	①地下水水位、水质；②水库入渗点、溢出点的变化和渗透流量
7	库岸及水库下游浸没观测和翌年发展情况观测	①地下水位；②各种浸没现象，如沼泽化、盐碱化、黄土湿陷等
8	坍岸情况观测和翌年坍岸情况预测	观测断面的重复地形测量（水下和水上）
9	隧洞和地下建筑物地段工程地质、水文地质观测	①变形（位移）观测；②应变观测；③应力观测；④地下水位、水压观测；⑤温度观测；⑥松弛圈观测；⑦动态观测
10	其他有意义的工程水文地质作用发展情况观测	

8.4　工程地质勘察成果报告

在工程地质勘察过程中，外业的测绘、勘探和试验等成果资料应及时整理，绘制草图，以便随时指导、补充、完善野外勘察工作。在勘察末期，应系统、全面地综合分析全部资料，以修改补充勘察中编绘的草图，然后编制正式的文字报告和图件等。

8.4.1　工程地质勘察报告

在工程地质勘察的基础上，根据勘察设计阶段任务书的要求，结合各工程特点和建筑区工程地质条件编写工程地质勘察报告。报告内容应是整个勘察工作的总结，内容力求简明扼要，论证确切，清楚实用，并能正确全面地反映当地的主要地质问题。

根据勘察设计阶段的不同，编写的报告有：规划选点阶段工程地质勘察报告，可行性研究阶段工程地质勘察报告，初步设计阶段工程地质勘察报告，技施设计阶段专题报告及竣工地质报告等。

工程地质勘察报告由正文、附图和附件三部分组成。报告书的内容（以初步设计阶段勘察为例）一般包括绪言、区域地质概况、水库区工程地质条件、建筑物的工程地质条件、天然建筑材料及结论和建议等。

（1）绪言。简述工程位置、工程主要指标、主要建筑物的布置方案；可行性研究阶段工程地质勘察提出的主要问题和结论；本阶段工程地质勘察工作概况，完成的工作项目和工作量等。

（2）区域地质概况。简要介绍区域地层岩性、地质构造、地貌和物理地质现象、水文地质及地震地质等概况；对于可溶岩区还应重点说明喀斯特发育规律及喀斯特地下水的补排条件；有关区域构造稳定性的主要结论和地震基本烈度。

（3）水库区工程地质条件。先简述水库工程地质条件，然后重点对水库渗漏、水库浸没、库岸稳定性，以及水库诱发地震等工程地质问题作出扼要的地质说明、定量评价和结论，并提出处理方案和防护措施等建议。

（4）建筑物的工程地质条件。

1）坝、闸址工程地质条件，包括：地质概况，与选定坝型、坝轴线、枢纽布置方案有关的工程地质条件，坝基岩体工程地质分类，工程地质问题及评价和有关工程地质问题处理的建议。

2）其他建筑物的工程地质条件（包括引水隧洞、渠道、厂址、泄洪道、通航建筑物和导流工程等），工程地质问题评价及处理建议等。

（5）天然建筑材料情况。包括各类材料的实际需要量，并按不同材料、不同料场分述产地地形地质条件、勘探和取样情况、储量和质量评定、开采和运输条件等。

（6）结论和建议。包括：建筑物区的基本地质特点、各建筑物主要工程地质问题及评价，以及对技施设计阶段勘察工作的建议。

8.4.2 工程地质图表

对在各勘察设计阶段所取得的测绘、勘探和试验资料，必须进行分析整理，编制成各种图表，成为工程地质勘察报告不可缺少的附件。以下简要介绍几种常用的图表。

1. 水库区综合地质图

水库区综合地质图包括综合地层柱状图和地质剖面图。除一般地质内容外，还应包括坝轴线及水库回水水位线位置等。参见附图1。

2. 坝址工程地质图

坝址工程地质图应反映岩层界线、地质构造界线、物理地质现象、等水位线、剖面线位置、勘探坑和孔的位置、大坝轮廓线和设计正常高水位线等。图内有时还附上坝址区的断层和岩石物理力学性质一览表，以及节理裂隙统计图等。参见附图2。

3. 坝址地质纵横剖面图

在坝址地质纵横剖面图上应反映各种岩层界线、岩石风化分带线、地质构造界线，勘探坑和孔的位置及深度、河水位、地下水位、水库正常高水位及坝顶线等。图上还应注明剖面方向、比例尺及工程地质条件的说明等。对可溶岩地区，还应反映岩溶的发育情况。坝址地质横剖面图参见附图3。

4. 表格

报告中的表格包括岩、土、水试验成果汇总表，地下水动态、岩土体变形和水库诱发地震监测成果汇总表等。

8.4.3 水库及坝址区工程地质图的阅读与分析

8.4.3.1 桑河水库区域工程地质条件

下面以桑河水库区综合地质图（附图1）为例，进行分析。

1. 地形地貌

该库区属中高山峡谷区。桑河两岸陡峭，水势湍急，与相邻河谷之间的分水岭的高程为900～1100m，构成山峦重叠连绵的山脉。桑河干流流向由南西向北东，在上坨镇转向南东。上游有清溪和洪溪两支流汇入干流。干流宽谷和狭谷相间分布。宽谷河段发育有Ⅰ～Ⅵ级阶地，由第四纪冲积洪积层组成，形成堆积盆地，可作为库区。

2. 地层岩性

地层由老到新分述如下：

震旦系（Z）由灰白色条带白云岩和石英砂岩组成，仅在东部桑山有少量出露。

寒武系（∈）由紫红色硅质含砾粗砂岩和厚层硅质砾岩组成，与震旦系呈角度不整合接触。分布在东部桑山一带。

奥陶系（O）由黑灰色钙硅质粉砂岩、黄褐色泥钙质粉砂岩及泥质灰岩组成。

志留系（S）为黑灰色砂质页岩、中厚层石英细砂岩夹灰岩及薄层泥灰岩。

泥盆系（D）由暗灰色中厚层白云质灰岩、白云岩、石英砂岩。

石炭系（C）为浅黄色石英砂岩，局部石英岩化，底部为石英砾岩。

二叠系（P）为质纯石灰岩，上部有炭质页岩夹煤层。

第四系（Q）分布在河谷两岸阶地及山间盆地的冲积洪积层，由砂卵石及含砂砾黏土层组成，在山区局部分布有坡积层和残积层。

3. 地质构造

该区主要构造线呈 NE—SW 向展布。受 NW—SE 向压应力作用形成一个背斜和一个向斜，背斜轴呈 NE 向展布，向南西倾伏，称为桑山倾伏背斜，核部由 Z、∈ 地层组成。向斜轴也呈 NE 向展布，称为上坨镇向斜，核部为 P 地层。

该区主要断裂构造有 F_2 正断层，F_6、F_7、F_8、F_{10}、F_{12} 逆断层，和 F_9、F_{11}、F_{21} 平移断层。其中 F_7 为区域性大断层，其产状与主要构造线方向一致，走向 NE50°，倾向 NW，倾角 40°～50°。断层破碎带宽度 5～10m，夹有糜棱岩、角砾岩及断层泥等。该断裂带位于七里村附近，直接影响七里村坝址岩体的稳定，构成坝址区的主要工程地质问题之一。此外，由于构造运动影响，岩层裂隙发育，尤其是背斜轴部和断裂带附近为甚。

4. 水文地质条件

该区地下水以基岩裂隙水和岩溶水为主。河谷阶地及盆地为潜水区，灰岩分布区为岩溶水区，砂质岩石分布区为裂隙水区，局部有承压水分布。在构造断裂带及岩层透水性不同的交界处，多有下降泉出露。

5. 物理地质现象

该区冲沟、崩塌及滑坡均有分布，其中以七里村对岸坝址附近 1 号塌滑体规模最大。塌滑体前缘伸向河床，后缘有裂缝，回水以后可能产生坍塌现象，可能影响七里村坝基稳定，应加以注意。

在 P 及 S 地层中有岩溶现象，P 地层在水库上游，S 地层中的岩溶出露位置较高，尚未发现引起渗漏的可能性。但沿 F_7 断层及背斜转折端是否可能形成渗漏通道，值得进一步研究。

根据桑河地形地貌条件，位于上坨镇至桑河镇一带为峡谷河段，具有建坝可能性。经初步分析，可选择七里村和桑河镇作坝址，对这两处坝址进行方案比较，以选出坝址的最优方案。

8.4.3.2　七里村和桑河镇坝址工程地质条件比较

由上述库区工程地质条件分析（附图1）及坝址区工程地质条件对比（表 8-7）可知，选定桑河镇作坝址为宜。

表 8－7　　　　　　　　　七里村、桑河镇坝址工程地质条件比较

坝址名称	工程地质条件			
	地形地貌	地层及构造	水文地质条件	物理地质现象
七里村坝址	枯水位高程491m，河宽120m，河谷呈U形，两岸地形大致对称	基岩为志留系灰、绿、黄绿色粉砂质页岩夹灰岩，岩性软弱，层理发育，遇水崩解，极易风化。产状：NE40°、NW、∠40°，岩石风化深度达30m。穿过整个坝区有 F_7 断层破碎带，宽 5～10m，由糜棱岩、角砾岩及断层泥组成，胶结较差，对坝基抗滑稳定不利	坝址区以基岩裂隙水为主，局部承压。 F_7 断层破碎带透水性较大， $q>80Lu$ ，相对隔水层埋藏深度较大，对坝基可能产生渗漏通道，基础处理工作较难，工作量较大	库区内有冲沟、崩塌、滑坡发育，尤其是距坝址上游200m处有1号坍滑体存在。坍滑体前缘伸向河床，后缘有裂缝，回水后极易滑动，对坝体稳定影响不利。有岩溶现象，渗漏可能性需进行分析
桑河镇坝址	枯水位高程487m，河宽92m，河谷呈V形，两岸山坡陡峻，在高程560m以下大致对称	两岸及坝基均为奥陶系地层，以钙质粉砂岩为主，局部夹有泥化夹层。岩性均一完整，呈厚层状，强度较高，湿抗压强度为147MPa，软化系数为0.84。岩层产状：NE60°、SE、∠33°～43°，坝区内有断层 F_2 、 F_4 、 F_5 、 F_{10} 、 F_{21} 等。风化层厚度约10～20m	坝址两岸地下水分布以基岩裂隙水为主，局部地段可见孔隙潜水，受大气降水补给，排泄于地表水。两岸地下水埋藏较深，一般高出河水位15～20m，水力梯度1%～10%。坝基岩体属中等透水性，其相对隔水层 $q<1Lu$ ，左岸埋深60～80m，右岸50～70m，河床埋深40～50m	库内有冲沟、崩塌发育，容易产生库岸坍塌，但对坝址区建筑物稳定影响不大，坝基不会发生岩溶渗漏

8.4.3.3 桑河镇坝址主要工程地质问题

1. 一般地质概况

坝址位于桑河镇以西300m处的峡谷段，河谷呈"V"形，上下游开阔，中间狭窄。河流斜切岩层走向，由NW流向SE方向，枯水位高程487m，河谷宽92m，设计正常高水位585m，河谷宽428m。河床横向覆盖层厚度表现为两岸薄、中间厚，最大厚度20m。

坝址两岸岩石裸露，风化层厚度10～15m，除局部岩石松动外，岩体完整均一，无影响坝体稳定的不良地质现象存在。

坝基出露中奥陶统地层，自上而下分为三层：

钙硅质粉砂岩（ O_2^3 ），层间夹钙泥质粉砂岩，岩性不均一，强度较低，为坝基强度较差的层位，厚度为40m。

钙质粉砂岩（ O_2^2 ），层间有少量钙泥质粉砂岩夹层（ d_2 ），不连续，稍有泥化。该层岩体均一完整，厚层状，强度高，为坝基最优层位，总厚70m。

泥钙质粉砂岩（ O_2^1 ），由泥钙质和泥质粉砂岩互层组成，层间发生错动，形成厚薄不等的泥化带（ d_1 ），分布较广，延伸稳定，上下层结合较差，为坝基较差层位，

厚度 65m。

坝轴线位于桑山倾伏背斜东南翼，岩层产状：走向 NE60°、倾向 SE、倾角∠33°～43°。坝区断裂有 F_2、F_4、F_5、F_{10}、F_{21} 等（附图 2、附图 3、附图 4），其中 F_4 和 F_5 对坝基岩体稳定影响最大。又根据两岸平硐和河床钻孔资料分析，河床及两岸发育有四组构造裂隙、一组层面裂隙，其成因类型及产状见附图 3。

2. 河床坝基地质结构及稳定分析

根据地质资料综合分析，桑河镇坝址两岸岩石裸露，坝址岩体比较完整均一，强度较高，河床覆盖层和风化层较薄，是良好的混凝土重力坝建筑场地。但是，由于断层和裂隙发育，河床坝段岩体被切割成大小不等的结构体，影响坝基稳定，因此坝基主要工程地质问题是抗滑稳定问题。下面就坝基表层和深部岩体抗滑稳定的边界条件，作一简要分析。

（1）表层抗滑稳定条件。大坝坐落在 O_2^1、O_2^2 和 O_2^3 岩层上，其中 O_2^2 层与基础接触面积最大，占 70%左右，其他占 30%。依据野外混凝土与岩石抗剪试验成果，并参照类似工程的经验，建议各类岩石与混凝土的摩擦系数取值为：O_2^1 层，$f=0.55$；O_2^2 层，$f=0.70$；O_2^3 层，$f=0.65$。

坝基与岩石接触面综合摩擦系数，按面积加权平均值计算，并考虑具体的地质条件取值，建议采用 $f=0.66$（不考虑 c 值）。

（2）深部抗滑稳定条件。根据河床纵剖面（附图 4）分析，坝基结构体的形态是以 d_1 泥化夹层、层面裂隙 $M'M''$、倾向上游的横向 F_4、$L_{缓}$、顺向 F_5，以及其他裂隙等所组成的楔形体。其滑移边界条件，上游横向切割面为横向裂隙 AP 或 F_4。纵向切割面为顺河断层 F_5 及其他顺河向裂隙。可滑出的临空面为坝下游的河床面。其滑动面可能由 F_4、泥化夹层 d_1、层面裂隙 $M'M''$ 及 $L_{缓1}$、$L_{缓2}$ 组合成多种情况，如：①$AMM''E$；②$AMNN''E$；③$PMM''E$；④$PNN''E$ 等。其中 d_1 抗剪强度最低（指标见表 8-8），可能构成滑移体的主滑面。层面裂隙 $M'M''$ 虽较 d_1 抗剪强度高，但其埋深较浅，所以也应分析沿其滑动的可能性。$L_{缓2}$ 倾向上游，有一定的阻滑力，对稳定有利。

表 8-8　　　　　　　滑移体各结构面的产状要素与抗剪强度指标

边界条件	结构面代号	产状要素			破碎带宽度（cm）	抗剪强度指标	
		走向（°）	倾向	倾角（°）		f	c（MPa）
主滑面	d_1	60	SE	20～26	0.3～0.5	0.25	0
	d_2	80	SE	30	0.2～0.5	0.30～0.35	0.02
次滑面	F_4	28～39	NW	28～36	20～380	0.45	0
	$L_{缓}$（裂隙）	25～30	NW	24～30	0.1～0.2	0.5～0.55	0
切割面	F_5	315	NE	50～60	20～60	0.30～0.35	0
	L_{NWW}（裂隙）	280～300	NE	44～67	0.5	0.6	0.2

此外，也有可能形成较复杂的混合滑动破坏，如前半部分沿软弱结构面 d_1 及 $L_{缓1}$ 滑动，后半部分沿坝底混凝土与基岩接触面剪断破坏（即 CD 面）。究竟哪一种组合

最危险，需要通过计算和试验才能最后确定。

组成滑移体各结构面的产状要素和抗剪强度建议指标，见表8-8。

复 习 思 考 题

8-1 水利水电工程地质勘察阶段是如何划分的？各勘察阶段的主要目的和任务是什么？

8-2 试述工程地质测绘及其比例尺和精度，并说明野外工程地质测绘方法类型。

8-3 试述工程地质勘探方法的基本类型、特点及成果应用，包括坑探、钻探、物探（电法勘探、地震勘探、弹性波测试等）。

8-4 试述工程地质野外试验的主要类型的原理及成果应用。

8-5 试述工程地质勘察报告的主要内容及主要附图和附表。

8-6 以桑河水库库区综合地质图为例，说明在坝段、坝址、坝线选择和比较时，应掌握哪些工程地质条件？应分析哪些工程地质问题？

参 考 文 献

[1] 陆兆溱. 工程地质学 [M]. 2版. 北京：中国水利水电出版社，2001.

[2] 吴继敏. 工程地质学 [M]. 北京：高等教育出版社，2006.

[3] 李智毅，杨裕云. 工程地质学概论 [M]. 武汉：中国地质大学出版社，1996.

[4] 张咸恭，王思敬，李智毅. 工程地质学概论 [M]. 北京：地质出版社，2005.

[5] 左建，温庆博，等. 工程地质及水文地质 [M]. 北京：中国水利水电出版社，2004.

[6] 杨连生. 水利水电工程地质 [M]. 武汉：武汉大学出版社，2004.

[7] 张咸恭. 工程地质学 [M]. 北京：地质出版社，1979（上册），1983（下册）.

[8] 张咸恭，等. 专门工程地质学 [M]. 北京：地质出版社，1988.

[9] 水利电力部科学研究所，中国科学院地质研究所. 水利水电工程地质 [M]. 北京：科学出版社，1974.

[10] 邹成杰. 水利水电岩溶工程地质 [M]. 北京：水利电力出版社，1994.

[11] 黄乃安. 工程地质学 [M]. 北京：水利电力出版社，1995.

[12] 戚筱俊. 工程地质及水文地质 [M]. 2版. 北京：中国水利水电出版社，1997.

[13] 张咸恭，王思敬，张倬元，等. 中国工程地质学 [M]. 北京：科学出版社，2000.

[14] 张倬元，王士天，王兰生. 工程地质分析原理 [M]. 2版. 北京：地质出版社，1994.

[15] 许兆义，王连俊，杨成永. 工程地质基础 [M]. 北京：中国铁道出版社，2003.

[16] 孙家齐. 工程地质学 [M]. 2版. 武汉：武汉理工大学出版社，2003.

[17] 孔宪立，石振明. 工程地质学 [M]. 北京：中国建筑工业出版社，2001.

[18] 朱济祥. 土木工程地质 [M]. 天津：天津大学出版社，2007.

[19] 李广杰. 工程地质学 [M]. 长春：吉林大学出版社，2004.

[20] 陈洪江. 土木工程地质 [M]. 北京：中国建材工业出版社，2005.

[21] ［英］F. G. H 布利兹，M. H. de 福雷特. 戚筱俊译. 工程师地质学 [M]. 北京：水利电力出版社，1995.

[22] 戚筱俊，张元欣. 工程地质及水文地质实习作业指导书 [M]. 2版. 北京：中国水利水电出版社，1997.

[23] 宋春青，邱维理，张振青. 地质学基础 [M]. 4版. 北京：高等教育出版社，2005.

[24] 夏邦栋. 普通地质学 [M]. 2版. 北京：地质出版社，1995.

[25] 黄定华. 普通地质学 [M]. 北京：高等教育出版社，2004.

[26] 王大纯，张人权，等. 水文地质学基础 [M]. 北京：地质出版社，1995.

[27] 曹伯勋. 地貌学及第四纪地质学 [M]. 武汉：中国地质大学出版社，1995.

[28] 徐开礼，朱志澄. 构造地质学 [M]. 2版. 北京：地质出版社，1989.

[29] 金春山，黄乃安. 工程地震 [M]. 北京：中国水利水电出版社，1996.

[30] 李兴唐. 活动断裂研究与工程评价 [M]. 北京：地质出版社，1991.

[31] 徐志英. 岩石力学 [M]. 3版. 北京：水利电力出版社，1993.

[32] 蔡美峰. 岩石力学与工程 [M]. 北京：科学出版社，2002.

[33] 王思敬. 中国岩石力学与工程世纪成就 [M]. 南京：河海大学出版社，2004.

[34] 孙玉科，牟会宠，姚宝魁. 边坡岩体稳定性分析 [M]. 北京：科学出版社，1988.

[35] 刘贻纣，汝效禹. 水工建筑物的破坏及其原因分析 [M]. 北京：中国工业出版社，1965.

[36] 长江流域规划办公室. 岩石坝基工程地质 [M]. 北京：水利电力出版社，1982.

[37] 湖南水利水电勘测设计院. 边坡工程地质 [M]. 北京：水利电力出版社，1983.

[38] 长江水利委员会. 三峡工程地质研究 [M]. 武汉：湖北科学技术出版社，1997.

[39] 水利电力部水利水电规划设计院. 水利水电工程地质手册 [M]. 北京：水利电力出版社，1985.

[40] 林宗元. 岩土工程试验监测手册 [M]. 北京：中国建筑工业出版社，2005.

[41] 《工程地质手册》编委会. 工程地质手册 [M]. 4 版. 北京：中国建筑工业出版社，2007.

[42] 林宗元. 简明岩土工程勘察设计手册 [M]（上册）. 北京：中国建筑工业出版社，2003.

[43] 《中国水力发电工程》编审委员会. 中国水力发电工程. 工程地质卷 [M]. 北京：中国电力出版社，2000.

[44] 陈德基. 中国水利百科全书. 水利工程勘测分册 [M]. 北京：中国水利水电出版社，2004.

[45] 全国勘察设计注册工程师水利水电工程专业管理委员会，中国水利水电勘测设计协会. 注册土木工程师（水利水电工程）执业资格专业考试必备技术标准汇编（下册）. 专业案例部分（工程地质水土保持工程移民）[S]. 北京：中国水利水电出版社，2007.

[46] 中华人民共和国水利行业标准. SL 291—2003《水利水电工程钻探规程》[S]. 北京：中国水利水电出版社，2003.

[47] 中华人民共和国国家标准. GB 50021—2001《岩土工程勘察规范》[S]. 北京：中国建筑工业出版社，2001.

[48] 中华人民共和国交通行业标准. JTJ 240—97《港口工程地质勘察规范》[S]. 北京：人民交通出版社，1999.

[49] 中华人民共和国电力行业标准. DL/T 5353—2006《水电水利工程边坡设计规范》[S]. 北京：中国电力出版社，2007.

[50] 全国勘察设计注册工程师水利水电工程专业管理委员会，中国水利水电勘测设计协会. 水利水电工程专业案例（水工结构与工程地质篇）[M]. 郑州：黄河水利出版社，2007.

[51] 《注册土木工程师（水利水电工程）执业资格专业考试培训教材》编委会. 注册土木工程师（水利水电工程）执业资格专业考试培训教材. 下册. 专业知识. 第二分册. 水利水电工程地质、水土保持、征地移民 [M]. 北京：中国水利水电出版社，2007.

地 质 图

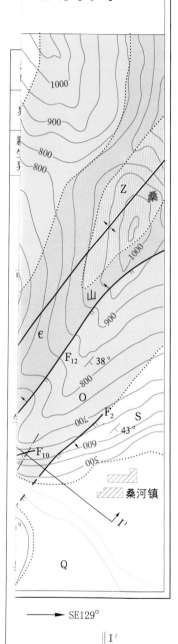

→ SE129°

图　例

Q	第四系（浅黄色）	⟍43°	地层产状
P	二叠系（土黄色）	⟋	背斜轴
C	石炭系（灰棕色）	⟋	向斜轴
D	泥盆系（棕色）	⟋	正断层
S	志留系（草绿色）	⟋	逆断层
O	奥陶系（深绿色）	⟋	平推断层
Є	寒武系（墨绿色）	⟋	断层破碎带
Z	震旦系（桔黄色）	⋯	岩层界线
	砂卵石		下降泉
	炭质页岩		水库回水线
	页岩	I⏴Iʹ	剖面线
	石灰岩		滑坡
	泥灰岩		崩塌
	白云岩		冲沟
	石英砂岩		洪积扇
	砂岩		村镇
	粉砂岩		岩溶洞
	硅质砾岩		采石场
	含砾粗砂岩		坝轴线